航空燃气涡轮发动机
原理与结构

李　平　魏武国 • 编著

中国轻工业出版社

图书在版编目（CIP）数据

航空燃气涡轮发动机原理与结构/李平，魏武国编著. —北京：
中国轻工业出版社，2024.3
ISBN 978-7-5184-4424-3

Ⅰ.①航… Ⅱ.①李…②魏… Ⅲ.①航空发动机—燃气
轮机 Ⅳ.①V235.1

中国国家版本馆 CIP 数据核字（2023）第 076640 号

责任编辑：王 淳 责任终审：张乃东
文字编辑：宋 博 责任校对：晋 洁 封面设计：锋尚设计
策划编辑：宋 博 版式设计：霸 州 责任监印：张 可

出版发行：中国轻工业出版社（北京鲁谷东街 5 号，邮编：100040）
印 刷：三河市万龙印装有限公司
经 销：各地新华书店
版 次：2024 年 3 月第 1 版第 1 次印刷
开 本：787×1092 1/16 印张：21.25
字 数：490 千字
书 号：ISBN 978-7-5184-4424-3 定价：58.00 元
邮购电话：010-85119873
发行电话：010-85119832 010-85119912
网 址：http://www.chlip.com.cn
Email：club@ chlip.com.cn

前　言

为适应中国民用航空业的飞速发展，对机务维修人员的素质和技能要求不断提高，编写出版了《航空燃气涡轮发动机原理与结构》。本书的编写参考了 CCAR-66R1《民用航空器维修人员执照管理规则》和 AC-66-FS-002R1《航空器维修基础知识和实作培训规范》对民用航空器维修人员的知识要求，紧密结合民航生产实际，系统地介绍了航空燃气涡轮发动机的原理与结构。本书力求反映民用航空燃气涡轮发动机的新技术与成果，内容安排上既注重知识的系统性与完整性，同时也注意难易适度、图文并茂、深入浅出。分析讨论以民航主力机型涡扇发动机为主，同时兼顾涡轴与涡桨发动机。

本书共分为 15 章，介绍了航空燃气涡轮发动机的类型，部件及系统的组成、结构及工作原理，以及新时代的发动机维护与管理概念。为方便读者自学，本书前面编入了工程热力学和空气动力学基础知识。第 1 章工程热力学与空气动力学的相关基础知识；第 2 章燃气涡轮发动机概述；第 3 章发动机部件中分别讨论进气道、压气机、燃烧室、涡轮、喷管的工作与结构；第 4 章介绍了发动机的主要性能参数、发动机的共同工作，讨论了涡喷、涡扇、涡桨和涡轴的特点；第 5 章轴承、封严和附件传动系统；第 6 章到第 11 章分别讨论了发动机燃油及控制系统、启动和点火系统、发动机冷却系统、发动机内部封严与压力平衡、压气机流量控制、涡轮间隙控制、防冰系统、发动机操纵系统、测量与指示系统、滑油的知识、滑油系统的组成及工作以及滑油系统的维护；第 12 章介绍了反推系统的组成与工作；第 13 章讨论了螺旋桨原理及调速系统；第 14 章介绍了辅助动力装置的组成、系统及工作；第 15 章介绍了发动机的维护与管理概念。

本书可作为航空机务维护人员学习和参考用书。

最后，在此感谢对本书编写和出版给予支持的中国民用航空飞行学院和中国轻工业出版社的各级领导及同仁的大力支持，以及所引用参考文献的作者及单位。

由于编者水平有限，书中难免存在疏漏之处，恳请读者批评指正。

编者

目　　录

第1章

基础知识

航空燃气涡轮发动机是先将燃料的化学能转变成热能，再将热能转变成机械能的装置，属于热机的范畴。掌握工程热力学和气体动力学的基础知识对理解燃气涡轮发动机的工作是非常必要的。本章简要介绍上述学科的一些基本概念。

1.1 工程热力学基本知识

热能转变为机械能必须借助一套装置和某种载能物质。这种设备就是通常所说的热机，而载能物质被称为工质。工质经压缩、吸热、膨胀和放热的循环过程，实现热和功的交换。由于气体具有良好的膨胀/压缩性和流动性，而易于实现能量转换。因此燃气涡轮发动机是以空气作为工质。

1.1.1 基本概念及定义

1.1.1.1 热力系

为了确定研究的对象，所规划出研究的范围，通常是从若干物体中取出需要研究的部分，这种被取出的部分称为热力学系统，简称热力系。把热力系以外的物质世界统称为外界或环境。热力系与外界的分界面称为界面或边界。对具体的研究对象而言，这个界面可以是真实的，也可以是假拟的；可以是固定的，也可以是运动的。

在一般情况下热力系与外界处于相互作用中，彼此可交换能量（如热量和/或功）及物质。

按热力系与外界进行物质交换的情况可将热力系分类为：

闭口系（或闭系）——热力系与外界无物质交换，或者说没有物质穿过边界。此时热力系内部的质量将保持不变，热力系中的质量称为控制质量。

开口系（或开系）——热力系与外界之间有物质交换。这种热力系内部的质量可以是变化的。这时可以把研究的对象规划在一定的空间范围内，这个空间范围称为控制容积。

相应地，控制质量或控制容积与外界的分界面称为控制面。

按热力系与外界进行能量交换的情况可将热力系分类为：

简单热力系——热力系与外界只有热交换及一种形式的准静功。

绝热系——热力系与外界无热交换。

孤立系——热力系与外界既无能量交换又无物质交换。

另外，在热力学中还有一些特殊的系统，例如某种具有无限大热容量的系统，它对外放出或吸入有限的热量时其自身的温度维持不变，这种系统称为热源。从它取热的称为热源，向它放热的称为冷源。

1.1.1.2　热力系状态、平衡状态及状态参数

所谓热力系的状态，即热力系在某一瞬间所呈现的宏观物理状况。一般取设备中的流体工质作为研究对象，这时热力系的状态即工质所呈现的物理状况。

热力系可能呈现各种不同的状态，其中具有特别重要意义的是所谓平衡状态。平衡状态是指在没有外界影响的条件下系统的各部分在长时间内不发生任何变化。

系统中各物体之间的温差是驱动热流的不平衡势，而温差的消失使系统建立起热平衡。同样，物体间的力差也是驱使系统状态变化的一种不平衡势，而力差的消失使系统建立起力学平衡。因此对于一个状态可以自由变化的热力系而言，如果系统内或系统与外界之间的一切不平衡势都不存在，则热力系的一切可见宏观变化均将停止，此时热力系所处的状态即是平衡状态。

处于平衡状态的热力系各处具有均匀一致的温度 T、压力 p 等，因此对于给定的平衡热力系可以用确定的 T、p 等物理量来描述。这些用来描述热力系平衡状态的物理量称为状态参数。状态参数是状态的单值函数。热力系状态一定，其状态参数的数值也一定。而非平衡热力系的状态参数是不确定的。

简单可压缩平衡系的状态常用比体积 v、压力 p、温度 T 来描述。这些物理量都是可以测量的，称为基本状态参数。

（1）密度和比体积

密度是单位容积内所含物质的质量，计量单位为 kg/m^3。若质量为 m 的物质占有的体积为 V，因其密度 ρ 为：

$$\rho = \frac{m}{V} \tag{1-1}$$

比体积是单位质量的物质所占有的体积，单位为 m^3/kg。若质量为 m 的物质占有的体积为 V，则其比体积为：

$$v = \frac{V}{m} \tag{1-2}$$

总体积 V、总质量 m 为具有可加性的尺度量，但 ρ、v 则为强度量而不具有可加性。密度、比体积均为描绘分子聚集疏密程度的物理量。

（2）压力

单位面积上所受到的垂直作用力称为压力（或压强）。若总力 F 垂直作用于面积 A 上，则其压力 p 为：

$$p = \frac{F}{A} \tag{1-3}$$

根据分子运动论，气体的压力是气体分子运动撞击表面，而在单位面积上所呈现的平均作用力。

如图 1-1 所示为 U 形管压力计。在 U 形玻璃管内盛有用来测压的液体，例如水银或

水，一端与被测系统相连，另一端与环境（例如大气）相通。当系统压力与环境压力不等时，即可由 U 形管两边液柱的高度差读出系统与环境之间的压差。

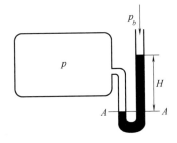

$$H=\frac{p-p_b}{\rho g} \qquad (1\text{-}4)$$

式中：H——U 形管两边的液柱高度差，单位为 m；

　　　p——压力为被测系统的压力，单位为 Pa；

图 1-1　U 形管压力计

　　　p_b——环境压力（一般情况下为大气压力），单位为 Pa；

　　　ρ——测压液体的密度，单位为 kg/m^3；

　　　g——重力加速度，单位为 m/s^2。

测压仪表所指示的压力不是被测系统的真实应力，而是系统压力与当时当地大气压力 p_b 的差值。把系统的真实压力称为绝对压力 p。

若 $p>p_b$ 时，仪表读数称为表压力，用 p_e 表示。表压力与绝对压力之间有以下关系：

$$p=p_e+p_b \qquad (1\text{-}5)$$

若 $p<p_b$ 时，测量仪表叫真空计。真空计上的读数称为真空度，用 p_v 表示，则有

$$p=p_b-p_v \qquad (1\text{-}6)$$

作为工质的状态参数，应该是绝对压力 p 而不是 p_e 或 p_v。

在法定计量单位中，压力的单位由基本单位导出。压力的单位为帕斯卡，符号为 Pa（N/m^2）。物理学中，把纬度 45° 的海平面上的常年平均气压定为 1 个标准大气压。工程上常用 MPa（即 10^6 Pa）作为压力单位。在实际应用中还常用以下压力单位：

百帕（hPa）：1hPa＝100Pa

千帕（kPa）：1kPa＝1000Pa

工程大气压（at）：1at＝1kgf/cm^2＝98066.5Pa

磅力每平方英寸（psi）：1psi＝1lbf/in^2＝0.07kgf/cm^2＝6894.8Pa；1kgf/cm^2≈14.3PSI。

1 标准大气压＝760 毫米汞柱（29.92 英寸汞柱）＝1.013MPa。

（3）温度。处于热平衡状态的所有热力系，必定有某一宏观特性是彼此相同的。我们把描述此宏观特性的物理量称为温度。

温度是决定一系统是否与其他系统处于热平衡的物理量。一切处于热平衡的系统都具有相同的温度，因此温度是描述平衡热力系特性的一个状态参数。

为了对温度进行定量度量还需要确定温度标尺。温度标尺是表示温度高低的尺度，简称温标。

在温度测量中，如果将温度计加以刻度，使之与被测热力系接触而达到热平衡，则温度计指示该系统的温度。

任何一种温标的建立，需要确定温标的基准点和分度的方法。温标基准点和分度方法的选择是人为的。例如公制单位中取水在 1 标准大气压下的冰点作为 0℃，汽点作为 100℃，其间分为 100 个分度，并把温度视为测温物质取作温度标志的某特性量的线性函数来进行标定（例如把温度视为测温液体体积的线性函数）。按这样的规则标定的温度称

为摄氏温度，单位为℃。在一些国家还采用华氏温标，把 1 标准大气压下的冰点和汽点分别定为 32 ℉及 212 ℉，其间为 180 个分度。

华氏温标与摄氏温标的换算关系为：

$$F = \frac{9}{5}t + 32 \qquad (1\text{-}7)$$

式中：F——华氏温度，单位为℉；

t——摄氏温度，单位为℃。

热力学理论提供了建立一种新的温标的可能性。这种温标将摆脱测温物质物理性质的影响而成为度量物体温度的共同标准。这种温标称为热力学绝对温标。

在法定计量单位中，热力学绝对温标采用"开尔文"作为度量温度的单位，符号为 K。工程应用上，热力学绝对温标与摄氏温标的换算关系。

$$t = T - T_0 \qquad (1\text{-}8)$$

式中：T——热力学绝对温度；$T_0 = 273.15\text{K}$。

三种温标之间的关系如图 1-2 所示。

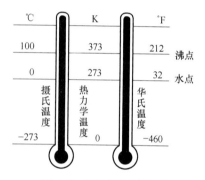

图 1-2 三种温标的关系

1.1.1.3 状态方程式与状态参数坐标图

热力系的状态是用状态参数描述的。这些状态参数分别从不同的角度来描述系统某一方面的宏观特性。在若干状态参数中，可选定一定数量的参数作独立变量，其余的则为因变量。

热力系与环境之间由于不平衡势的存在将产生相互作用（即能量的交换），这种相互作用以热力系的状态变化为标志。每一种平衡将对应于一种不平衡势的消失，从而可得到一个确定的描述系统平衡特性的状态参数。对于组成一定的闭系而言，与外界的相互作用除表现为各种形式功的交换外，还可能交换热量。因此，对于组成一定的闭系在给定平衡状态下，可用 $n+1$ 个独立的状态参数来限定它。这里 n 是系统可能出现的准静功形式的数目，1 是考虑系统与外界的热交换。

对于简单可压缩系而言，由于不存在电功、磁功等其他形式的功量，热力系与外界交换的准静功只有气体的体积变化功（膨胀功或压缩功）一种形式，因此决定简单可压缩系统平衡状态的独立状态参数只有 $1+1=2$ 个。

物质基本状态参数 p、v、T 间的函数关系，称为物质的状态方程式。即：

$$f(p, v, T) = 0 \qquad (1\text{-}9)$$

对质量 m 的理想气体有：

$$pV = mRT \qquad (1\text{-}10)$$

式中：R——气体常数；

V——气体体积。

对于简单可压缩的平衡热力系，由于独立的状态参数只有两个，因而可以利用任意两个独立状态参数组成二维平面坐标系。在这种坐标图中，任意一点代表某一确定的平衡状

态，如图 1-3 中的点 1 或点 2。这种由热力状态参数
所组成的坐标系称为热力状态坐标系。

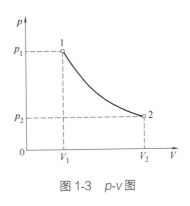

图 1-3　p-v 图

只有平衡状态才能在状态坐标图上用点来表示，
而非平衡状态由于没有确定的热力状态参数，故无法
在图上表示。

1.1.1.4　热力过程及热力循环

任何处于平衡态的热力系，由于驱使其状态变化
的一切不平衡势都不存在，因此其平衡态不可能自发
破坏。但若热力系所处的条件发生变化，譬如外界条
件发生变化，而使热力系与环境之间产生不平衡势
（例如出现温差、压差等），则在此不平衡势推动下将发生能量传递、能量转换和热力系
状态的变化。热力系状态连续变化的过程称为热力学过程，简称热力过程。

下面来看在有限势差推动下发生的热力过程，例如在有限压差作用下的气体膨胀做功
过程。

设气缸内装有一个无重量的活塞，气缸内盛有气体，活塞上载有质量为 m 的重物，
如图 1-4 所示。取气缸内气体为热
力系，假定在初始状态下热力系与
外界建立起力的平衡。若突然将重
物移去一有限的部分（例如移去一
半），则热力系与外界间出现力的
不平衡，而引起气体膨胀做功，将
留在活塞上的重物举起，产生热力
过程，直至热力系与外界重物重新
建立起力平衡时为止。

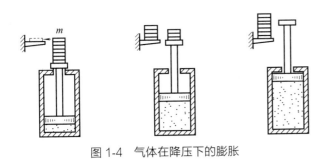

图 1-4　气体在降压下的膨胀

在此热力过程中，当活塞向上移动时，活塞附近气体层中的分子把自己的动能给予了
活塞，因此在活塞附近的气体层里分子的能量以及气体的温度、压力、密度会低于远离活
塞的气体，这就造成了气体内部的不平衡。不平衡发生在气体内部，引起能量及质量流
动，其方向是使气体内部的不均匀性消失而使之达到新的平衡。

因此，在有限压差推动下，首先是系统的平衡遭到破坏，然后再从不平衡向新的开衡
过渡，而在其全部过程中系统经历的是一系列不平衡状态。这样的过程称为不平衡过程。

移去重物的质量越大，则突然移去后引起热力系内部的不平衡越明显。如果将质量 m
的重物分成 n 个小块 Δm，然后依次移去一小块。随着 n 的增加，Δm 的减小，所引起的
热力系内部的不平衡性也减小。当 n 的数目极大而使 Δm 为一微小质量时，其所造成的热
力系内部的不平衡小到可以忽略。此时，热力系所经历的一系列状态都无限接近于平衡状
态，这种过程称为准平衡过程。同时，由于推动活塞运动的不平衡力极小，活塞的移动是
无限缓慢的，这种过程又称为准静过程。

以上分析了压差作用下的气体膨胀过程。同样，温差作用下气体与外界发生热交换的

过程，以及其他势差推动的热力过程具有相类似的特性。可见，热力系实施准平衡过程的条件是推动过程进行的不平衡势为无限小。

在准平衡过程中，由于热力系所经历的每一状态对热力学平衡状态的偏离均为无限小，故可视之为平衡状态，因而准平衡过程可在热力状态坐标图上用连续曲线表示，如图1-3上的曲线1~2。不平衡过程由于其所经历的状态没有确定的状态参数，故不可能表示在状态参数坐标图上。

任何实际过程都是在有限势差推动下进行的，因而都是不平衡过程。所谓准平衡过程，只是实际过程当不平衡势趋于零时的极限过程，是可以设想而不可能达到的。

在上述例子中，气缸内一旦出现了不平衡，则热力系内将自发进行某一过程而使系统从不平衡向平衡过渡。此过渡时间远比活塞移动快得多。因此将某些实际设备中进行的过程视为准平衡过程常常是允许的。

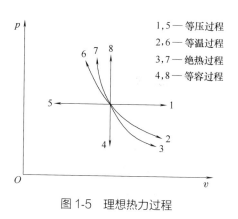

图 1-5 理想热力过程

气体的理想热力过程有：等容过程、等压过程、等温过程和绝热过程。这些理想热力过程的 p-v 图，如图1-5所示。发动机中的压缩和膨胀过程就是近似的绝热过程。活塞发动机的燃烧过程就是近似的等容过程；燃气涡轮发动机的燃烧过程就是近似的等压过程。

经理论推导，在绝热条件下，气体的压力和比容满足下列关系：

$$pv^k = 常数 \tag{1-11}$$

式中：k——气体绝热指数。对空气，$k=1.4$；对燃气，$k=1.33$。

封闭的热力过程称为热力循环。此时，热力系从某一初态出发经历一系列状态变化后又回到初态，如图1-6中的封闭过程 $1 \rightarrow 2 \rightarrow 3 \rightarrow 4 \rightarrow 1$。

1.1.2 热力学第一定律

热力学第一定律是能量守恒与转换定律在热力学中的应用，它反映了热力过程中各种能量在量上的相互关系。

热力系与外界传递能量的方式有两种：做功和传热。

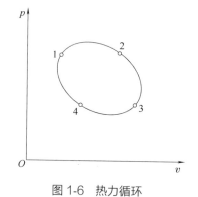

图 1-6 热力循环

1.1.2.1 功

如果物体在力 F 作用下发生有限位移，从位置 1 移动到位置 2，则力 F 完成的总功量为：

$$W_{1-2} = \int_{x_1}^{x_2} F(x)\,\mathrm{d}x \tag{1-12}$$

一般地，F 是一个变力（随位移 x 变化）。上述积分所得功量 W_{1-2} 与过程中 F 随位移的变化规律有关。功是过程量，因此说某状态下具有多少功量是无意义的。

在热力学里，功是物系间相互作用而传递的能量。单位时间内完成的功称为功率。热力学中规定：系统对外界做功时，功的符号取为正；而外界对系统做功时，功的符号取为负。在法定计量单位中，功的单位为焦耳，符号为 J。

一般地，热力系可用不同的方式与外界发生功的相互作用。在工程热力学中，热与功的相互转换常常是通过气体的体积变化（膨胀或压缩）来实现的，因此体积变化功（膨胀功或压缩功）具有特别重要的意义。下面我们来讨论在准平衡过程中系统所做的膨胀功。

如图 1-7（b）所示，气缸内有一定量的气体，并有一个可移动的活塞。取气缸内的气体为热力系，则此热力系具有一个可移动的边界 ab。假定活塞面积为 A，在边界上系统作用于活塞上的压力为 p，则总作用力为 pA。与此同时，外界也施加一相反方向的力 $p_{surr}A$ 于边界上。这个反方向的力是系统受到的外力。此外力可来源于活塞与气缸壁面间的摩擦、外界负载或其他作用。由于讨论的是准平衡过程，因此在边界上作用的这个外力必须随时与系统的作用力相差为无限小，即系统内部及边界上均应满足准平衡条件，也即 $p \approx p_{surr}$。

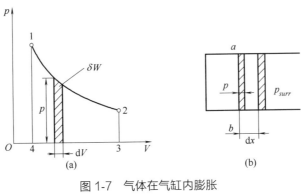

图 1-7　气体在气缸内膨胀
（a）$p\text{-}V$ 图　（b）气缸模型

若活塞移动一微小距离 $\mathrm{d}x$，则系统在移动边界上完成的功量应为：

$$\delta W = p_{surr}A\mathrm{d}x = pA\mathrm{d}x = p\mathrm{d}V \tag{1-13}$$

式中：$\mathrm{d}V$——活塞移动 $\mathrm{d}x$ 时所扫过的体积，即膨胀过程中气体体积的变化量。

活塞从位置 1 移动到位置 2，其所做功量为：

$$W_{1-2} = \int_{V_1}^{V_2} p\mathrm{d}V \tag{1-14}$$

这是任意准平衡过程下体积变化功的表达式。系统在准平衡过程中完成的功量也可称为准静功。由式（1-13）及式（1-14）可见，准静功可以仅通过系统内部的参数来描述，而无须考虑外界的情况。它将系统与外界之间功的交换与系统状态变化的过程联系起来了。

一般地说 p 为变力，因此必须知道过程方程式：$p = f(V)$。如果将过程方程式用曲线表示在 $p\text{-}V$ 坐标图上，如图 1-7（a）中的曲线 1-2，则此过程的功量 W_{1-2} 可用过程线下方的曲边梯形面积 12341 来表示。显然，若过程不同，即使从同一初态 1 过渡到同一终态 2，过程中所完成的功量并不相等，可见功量是过程量而不是状态量。

应注意，从功量的计算式可以看出，系统的体积变化功只涉及气体体积的变化量，与此体积的空间几何形状无关。

当气体膨胀时，$dv>0$，因而 $\delta W>0$，功量为正，表示气体对外做功；当气体被压缩时，$dv<0$，因而 $\delta W<0$，功量为负，表示外界对气体做功。

非平衡过程中，系统所完成的功不能像准平衡过程那样利用系统内部的参数来描述。这时，系统完成的功量需利用对系统进行的实际测量来确定。

1.1.2.2　热

热力系与外界之间依靠温差传递的能量称为热时，用符号 Q 表示。规定热力系吸热时热量取正号；放热时取负号。在法定计量单位中，热量的单位为焦耳，符号为 J。

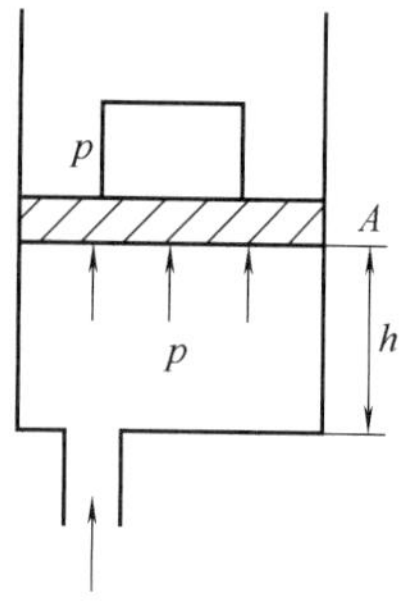

1.1.2.3　流动功

将物质移入具有一定压力的热力系需要做功。如图 1-8 所示，气缸内有面积为 A 的无重量活塞，有重物置于其上而对活塞产生平均压力 p。若由外界将气体引入气缸内，则需要对抗压力 p 做功。如果移入质量为 m 的气体后使活塞上升高度 h，则在此过程中外界需要付出的功量为：

$$pAh = pV \tag{1-15}$$

此功量称为外界对系统所作的推挤功。

现在进一步考察如图 1-9 所示的开系。开系有流体在流道内流过。取 1-1、2-2 两截面间的流体为热力系。当一定质量的流体从截面 1-1 进入热力系时，外界需克服压力作推挤功 p_1V_1；而当流体从截面 2-2 流出时，系统应对外界作推挤功 p_2V_2。使流体从截面 1-1 流入到截面 2-2 流出的流动过程中，系统付诸于质量迁移所做的功称为流动功，用 W_f 表示，则有：

$$W_f = p_2V_2 - p_1V_1 = \Delta(pV) \tag{1-16}$$

写成微分形式：

$$\delta W_f = d(pV) \tag{1-17}$$

推挤功是克服某种作用力，使气体发生宏观位置移动所消耗的功。在移动过程中气体仅发生位置变化，而无热力状态的变化。在流动过程中，

图 1-8　定义推挤功的模型

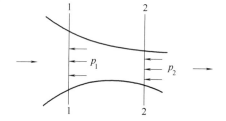

图 1-9　定义流动功的模型

流动功是气体穿过边界进出开系时与外界交换的推挤功的差值。因此，流动功可视为流动过程中系统与外界由于物质的进出而传递的机械功。

1.1.2.4　热力学第一定理的表达式

观察一个最简单的例子，如图 1-10 所示，在容器中盛有一定量的气体，并有一搅拌器置于其中。容器、搅拌器和气体组成一个热力系。这是一个闭口系统。先将容器绝热，让重物下落使搅拌器转动。这时，有功加入热力系中，依靠摩擦，功转变为热，使气体温度升高。然后使气体对环境放热，温度下降而恢复到初态。这样，热力系经历了一个从初

态再回到初态的循环过程。在循环中系统从外界得到功量 $\oint \delta W$，而放出热量 $\oint \delta Q$。利用不同重物进行多次测量后，焦耳首先发现：加入的功量总是与放出的热量相等，即：

$$\oint \delta W = \oint \delta Q \qquad (1\text{-}18)$$

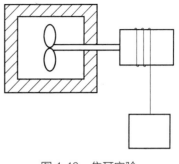

图 1-10　焦耳实验

式（1-18）说明，热力系经历一循环过程回到初态时，系统在整个循环中从外界吸入（或放出）的热量等于其对外完成的（或得到的）功量。这就是闭系循环过程热力学第一定理。

式（1-18）可写为：

$$\oint (\delta Q - \delta W) = 0 \qquad (1\text{-}19)$$

可以证明：式（1-19）积分结果与积分途径无关。因此，被积函数必定是某个态函数的全微分。我们用 U 表示这个态函数，则有：

$$dU = \delta Q - \delta W \qquad (1\text{-}20)$$

dU 代表系统从外界得到的净能量输入。由能量守恒定律可以判定，系统既然有净能量输入，则它绝不会自行消失，而必然以某种方式储存于热力系统中。这种以一定方式储存于热力系内部的能量称为系统的热力学能（也称内能）。

从微观来看，热力学能是与物质内部粒子的微观运动和粒子空间位形有关的能量。在分子尺度上，热力学能包括分子移动、转动、振动运动的动能，分子间由于相互作用力的存在而具有的位能。

式（1-20）可写为：

$$Q = \Delta U + W \qquad (1\text{-}21)$$

式（1-21）称为热力学第一定律的基本表达式。它适用于闭系内进行的一切过程（包括各种非平衡过程即准平衡过程）。

1.1.3　热力学第二定理

热力学第一定律告诉我们，在任何热过程中参与过程的某一部分物体得到的能量等于另一部分物体失去的能量。但是单纯依靠热力学第一定律来分析热过程是不够的，必须有一个新的定律来阐明热过程进行的方向、条件及限制。这个定律即热力学第二定律。

1.1.3.1　热过程的不可逆性
下面来观察一些自然过程。

（1）功和热的转换

在生活中和工程上常常会见到功自发地转变为热的例子。所谓"自发地转变"是指自动地（无条件地）或单独地（百分之百地）转变。在如图 1-10 所示例子的循环过程中，重物的下降引起搅拌器的转动，并通过摩擦使功变为热而从容器内的气体中放出。但是，反过来，如果将同等数量的热加回到气体中，却不能使搅拌器沿相反的方向转动，而使重物上升到原有的高度。这说明，功可以自发地转变为热，而热却不能自发地转变为功。如果把前一过程作为正过程，则后一过程为前一过程的逆过程。根据观察可知，这一正过程可以自发地进行；而其逆过程不能自发地进行。这样当系统经历某过程后，我们不能使过程逆行，而使正过程在系统及环境中所引起的变化在逆过程中全部得到消除。这样的过程称为不可逆过程。

不可逆过程中，使功变为热的效应称为耗散效应，如图 1-10 所示例子中的摩擦。在自然过程中，除摩擦外还存在着其他一些耗散效应，例如固体的非弹性变形、电阻及磁滞现象等，它们也都是不可逆过程。

功变热的过程，更确切地说是机械能变为热力学能的过程。机械能是与物体定向运动相联系的能量，而热力学能是与分子的无序运动相联系的能量。规则运动的能量自发转化为无序运动的能量是可能的，而无规则运动自发地全部变为规则的定向运动这对由大量分子组成的宏观系统来讲，其概率小到实际上接近不可能。

（2）不等温传热过程

观察传热现象可知，热可以自发地由高温物体传向低温物体，但反边来却不能自发地从低温物体传向高温物体。因此，有限温差作用下的热过程是不可逆过程。

（3）无阻膨胀

如图 1-11 所示，隔板将容器分为 A、B 两边。A 边盛有气体，B 边为真空。如果将隔板抽去，则 A 边的气体将膨胀并移向 B 边。因为 B 边为真空，对 A 边气体的膨胀没有造成阻力，这种膨胀称为无阻膨胀或自由膨胀。无阻膨胀过程是工程上常见的一种自发过程，但其逆过程自动压缩（无功压缩）却是不可能实现的。因此，无阻膨胀过程也是一种不可逆过程。

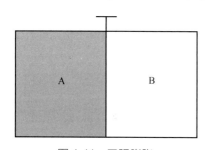

图 1-11　无阻膨胀

（4）混合过程

上例中，若容器两边盛有不同的气体，则当隔板抽开时会引起二者的混合。这种混合过程可视为与上述自由膨胀过程相类似的质量迁移过程，只不过这里是两种气体相互产生质量迁移而已。混合过程可以自发进行，但混合物的分离确需要消耗外功，所以不同气体的混合过程同样也是不可逆过程。

由此可见，任何实际过程都不可避免地包含有不可逆因素，因此任何涉及热现象的实际宏观过程都是不可逆的。

可逆过程的一般性定义：当系统完成某一过程后，如能使过程逆行而使系统及外界恢复到原始状态不遗留下任何变化，则此过程称为可逆过程。不满足上述条件的过程称为不可逆过程。

可逆过程是一个理想的极限过程，是不可能实现的。虽然如此，可逆过程的概念在热力学中是一个最基本的重要概念，具有重要的意义。在一些复杂的工程问题的分析中，可利用可逆过程的概念找到简单易行的分析计算方法，同时，由于它代表一种最理想的状况，因此可提供一个可借鉴的参照对象，以找出实际问题的改进方向。

1.1.3.2　热力学第二定律的几种表达

热力学第二定律是人们根据无数经验总结出来的有关热现象的第二个经验定律。它的正确性是由大量经验和事实说明的，是由在无数次观察中没有出现任何例外而得到保证的。

一切实际的宏观热过程都具有方向性，热过程不可逆，这是热过程的特征，是人们从大量热现象中总结出来的规律，也是热力学第二定律揭示的基本事实和基本自然规律。由于自然界中热过程的种类是大量的，人们可利用任意一种热过程来揭示此规律，因而，在历史上热力学第二定律曾以各种不同的形式表达出来，形成了有关热力学第二定律的各种说法。由于各种说法所表述的是一个共同的客观规律，因而它们彼此是等效的，一种说法成立可以推论到另一种说法的成立。几种常见的说法：

克劳修斯说法（1850 年）：不可能把热从低温物体传至高温物体而不引起其他变化。

开尔文说法（1851 年）：不可能从单一热源取热，并使之完全变为有用功而不产生其影响。此一说法的另一种形式是普朗克说法：不能制造出一部在循环动作中把一重物升高而同时使热源冷却的机器。

历史上除了出现违反能量守恒原理的第一类永动机的设想外，还出现过违反热力学第二定律的第二类永动机的设想。

1.2　气体动力学基础知识

1.2.1　气体黏性与流体附面层

对流动中的气体，如果各气体层的流速不相等，那么在相邻的两个气体层之间的接触面上，就会形成一对等值而反向的内摩擦力来阻碍两气体层做相对运动。气体的这种性质叫黏滞性，简称黏性。

气体的黏性可解释如下：参看图 1-12，在气流中取一平面 A-A，与流速平行。由于分子无规则的热运动，位于 A-A 上侧气体层的分子会跳入 A-A 下侧气体层；同时，也会有相同数量的分子从 A-A 下侧气体层迁移至 A-A 上侧气体层。由

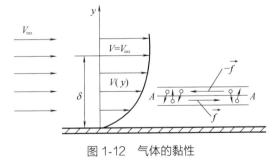

图 1-12　气体的黏性

于存在速度梯度，上侧气体层的分子把较大的动量输运到下侧气体层；而下侧气体层的分子则把较小的动量输运到上侧气体层。下侧气体层在单位时间内动量的增量就等于上侧气体层作用在该气体层上的力 $\vec{f}$，方向向右，使其加速。上侧气体层在单位时间内动量的减小就等于下侧气体层施加在该气体层上的反作用力 $-\vec{f}$，方向向左，使其减速。由此可见，运动气体相邻各层间分子动量的交换是气体黏性产生的原因。

气体在流动过程中，由于气体分子和壁面之间的附着力，紧靠板面的气体层完全贴在静止的壁面上，速度为零。稍外的一层气体，由于与紧贴壁面的那层气体有了相对运动，受到内摩擦力的阻滞作用，其速度也大大减小。稍外层气体的速度减小后，又与再外层的气体有了相对运动，又要阻滞再外层气体的运动，使其流速减小。这样一层一层的影响下去，在黏性的作用下，在紧靠物体表面附近形成速度梯度很大的一薄层流体，这一薄层流体称为附面层。将 $V=0.99V_\infty$ 的地方作为附面层的边界。

应该指出，气体黏性影响的范围是不大的。根据实验得知，在离板面 δ 距离处，气流速度和未扰动气流速度 V_∞ 就没有明显的差别了。δ 与平板长度比较起来，只是一个很微小的量。

1.2.2　一维定常流动

一维定常流动是指垂直于流动方向的各截面上的流动参数（如速度、压力、温度、密度等）都均匀一致且不随时间而变化的流动。

在一维定常流动中，流动参数仅仅是沿着流动方向量取的弧长的函数，也就是说，只是一个曲线坐标的函数。通常取流道各截面的中心点连接而成的曲线作为这个坐标线，例如图 1-13 中的 s 坐标。

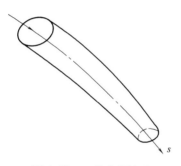

图 1-13　一维定常流动

一维定常流动是一种最简单的且理想化的流动模型。在气体动力学中，基元流管中的流动可以算是严格的一维流动。气体在实际管道中的流动，都不是真正的一维流动，但在工程上，只要在同一截面上参数的变化比沿流动方向参数的变化小得多，就可以近似地看作一维流动。

1.2.3　体系和控制体

体系是指某些确定的物质集合。体系以外的物质称为环境。体系的边界是把体系和环境分开的假想表面。在边界上可以有力的作用和能量的交换，但没有质量的通过。

在气体动力学中，还经常采用控制体的分析方法。所谓控制体是指流体流过的、固定在空间的一个任意体积。占据控制体的流体是随时间而改变的。控制体的边界称为控制面，它总是封闭表面。

在工程热力学中，把这里所指的"体系"与"控制体"分别称为"闭口系"和"开口系"。

1.2.4　连续方程

连续方程是把质量守恒定律应用于运动流体所得到的数学关系式。现在考察流管

（或管道）的定常流，假设流动是一维的，如图 1-14 所示，且流体为连续介质，即流体连续充满它所在的空间。

在流管中任取两个垂在于管轴（即垂直于流动方向）的截面 1-1 和 2-2，并与这两个截面间的流管侧表面组成一个控制体。取瞬时 t 占据此控制体内的流体为体系。经过时间 dt 以后，控制体在空间是保持固定的，但体系却循流线方向运动到了一个新的位置，即位于 1'-1' 和 2'-2' 之间。

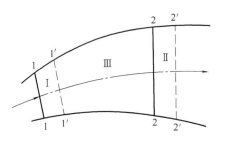

图 1-14　一维定常管流

用 Ⅰ、Ⅱ、Ⅲ 来表示三个空间区域，在时刻 t，体系占据空间 Ⅰ 和 Ⅲ 区域；经过 dt 时间，该体系占据空间 Ⅱ 和 Ⅲ 区域，如图 1-14 所示。

根据质量守恒定律，体系的质量应保持不变。又因是连续介质的定常流，流体中任何一点的参数都不随时间改变，故在空间区域 Ⅲ 内的流体质量是不随时间变化的。因此，空间区域 Ⅰ 和 Ⅱ 内的两块流体质量应该相等，即：

$$dm_1 = dm_{\mathrm{II}} \qquad\qquad (a)$$

$$dm_1 = dm_1 = \rho_1 A_1 V_1 dt \qquad\qquad (b)$$

$$dm_{\mathrm{II}} = dm_2 = \rho_2 A_2 V_2 dt \qquad\qquad (c)$$

将（b）式和（c）式代入（a）式得：

$$\dot{m}_1 = \dot{m}_2 = \rho_1 A_1 V_1 = \rho_2 A_2 V_2 \qquad\qquad (1\text{-}22)$$

式中：$\dot{m}_1$、$\dot{m}_2$——表示在单位时间内流入和流出控制体的流体质量，叫质量流量，简称流量，单位为 kg/s。

因为控制体是任意选取的，所以对于一维定常流动来说，上式可改写为：

$$\dot{m} = \rho A V = 常数 \qquad\qquad (1\text{-}23)$$

式（1-22）或（1-23）称为一维定常流动的连续方程式。其意义是：在一维定常流动中，通过同一流管任意截面上流体的质量流量保持不变。

对于不可压的流，因 ρ = 常数，故有：

$$A V = 常数 \qquad\qquad (1\text{-}24)$$

或

$$A_1 V_1 = A_2 V_2 \qquad\qquad (1\text{-}25)$$

由上式可见，对于不可压的一维定常流动，流速随截面积缩小（增大）而增大（减小）。

1.2.5　动量方程

动量方程是把牛顿第二运动定律应用于运动流体所得到的数学关系式。对于一个确定的体系，此定律可表述为："在某一瞬时，体系的动量对时间的变化率等于该瞬时作用于该体系上的全部外力的合力，而且动量的时间变化率的方向与合力的方向相同。"

在如图 1-14 所示一维定常流管（或管道）的流动中，取 11221 所围成的空间为控制体。取瞬时 t 占据此控制体内的流体为体系，经过时间 dt 后，此体系流动到新的位置，位于 1′-1′ 和 2′-2′ 之间。

在瞬时 t，体系所具有的动量以 M（1122）表示，在瞬时 t+dt 体系所具有的动量以 M（1′1′2′2′）表示。由于是定常流动，故在空间区域 1′1′22 内的流体动量是不随时间变化的，因此体系在经过 dt 时间后，动量的变化为：

$$M(1'1'2'2')-M(1122)=M(222'2')-M(111'1')=dm_2 \cdot \vec{V}_2-dm_1 \cdot \vec{V}_1$$

故体系的动量对时间的变化率为：

$$\frac{M(222'2')-M(111'1')}{\mathrm{d}t}=\frac{\mathrm{d}m_2}{\mathrm{d}t} \cdot \vec{V}_2-\frac{\mathrm{d}m_1}{\mathrm{d}t} \cdot \vec{V}_1=\dot{m}(\vec{V}_2-\vec{V}_1)$$

设环境对瞬时占据控制体内的流体的全部作用力为 $\sum \vec{F}$，则根据牛顿第二运动定律，得：

$$\sum \vec{F}=\dot{m}(\vec{V}_2-\vec{V}_1) \tag{1-26}$$

上式表明：在定常流中，作用在控制体上全部外力的合力 $\sum \vec{F}$ 等于从控制面 2-2 流体动量的流出率与从控制面 1-1 流体动量的流入率之差值。

1.2.6　微分形式的动量方程

在定常流场中，沿基元流管的轴线 s 方向，取截面 aa 和 bb，它们之间的距离为无限

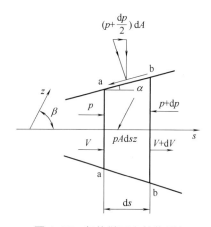

图 1-15　气体微元上的作用力

小量 ds，如图 1-15 所示。在截面 aa 上，面积为 A，各流动参数为 p、ρ、$V\cdots$，在截面 bb 上，面积为 A+dA，各流动参数为 p+dp、ρ+dρ、V+d$V\cdots$。取空间 aabba 为控制体。z 轴为流体的质量力（仅考虑重力）方向。

沿着 s 方向，对所取的控制体应用动量方程。经合并整理，并略去高阶无限小量，得：

$$-(A\mathrm{d}p+\rho Ag\mathrm{d}z+\delta F_f)=\dot{m}\mathrm{d}V \tag{1-27}$$

式中：g——重力加速度。

此式为微分形式的动量方程式。它说明作用于微元控制体上的压力，重力和摩擦力之总和等于在单位时间内流出和流入该控制体的流体的动量之差。

对于无黏性流体的流动，$\delta F_f=0$，则上式可写成：

$$A\mathrm{d}p+\rho Ag\mathrm{d}z+\dot{m}\mathrm{d}V=0 \tag{1-28}$$

将 $\dot{m}=\rho AV$ 代入上式，则得

$$\mathrm{d}p+\rho V\mathrm{d}V+\rho g\mathrm{d}z=0 \tag{1-29}$$

此式是无黏性流体的一维定常流动的运动微分方程式，通常称为一维流动的欧拉运动微分方程式。

对于气体来讲，由于气体的重度很小，通常将它的重力忽略不计，则上式可写成：

$$\mathrm{d}p + \rho V \mathrm{d}V = 0 \tag{1-30}$$

在上式中，压力增量 $\mathrm{d}p$ 和速度增量 $\mathrm{d}V$ 都在等式的一端，因而，当 $\mathrm{d}p$ 为正值时，$\mathrm{d}V$ 必为负值；而 $\mathrm{d}p$ 为负值时，$\mathrm{d}V$ 必为正值。即气流压力增大（降低）的地方，流速必减小（增大）。

1.2.7　伯努利方程

将式（1-29）沿流管积分，则得：

$$\int \frac{\mathrm{d}p}{\rho} + \frac{V^2}{2} + gz = \text{常数} \tag{1-31}$$

上式适用于无黏性流体的一维定常流动，式中的积分常数通常称为伯努利常数。

1.2.7.1　不可压流的伯努利方程式

对于不可压，$\rho = $ 常数，则式（1-31）变为：

$$\frac{p}{\rho} + \frac{V^2}{2} + gz = \text{常数}$$

用重力加速度 g 除上式，则得：

$$\frac{p}{\gamma} + \frac{V^2}{2g} + z = \text{常数} \tag{1-32}$$

上式称为不可压流的伯努利方程式。

由物理学知道，$V^2/2g$ 代表单位重量流体所具有的动能，z 代表单位重量流体所具有的位能。p/γ 项称为压强位能。这可以通过一个例子来看看 p/γ 项的意义。设有一根管子倒置于充满液体的容器中，如图 1-16 所示，并使管内为真空。此时液体便会上升 h 高度，这个高度 h（$=p/\gamma$）的位能是由于压力 p 而产生的，所以 p/γ 这一项就表示单位重量流体所具有的压强位能。

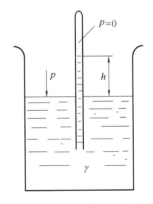

图 1-16　压强位能示意图

式（1-32）表明对于无黏性流体的定常流动，单位重量流体的动能、位能和压强位能的总和不变。因此，伯努利方程式表示无黏性流体定常流动中能量守恒定律。

如果研究的是气体，当气流速度不大时，可近似地认为是不可压流；而且，忽略气体重力，故有：

$$\frac{p}{\rho} + \frac{V^2}{2} = \text{常数} \tag{1-33}$$

1.2.7.2　可压流的伯努利方程式

在航空工程上，最重要的是绝热的气体流动过程。对可逆的绝热过程即等熵过程，有：

$$\frac{p}{\rho^k} = \text{常数} \tag{1-34}$$

对于可压缩气体，重力影响可以忽略不计，则由式（1-31）可得：

$$\int_1^2 \frac{\mathrm{d}p}{\rho} + \frac{V_2^2 - V_1^2}{2} = 0$$

将式（1-34）代入则得一维定常绝能等熵流动中压力 p 与速度 V 之间的关系：

$$\frac{k}{k-1}RT_1\left[\left(\frac{p_2}{p_1}\right)^{\frac{k-1}{k}} - 1\right] + \frac{V_2^2 - V_1^2}{2} = 0 \tag{1-35}$$

1.2.8　能量方程

能量方程是热力学第一定律应用于流动气体所得到的数学表达式。它表达了气体在流动过程中能量转换的关系。

如前所述，对于一个确定的体系，热力学第一定律的一般解析式为：

$$\delta Q = \mathrm{d}U + \delta W \tag{1-36}$$

该式表明：传入体系的热量 δQ 等于体系全部能量的增量 $\mathrm{d}U$ 及体系所作的功 δW 的总和。

图 1-17 为一个一维定常流动的模型。假定气体与外界热源有热量的交换，并且气体通过叶轮机的转轴与外界有功的交换。

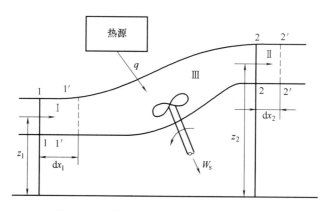

图 1-17　气体在流动过程中能量转换的关系

在流管中任取两个垂直于管轴（即垂直于气流方向）的截面 1-1 和 2-2，并与这两个截面间的侧表面组成一个控制体。取瞬时 t 占据此控制体内的流体为体系，经过时间 $\mathrm{d}t$ 后，此体系流动到新的位置，位于 $1'$-$1'$ 和 $2'$-$2'$ 之间。在此过程中体系的能量、热量和功的变化如下：

1.2.8.1　体系能量的变化

由于流动是定常的，故空间区域Ⅲ的流体所具有的能量是不随时间变化的，经过 $\mathrm{d}t$ 时间，体系能量的变化为：

$$\mathrm{d}U = (U_{\mathrm{II}} + U_{\mathrm{III}})_{t+\mathrm{d}t} - (U_1 + U_{\mathrm{III}})_t = U_{\mathrm{II}} - U_1 \tag{1-37}$$

流体本身所具有的总能量包括：流体运动的动能；流体内部分子的无规则运动的内能；流体在重力场中运动所产生的重力位能；其他还有化学能、电磁能等等。在一般流体运动过程中，能量的变化主要是前三项。对于所研究的体系，经过 $\mathrm{d}t$ 时间，动能、位能和内能的变化分别为：

（1）动能的变化。

$$dU_k = dm_2 \cdot \frac{V_2^2}{2} - dm_1 \cdot \frac{V_1^2}{2} = dm \cdot \frac{V_2^2 - V_1^2}{2} \tag{1-38}$$

式中：dm_1、dm_2——dt 时间内流过控制面 1-1 和控制面 2-2 的流体质量；

　　　V_1、V_2——截面 1-1 和 2-2 上流体的速度。

（2）位能的变化。

$$dU_h = dm \cdot g(z_2 - z_1) \tag{1-39}$$

式中：z_1、z_2——表示 1 截面和 2 截面中心距基准面的高度。

（3）内能的变化。

$$dU_t = dm \cdot (u_2 - u_1) \tag{1-40}$$

式中：u——单位质量气体所具有的内能。

因此，经过 dt 时间，体系能量的变化为：

$$dU = dU_k + dU_h + dU_t = dm \cdot \left[\frac{1}{2}(V_2^2 - V_1^2) + g(z_2 - z_1) + (u_2 - u_1) \right] \tag{a}$$

1.2.8.2　外界传入体系的热量

在 dt 时间内，外界传入体系的热量用符号 δQ 表示，它是体系和外界之间由于存在温差而穿过体系边界交换的能量，它借助于传导、对流和辐射的方式进行传递。规定外界向体系传入热量为正；体系向外界传出热量为负。

1.2.8.3　体系对外界所作的功

在 dt 时间内，体系对外界所作的功用符号 δW 表示。它可以分成机械功和流动功两类。

机械功（或称为轴功）δW_s，体系内转轴对体系外那部分转轴所作的功。规定体系对外界做功为正；外界对体系做功为负。

流动功。是由流体压力所作的功，用符号 δW_f 表示。

$$\delta W_f = p_2 A_2 dx_2 - p_1 A_1 dx_1 = \frac{p_2}{\rho_2} \cdot dm_2 - \frac{p_1}{\rho_1} \cdot dm_1 = dm\left(\frac{p_1}{\rho_1} - \frac{p_2}{\rho_2}\right)$$

因此，在 dt 时间内，体系对外界所作的功

$$\delta W = \delta W_s + \delta W_f = \delta W_s + dm\left(\frac{p_2}{\rho_2} - \frac{p_1}{\rho_1}\right) \tag{b}$$

将式（a）（b）代入式（1-36），得：

$$\delta Q = dm\left[\frac{1}{2}(V_2^2 - V_1^2) + g(z_2 - z_1) + (u_2 - u_1) + \left(\frac{p_2}{\rho_2} - \frac{p_1}{\rho_1}\right) \right] + \delta W_s$$

将上式各项除以 dt，则得

$$\dot{Q} = \dot{m}\left[\frac{1}{2}(V_2^2 - V_1^2) + g(z_2 - z_1) + (u_2 - u_1) + \left(\frac{p_2}{\rho_2} - \frac{p_1}{\rho_1}\right) \right] + \dot{W}_s \tag{1-41}$$

式中：$\dot{Q}$——传热率，单位时间由外界通过控制面的转递的热量；

　　　$\dot{W}_s$——功率，瞬时占据控制体的那块流体通过转轴对外界做的功（机械功）。

上式就是一维定常流动的能量方程。

将 u 和 p/ρ 两项合并起来，称为热焓或焓，用符号 h 表示，即

$$h = u + \frac{p}{\rho}$$

或

$$h = u + pv$$

焓是由状态参数组成的，它也是一个状态参数。从物理意义上讲，焓是流动气体（工质）的热力学能和流动功之和，可以认为是流动工质所携带的能量。

另外，对于气体，当高度变化不大时，可以略去重力位能的变化，这样式（1-41）可写成如下形式：

$$\dot{Q} = \dot{m} \left[\frac{1}{2}(V_2^2 - V_1^2) + (h_2 - h_1) \right] + \dot{W}_s \tag{1-42}$$

将上式各项除以 $\dot{m}$，则得单位质量气体的能量方程为：

$$\dot{q} = \frac{1}{2}(V_2^2 - V_1^2) + (h_2 - h_1) + \dot{w}_s \tag{1-43}$$

式中：　$\dot{q}$——外界加给流过控制体的每单位质量气体的热量；

$\quad\quad\quad \dot{w}_s$——流过控制体的每单位质量气体通过转轴对外界所作的机械功；

$\frac{1}{2}(V_2^2 - V_1^2)$——流过控制体的每单位质量气体动能的增量；

$h_2 - h_1$——流过控制体的每单位质量气体焓的增量。

上式被称为热焓形式的能量方程式。它表明：外界加给气流的热量和外界对气流所作的功用来增大气体的焓和动能。

对于一个无限小的控制体，式（1-43）可写为：

$$\delta q - \delta w_s = \mathrm{d}\frac{V^2}{2} + \mathrm{d}h \tag{1-44}$$

上式是一维定常流动的微分形式的能量方程式。

对于绝能流动过程，$q = 0$，$w_s = 0$，能量方程式（1-43）和（1-44）写为：

$$h_1 + \frac{V_1^2}{2} = h_2 + \frac{V_2^2}{2} = 常数 \tag{1-45}$$

或

$$\mathrm{d}\frac{V^2}{2} + \mathrm{d}h = 0 \tag{1-46}$$

对定比热的完全气体，气体的焓 h 为：

$$h = c_p T$$

式中：c_p——定压比热容。

把这个关系式代入上式，则得：

$$c_p \mathrm{d}T + \mathrm{d}\frac{V^2}{2} = 0 \tag{1-47}$$

因为式（1-45）是直接从式（1-43）导出的，所以它对于流动过程是否可逆也都是适用的。

式（1-45）表明，在绝能流动中，管道各个截面上气流的焓和动能之和保持不变，但两者之间却可以互相转换。即如果气体的焓减小（表现为温度的降低），则气体的动能增大（表现为速度的增大）；反之，如果气体的动能减小，则气体的焓增大。

　　在燃气涡轮发动机中，气体在进气道、尾喷管、压气机静子、涡轮静子通道内的流动可近似地认为是绝能流动。

1.2.9　声速

　　声速是指微弱扰动波在流体介质中的传播速度。不论微弱扰动是压缩波还是膨胀波，在相同介质中，其传播速度是一样的，统称为声速，或音速。运用动量方程和连续方程可推导出声速的公式为：

$$a = \sqrt{\frac{\mathrm{d}p}{\mathrm{d}\rho}} \tag{1-48}$$

　　在微弱扰动的传播过程中，气流的压力、密度和温度的变化是一个无限小量，若忽略黏性的作用，故整个过程接近于可逆的过程。此外，由于过程进行得相当迅速，来不及和外界交换热量，这就使得此过程接近于绝热过程。这样，在扰动波强度无限微弱的极限情况下，就可认为微弱扰动的传播过程是等熵过程。因此，声速公式（1-48）可以写为：

$$a = \sqrt{\left(\frac{\partial p}{\partial \rho}\right)_s} \tag{1-49}$$

　　因此，对于完全气体，将式（1-34）代入，可得：

$$a = \sqrt{kRT} \tag{1-50}$$

对于空气，$R = 287.06$（kJ/kg · K），$k = 1.4$，则有：

$$a = 20\sqrt{T} \tag{1-51}$$

　　由式（1-50）可见，气体声速的大小只与气体的性质和气体的温度有关。

　　对于一定种类的气体，当温度升高时，$\mathrm{d}\rho/\mathrm{d}p$ 减小，即气体的可压缩性变小，则气体稍受压缩，压力提高很快，从而推动相邻的气体层，因此微弱扰动就被传播得快，声速就大。而当温度低时，声速就小。

　　对不同的介质，其压缩性不同，即 $\mathrm{d}\rho/\mathrm{d}p$ 不同，因而微弱扰动传播的速度各不相同，即声速不同。顺便指出，对于不可压缩介质来说，$\mathrm{d}\rho/\mathrm{d}p = 0$，声速 $a = \infty$，即任何一个微弱的扰动都会立即传遍整个流场。

　　由此可见，声速的大小反映了介质的可压缩性。

1.2.10　马赫数

　　马赫数的定义：流场中任一点处的流速 V 与该点处（也称当地）气体的声速 a 的比值，称为该点处气流的马赫数，以符号 Ma 表示。

$$Ma = \frac{V}{a} = \frac{V}{\sqrt{kRT}} \tag{1-52}$$

　　在航空上，当气流速度小于当地声速时，即 $Ma<1$，称为亚声速气流；当 $Ma>1$，称为超声速气流；当 $Ma>3$ 时，称为超高声速气流；当 $0.8<Ma<1.2$ 时，称为跨声速气流。

超声速气流和亚声速气流所遵循的规律有本质的差别。

由欧拉运动微分方程式（1-30）可得：

$$-V\mathrm{d}V = \frac{\mathrm{d}p}{\rho}$$

有：

$$-V^2 \frac{\mathrm{d}V}{V} = \frac{\mathrm{d}\rho}{\rho} \frac{\mathrm{d}p}{\mathrm{d}\rho}$$

对于等熵过程，由式（1-49）有：

$$\frac{\mathrm{d}p}{\mathrm{d}\rho} = a^2$$

代入上式得：

$$-\frac{V^2}{a^2} \frac{\mathrm{d}V}{V} = \frac{\mathrm{d}\rho}{\rho}$$

$$-Ma^2 \frac{\mathrm{d}V}{V} = \frac{\mathrm{d}\rho}{\rho} \tag{1-53}$$

式中：$\mathrm{d}V/V$、$\mathrm{d}\rho/\rho$——气流速度的相对变化量和气流密度的相对变化量。

上式表明：在绝能等熵流动中，气流速度相对变化量所引起的密度相对变化量与 Ma^2 成正比。当 $Ma \leqslant 0.3$ 时，一般可以不考虑密度的变化，即认为气流是不可压缩的，从而使问题简化。当 $Ma > 0.3$ 时，就必须考虑气流的压缩性了。

因此，气流的马赫数不仅描述一定声速下的气流速度，更重要的是可以反映气流的压缩性。

1.2.11　管道中气流参数的变化

将流量连续方程 $\rho A V = C$ 代入式（1-53），可得：

$$(Ma^2 - 1) \frac{\mathrm{d}V}{V} = \frac{\mathrm{d}A}{A} \tag{1-54}$$

上式为气流在管道内做绝能、等熵（无摩擦）流动时气流流速 V 与管道截面面积 A 及马赫数 Ma 的关系。

从上式与式（1-35）可以看出：对于亚声速气流（$Ma < 1$），当气流流过收敛型管道（$\mathrm{d}A < 0$）时，必有 $\mathrm{d}V > 0$，即流速 V 升高，是一加速过程，同时伴随压力 p、温度 T 减小；而当气流流过扩散型管道（$\mathrm{d}A > 0$）时，流速 V 降低，是一减速过程，同时伴随压力 p、温度 T 增加。对于超声速气流（$Ma > 1$），当流过收敛型管道（$\mathrm{d}A < 0$）时，必有 $\mathrm{d}V < 0$，即流速 V 降低，是一减速过程，同时伴随压力 p、温度 T 增加；而当气流流过扩散型管道（$\mathrm{d}A > 0$）时，是一加速过程，同时伴随压力 p、温度 T 减小。

气流在管道中的流动，其参数的变化如图 1-18 所示。要使气流从亚声速加速到超声速必须采用收敛-扩张型的拉瓦尔管，如图 1-19 所示。

1.2.12　气流的滞止参数

如果按一定的过程将气流速度滞止到零，此时气流的参数就称为滞止参数。

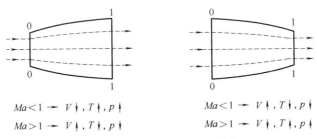

图 1-18　扩散型和收敛型管道

描述流场中某点的状态，可以给出该点的气体压力、温度和速度等参数的数值。但是，在工程应用上，往往是给出该点气流的滞止参数（如滞止温度、滞止压力等）和 Ma 数的数值。这是因为滞止参数比较容易测量。

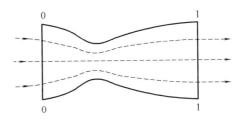

图 1-19　拉瓦尔管

1.2.12.1　滞止焓和滞止温度

根据一维定常绝能流动的能量方程，式（1-45）：

$$h_1+\frac{V_1^2}{2}=h_2+\frac{V_2^2}{2}=常数$$

可以知道，在绝能流动的条件下，气体的焓是随气流速度的减小而增大的。如果把气流由速度 V_1 绝能地滞止到零（$V_2=0$），此时所对应的焓值 h_2 就称为滞止焓，用符号 h^* 表示，则：

$$h^*=h+\frac{V}{2}\qquad(1-55)$$

对于滞止焓来说，只要求滞止过程为绝能，上式对流动过程是否可逆都是适用的。

由上式可见，气流的滞止焓由两项组成。第一项 h 是气体的焓又称为静焓；第二项 $V^2/2$ 相当于气流速度滞止到零时，动能转变成的焓。因此，滞止焓又称为总焓。它代表气流所具有的总能量的大小。

如果研究的是定比热的完全气体，有：

$$h=c_pT$$

则可写出：

$$T^*=T+\frac{V^2}{2c_p}\qquad(1-56)$$

式中：T^*——气流的滞止温度；

　　　c_p——比定压热容。

对完全气体，气流的滞止温度只要求滞止过程是绝能的。

由上式可见，气流的滞止温度 T^* 由两项组成。第一项是气体的温度，称为静温；第二项 $V^2/2c_p$ 相当于气流速度滞止到零时而引起的气体温度的升高（即动能转变而来的），一般称为动温。因此，气流的滞止温度 T^* 又称为总温。在绝能流动过程中，气流的总温保持不变。

利用关系式：

$$c_p = \frac{k}{k-1}$$

$$Ma^2 = \frac{V^2}{a} = \frac{V^2}{kRT}$$

式（1-56）可改写为：

$$\frac{T^*}{T} = 1 + \frac{k-1}{2}M^2 \tag{1-57}$$

1.2.12.2　滞止压力

根据一维定常绝能等熵流动的伯努利方程式：

$$\frac{k}{k-1}RT_1\left[\left(\frac{p_2}{p_1}\right)^{\frac{k-1}{k}} - 1\right] + \frac{V_2^2 - V_1^2}{2} = 0$$

由上式可知：气流的压力是随气流速度的减小而增大的。如果把气流的速度 V_1（温度 $T_1 = T$）绝能等熵地滞止到零（$V_2 = 0$），此时所对应的压力（p_2）就称为滞止压力用符号 p^* 表示，即：

$$\frac{k}{k-1}RT\left[\left(\frac{p^*}{p}\right)^{\frac{k-1}{k}} - 1\right] - \frac{V^2}{2} = 0$$

得

$$\frac{p^*}{p} = \left(1 + \frac{k-1}{kRT}\frac{V^2}{2}\right)^{\frac{k}{k-1}}$$

由于 $a^2 = kRT$，$M^2 = \frac{V^2}{a^2}$，上式改写为：

$$\frac{p^*}{p} = \left(1 + \frac{k-1}{2}M^2\right)^{\frac{k}{k-1}} \tag{1-58}$$

上式也可以利用滞止过程为绝能等熵的条件和式（1-57）导出，即：

$$\frac{p^*}{p} = \left(\frac{T^*}{T}\right)^{\frac{k}{k-1}} = \left(1 + \frac{k-1}{2}M^2\right)^{\frac{k}{k-1}} \tag{1-59}$$

在绝能等熵流动中气流的总压保持不变。通常把气流的总压看作是能量可利用的度量，它表征着气流做功能力的大小。

应该指出：在气体动力学中引进滞止状态的概念是把滞止状态作为一个参考状态，它与所研究的气体的实际流动过程无关。气体的实际流动过程可以包括气体与外界有热量和机械功的交换、有摩擦等。但是，在流场中的每一点都有一个当地的滞止状态，它是假想把任一点处的气流绝能等熵地流入一个无限大容积的贮气箱，使其速度滞止到零，如图 1-20 所示。因此，滞止参数是点函数。在任意流动过程中的每一点都具有确定的滞止参数的数值。显然，在实际流动中，从流场的一点到另一点滞止参数可以是变化的，通常滞止参数的变化与实际流动中气体与外界的热量交换、功的交换以及摩擦等因素有关。

应用滞止参数为测量气流参数提供了方便的途径。工程上首先测得流场中任一点的总温（T^*）、总压（p^*）和静压（p），然后根据这些参数由（1-57）式、（1-58）式和公式

$$Ma = \frac{V}{\sqrt{kRT}} \qquad (1\text{-}60)$$

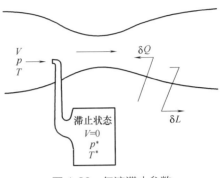

图 1-20　气流滞止参数

就可算出气流的 Ma 数、静温 T 和速度 V 来。

测量气流总温，通常是把测温感头迎面对正气流，速度为 V、温度为 T 的气流流到测温感头时，气流速度绝能滞止为零，因而温度计上的读数是被滞止的气流温度（图 1-21），即总温 T^*。实际上由于温度计会向周围传热等原因，读数往往低于气流的滞止温度，但根据测得的读数和温度计实验校正系数便可以确定气流的总温。

为了测定流道里气流的静压 p（图 1-22），可以在与气流平行的管壁上开静压孔来测量。气流的总压 p^*，则可用与气流相平行的、迎气流开口的圆管即总压管来测量。这时气流速度在总压管进口处被滞止下来，所以总压管测定的为气流的总压。

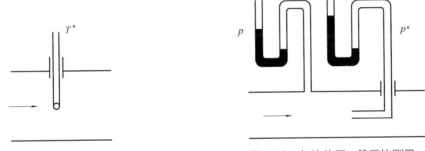

图 1-21　气流总温的测量　　　　　　图 1-22　气流总压、静压的测量

测定气流的速度也可用风速管，其构造简图如图 1-23 所示。它是在静压管中套装一总压管，并把总压和静压分别引出。总压管孔 A 在风速管的头部，管的安装必须与气流平行，气流在总压管孔 A 处滞止下来；静压孔 B 则在管的侧表面上。

对于不可压流，计算气流的速度则更简单。根据不可压缩流体的伯努利方程式 (1-33) 有：

$$p_1 + \frac{\rho V_1^2}{2} = p_2 + \frac{\rho V_2^2}{2} \qquad (1\text{-}61)$$

在与外界无机械功交换、无摩擦损失的条件下，不可压气流由速度 V_1（压力 p_1）滞止到 $V_2 = 0$ 时，相应的压力 p_2 就是总压，则有：

$$p^* = p + \frac{\rho V^2}{2} \qquad (1\text{-}62)$$

式中：p^*、p——气流的总压和静压；

　　　　$\dfrac{\rho V}{2}$——称为气流的动压，它表示气流速度滞止到零时气流压力的升高。

利用测得的总压 p^* 和静压 p，可计算出气流的速度 V 为：

$$V=\sqrt{\frac{2}{\rho}(p^{*}-p)}$$

$$(1-63)$$

也可以像文氏管一样，将静压和总压分别通到一个 U 形管的两端，直接测得总压与静压差，而并不需要分别测量总压和静压值，如图 1-24 所示。

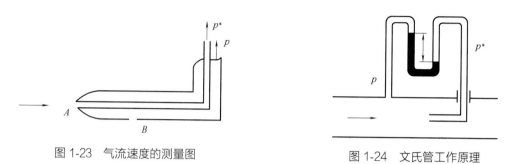

图 1-23　气流速度的测量图　　　　　　　　图 1-24　文氏管工作原理

第 2 章

燃气涡轮发动机概述

航空燃气涡轮喷气发动机自二十世纪四十年代诞生以来，由于其出色的性能，尤其是高空性能和速度性能，得到了迅猛发展和广泛应用。随着飞机的发展和技术进步，后来在涡轮喷气发动机的基础上又发展出了不同形式的燃气涡轮发动机，有：涡轮螺旋桨发动机、涡轮风扇发动机、涡轮轴发动机和桨扇发动机。燃气涡轮发动机早已取代航空活塞动力装置而占据飞机动力装置的主导地位。

发动机属于热机的范畴，它是将燃料的热能转变为机械能，为飞机提供动力源。涡喷和涡扇发动机工作时，产生高速的气流，并从尾喷口喷出，来产生飞机前进的推进力；涡桨/涡轴发动机则是产生轴上的机械功，用来驱动螺旋桨/旋翼，由螺旋桨/旋翼产生飞机的前进力（对涡桨发动机而言，喷气还会产生少量的飞机前进力）。涡桨/涡轴发动机是热机，螺旋桨/旋翼是推进器；而对于涡喷或涡扇这样的喷气推进发动机，我们说它既是热机，又是推进器。

2.1 喷气发动机的分类

涡轮喷气发动机的推进原理源自喷气推进的火箭发动机，它们同属喷气发动机。根据燃料燃烧时所需要氧化剂的来源，喷气发动机可分为两大类：一类是其燃料燃烧时所需要的氧化剂是由飞行器自身携带的，被称为火箭发动机；另一类是飞行器只携带燃料，燃料的燃烧是利用空气中的氧作为氧化剂，被称为空气喷气发动机。

2.1.1 火箭发动机

火箭发动机工作时，推进剂（燃料和氧化剂）被点燃后在燃烧室中燃烧，将燃料的化学能转换成热能，从而产生高温高压的燃气。燃气流经喷管膨胀加速，将热能转换成动能，燃气高速地从喷管喷出而产生推进力。由于不需要外界空气来助燃，这种发动机在大气层内、外均可以工作。

火箭发动机，根据所采用的推进剂不同，又可分为固体火箭发动机和液体火箭发动机两种。

2.1.1.1 固体火箭发动机

发动机采用的固体推进剂有：硼氢化钠、二聚酸二异氰酸酯、二茂铁及其衍生物等。

发动机本体由燃烧室和喷管所组成，如图 2-1（a）所示。

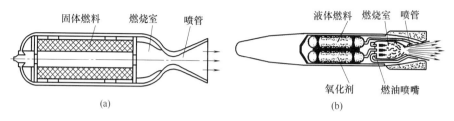

（a）
（b）

图 2-1 火箭发动机

（a）固体火箭发动机 （b）液体火箭发动机

固体火箭发动机结构简单，但工作持续时间短，并且推力不易精密控制。常作为航天器和飞机的助推器，帮助起飞和加速；也可作为战术导弹的主推器。

2.1.1.2 液体火箭发动机

发动机采用液体推进剂，例如，液氢和液氧，煤油和液氧，偏二甲肼和液氧，偏二甲肼和四氧化二氮等。发动机由燃烧室、喷管、推进剂供应系统等组成，如图 2-1（b）所示。

液体火箭发动机的工作时间较长，推力易控制。常作为航天器、战略导弹的主推器。

2.1.2 空气喷气发动机

由于燃料燃烧时所需要的氧气从大气中获得，因而空气喷气发动机只能在大气层中飞行。空气喷气发动机可分为无压气机式和有压气机式两类。

2.1.2.1 无压气机式空气喷气发动机

无压气机式空气喷气发动机由进气道、燃烧室和喷管组成。工作时，空气的压缩是通过气流在进气道内的冲压来完成的，如图 2-2 所示。飞行时，迎面气流进入发动机，在进气道内气流速度降低，压力、温度升高，然后进入燃烧室，与燃料混合并燃烧，高温高压的燃气在喷管内膨胀加速，最后高速喷出发动机，而产生推力。

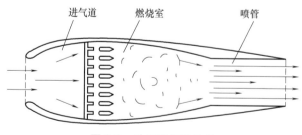

图 2-2 冲压喷气发动机

飞行速度越高，进气道的冲压作用越强，发动机推力也就越大，因而它适用于超声速和高超声速飞行。在低速飞行时，冲压作用弱，发动机产生的推力小，经济性很差。飞行器起飞时，由于飞行速度为零，气体没有被压缩，发动机不能产生推力，所以它不能单独使用。它必须和其他类型的喷气发动机组合使用，先使飞行器达到一定的速度。

2.1.2.2 有压气机式空气喷气发动机

有压气机式空气喷气发动机，飞行中在进气道有一定的冲压作用，但空气的压缩主要由压气机来完成。最早出现的有压气机式空气喷气发动机是涡轮喷气发动机，后来在此基础上相继设计出了涡轮螺旋桨发动机、涡轮风扇发动机和涡轮轴发动机。由于它们都拥有一个核心的部件——燃气发生器（由压气机，燃烧室，涡轮组成），也叫核心机，因此把它们统称为燃气涡轮发动机。

（1）涡轮喷气发动机（简称涡喷）

涡轮喷气发动机由进气道、压气机、燃烧室、涡轮和喷管组成，如图2-3所示。

发动机工作时，空气从进气道进入，经由压气机压缩后，进入燃烧室与燃料混合并燃烧，燃烧后形成高温高压的燃气，燃气在涡轮里膨胀，将部分可用热能转换为机械功驱动压气机和附件工作，燃气最后在喷管中进一步膨胀加速，高速喷出发动机而产生推力。

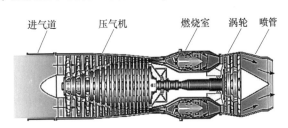

图 2-3　涡轮喷气发动机

涡喷发动机迎风面积小，具有较好的速度性能，但亚声速经济性差，目前已较少使用。

（2）涡轮螺旋桨发动机（简称涡桨）

涡桨发动机与涡喷发动机的不同之处在于其动力涡轮将大部分可用燃气热能转换为机械功输出，通过减速器带动螺旋桨，如图2-4所示。

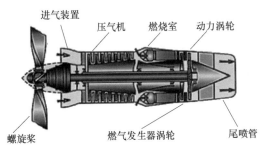

图 2-4　涡轮螺旋桨发动机

发动机工作时，飞机前进力主要由螺旋桨产生，此外，喷气产生少量的推力。螺旋桨由动力涡轮驱动。结构上发动机可以是单转子结构，即动力涡轮既驱动螺旋桨，又驱动压气机；也可以是多转子结构，即压气机由燃气发生器涡轮驱动，而螺旋桨由动力涡轮驱动。对于这种结构，动力涡轮又称为自由涡轮。

涡桨发动机起飞拉力大，在中、低速飞行时具有较好的经济性。适宜作中、低速支线民航机、运输机和轰炸机的动力装置。

（3）涡轮风扇发动机（简称涡扇）

涡轮风扇发动机的结构有两种不同的形式。一种是混合排气；另一种是分开排气（也称分别排气）。

涡扇发动机工作时，从进气道进入的空气流经风扇后被分成两路。一路称为内涵气流；另一路称为外涵气流。内涵空气继续经压气机压缩，在燃烧室和燃油混合燃烧，燃气经涡轮膨胀。

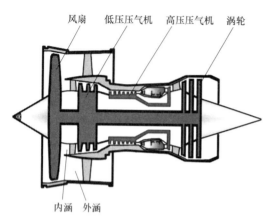

图2-5　分开排气涡扇发动机（双转子结构）

分开排气的涡扇发动机，其内、外涵气流分别经内、外涵喷管膨胀后排入大气而产生推力，如图2-5所示。混合排气的涡扇发动机，内涵气流在涡轮出口处与外涵气流混合后进入喷管膨胀，燃气高速喷出发动机而产生推力。如图2-6所示，战斗机用发动机，在混合器后设计有加力燃烧室，此处喷入燃油燃烧，来进一步提高燃气的温度，以获得更大的推力。

涡扇发动机较涡喷发动机具有更好的经济性，而得到广泛应用。

把外涵与内涵的空气质量流量比称为涵道比，用 B 表示。涡扇发动机的性能随涵道比的不同有较大的差异。涵道比越大，发动机经济型越好，但高速性能越差。因此目前高涵道比涡扇发动机（$B \geq 4$）适宜作高亚声速的大、中型民航机以及运输机的动力装置；中涵道比的涡扇发动机（$B = 1 \sim 3$）用于支线客机和公务机；低涵道比涡扇发动机（$B = 0.2 \sim 0.6$）适宜作超声速战斗机的动力装置。

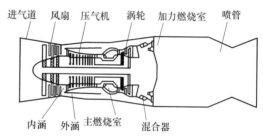

图2-6　混合排气涡扇发动机

为了进一步降低高亚声速民航机的运行成本，设计中通过提高涡扇发动机涵道比，来提高发动机经济性。世界上各大发动机制造商竞相研制、开发超高涵道比（$B > 10$）的涡扇发动机，例如 Leap-1 系列发动机的涵道比为 11。

（4）涡轮轴发动机（简称涡轴）

涡轴发动机由涡桨发动机演变而来，两者的最大差异是涡轴发动机的涡轮几乎将全部可用热能转换为机械功输出，排气几乎不产生推进力。结构上目前多采用自由涡轮式，如图2-7所示，即涡轮分为燃气发生器涡轮和动力涡轮（也称为自由涡轮）。燃气发生器涡轮带动压气机；动力涡轮通过减速器带动飞机负载（如直升机旋翼和尾桨）。

由于涡轴发动机的排气装置几乎不产生推力，因此涡轴发动机已经演变成一个热机。它具有经济性好的特点，而得到广泛应用。除航空上用作直升机的动力装置，也用作地面车辆、船舶的动

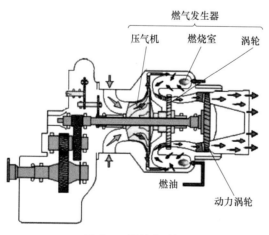

图2-7　涡轴发动机

力装置，以及地面发电的动力。

（5）螺旋桨风扇发动机（简称桨扇）

螺旋桨风扇发动机（简称桨扇）是为了获得更好的经济性而发展的一种新型燃气涡轮发动机，如图 2-8 所示。这种发动机采用后置超临界后掠桨扇，也称为无涵道风扇，其涵道比高达 20~60，燃油消耗率可降低 30%~40%，起飞和爬升性能进一步改善。发动机的性能介于涡桨发动机和涡扇发动机之间。目前还没有大量投入实际使用。

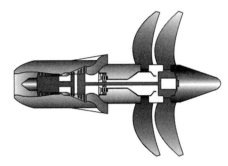

图 2-8　桨扇发动机

2.2　涡喷发动机的组成与工作

2.2.1　涡喷发动机的基本组成及工作

不同类型的燃气涡轮发动机工作时，其作为工作介质的空气在发动机内要经历压缩、加热和膨胀的热力过程，因此尽管不同类型的燃气涡轮发动机结构各不相同，但基本工作原理是相似的。这里仅以单转子涡喷发动机为例介绍发动机的基本组成及工作。其他类型的燃气涡轮发动机与涡喷发动机的不同，在介绍其结构和性能特点时予以说明。

单转子涡喷发动机结构如图 2-3 所示，由主要的部件和系统所组成。

发动机的主要部件有：进气道、压气机、燃烧室、涡轮和喷管。各个部件的功用如下：

进气道：以最小的流动损失将足够的空气量引入发动机，以满足发动机的空气流量要求。

压气机：通过高速旋转的叶轮叶片对空气做功，压缩空气，提高空气的压力。

燃烧室：将高压空气和燃油混合，使燃油燃烧，将燃料的化学能转变为热能，形成高温高压的燃气。

涡轮：高温高压的燃气在涡轮内膨胀，将部分可用燃气热能转变为机械功，以驱动压气机和附件。

喷管：使燃气进一步膨胀，提高气流速度，然后按要求的方向排入大气，从而产生推力。

压气机、燃烧室和涡轮三个部件是产生高温高压的燃气的装置，因此称为燃气发生器。燃气发生器是燃气涡轮发动机的核心，因此又称为核心机。在核心机的基础上，可以衍生出不同推力（或功率）等级的发动机，实现产品系列化以满足不同飞机的需求，或发展出其他类型的燃气涡轮发动机。不同类型的燃气涡轮发动机实质是将燃气发生器所获得的可用热能以不同的方式进行分配。

发动机的主要系统有燃油系统、滑油系统、启动系统、防冰系统和防火系统等。

燃油系统：根据飞行员的指令（即对发动机推力/功率要求）和飞行条件，确定并计量适量的燃油，确保发动机推力/功率输出，和安全、稳定、可靠地工作。

滑油系统：不断将温度适当的压力滑油送到发动机需要润滑的零件表面，起到润滑、散热和清洁作用，以减小摩擦和降低零件磨损。

防冰系统：当预计存在发动机积冰条件时，接通发动机防冰系统，防止发动机结冰，确保发动机正常工作。

防火系统：当发动机出现过热或火警时，提供座舱告警；并根据飞行员指令接通发动机灭火装置，实施灭火，以防止发动机进一步严重损坏，危及飞行安全。

启动系统：将发动机从静止状态过渡到稳定的慢车状态，确保启动过程迅速、安全和可靠。

2.2.2 发动机站位

发动机的站位是对发动机的特殊截面以数字编号，以方便设计、制造与维护。发动机制造商在发动机相关技术文件中给出发动机站位的定义。如图 2-9 所示是一典型单转子发动机站位的定义。有了发动机站位，在表示发动机参数时非常方便，如 p_2^*、T_3^* 分别表示压气机出口总压和燃烧室出口总温。

图 2-10 和图 2-11 分别表示出了双转子的发动机站位的不同定义方式。

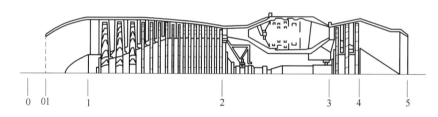

图 2-9　单转子涡喷发动机的站位

0—进气道进口，远方未受扰动气流　01—进气道　1—进气道出口（压气机进口）　2—压气机出口（燃烧室进口）
3—燃烧室出口（涡轮进口）　4—涡轮出口（尾喷口进口）　5—尾喷口出口

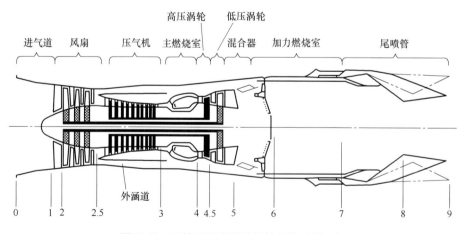

图 2-10　双转子涡扇发动机的站位（例 1）

0—进气道进口　1—风扇进口　2—风扇导向器出口　2.5—风扇出口　3—压气机出口　4—燃烧室出口
4.5—高压涡轮出口　5—混合器进口　6—加力燃烧室进口　7—喷管进口　8—喷管喉道截面　9—喷管出口

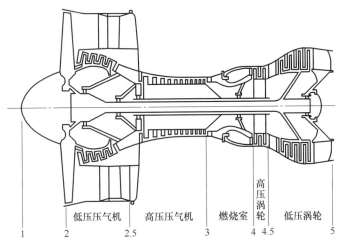

图 2-11　双转子涡扇发动机的站位（例 2）

1—进气道进口　2—风扇进口　2.5—风扇出口　3—压气机出口

4—燃烧室出口　4.5—高压涡轮出口　5—低压涡轮出口

2.2.3　涡喷发动机的工作

　　涡喷发动机工作时，空气由进气道进入压气机，经压气机压缩后，气体压力得到提高，同时温度也随之升高。在燃烧室，从喷嘴喷出的燃油与空气混合燃烧，将燃油的化学能转变为热能，使气体的温度大大提高。燃烧后形成的高温高压的燃气流入涡轮。燃气在涡轮中膨胀，涡轮将部分可用的燃气热能转变为机械功，用来带动压气机和附件。燃气最后进入喷管继续膨胀，将其余的可用燃气热能转换成动能，提高气流速度。气流从喷口高速喷出发动机而产生推力。发动机工作时气流参数（压力 p、温度 T 和气流速度 c）沿发动机流道的变化，如图 2-12 所示。

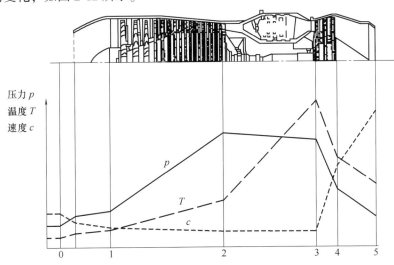

图 2-12　单转子涡喷发动机工作时气流参数的变化

2.2.4 涡喷发动机的理想循环

在涡轮喷气发动机工作时，作为工质的空气在发动机内完成了压缩、加热和膨胀的热力过程，实现能量的转换。为了便于分析，作如下假设：a. 工质是完全气体；b. 发动机排出的工质气体（燃气）经放热后又重新进入发动机，且排气压力与进气道进口的空气压力相等，都等于大气压力；c. 燃油在燃烧室中燃烧释放出热能看着是外部热源对空气的加热；d. 略去压缩和膨胀过程中工质与各部件之间的热量交换，e. 忽略气流的流动损失；f. 喷入的燃油质量忽略不计。

在上述假设条件下工质在发动机内经历的热力过程，如图 2-13 所示。

绝热压缩，这在进气道（01-1）和压气机中完成（1-2）；

等压加热，在燃烧室中进行（2-3）；

绝热膨胀，在涡轮（3-4）和喷管（4-5）中进行；

等压放热，在大气中进行（5-01）。

这 4 个热力过程构成了一个封闭的热力循环，即布莱顿循环，也称为等压加热循环。布莱顿循环是燃气涡轮发动机的理想循环。

布莱顿循环的热效率：1kg 工质气体动能的增量与加给工质气体热量的比。其数学表达式为：

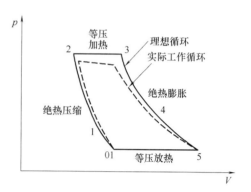

图 2-13 布莱顿循环与发动机实际循环

$$\eta_{热} = \frac{\Delta e_k}{q_l} \tag{2-1}$$

式中：Δe_k——1kg 工质气体动能的增量；

q_l——加给 1kg 工质气体热量。

经推导可得到如下表达式：

$$\eta_{热} = 1 - \frac{1}{\pi^{*\frac{k-1}{k}}} \tag{2-2}$$

式中：π^*——发动机总增压比，$\pi^* = p_2^*/p_0$；

k——空气绝热指数。

由上式可以看出，布莱顿循环的热效率仅与发动机的增压比有关。布莱顿循环的热效率与总增压比的关系曲线如图 2-14 所示，发动机的总增压比越大，发动机的热效率越高。这是由于工质气体被压缩得越厉害，加热后其膨胀能力越强，得到的机械功就越多，意味着可以将更多的热能转换成机械功，而随喷气带入大气的热量越少，故热的利用率更高，发动机热效率更高。

发动机的实际工作过程较为复杂，如压缩、膨胀过程不是绝热的过程，存在散热损失；由于存在流动损失和热阻损失等，在燃烧室内气体总压略有降低，因此燃烧过程也并

非等压加热。因此，发动机的实际热效
率低于布莱顿循环的热效率。尽管布莱
顿循环是一个理想化的、不可实现的热
循环，但它指明了提高发动机热效率的
途径：即提高发动机的总压比；同时应
尽可能降低发动机工作过程中的各种损
失。另一方面当增压比较高以后，发动
机热效率的提高已不显著，但发动机所
承受的气动负荷和机械负荷更大，因此
实际中会针对不同类型，不同用途的发
动机选取合理的发动机增压比。

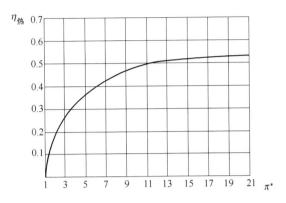

图 2-14　发动机循环热效率与总增压比的关系

　　等压加热循环是燃气涡轮发动机实现能量连续转换的前提，这不同于活塞发动机内能
量的转换，它是断续的，因此燃气涡轮发动机比活塞发动机有更大的功率输出。当然在燃
气涡轮发动机中组织稳定的燃烧较活塞发动机困难，另外结构上燃气涡轮发动机也更为
复杂。

2.3　喷气发动机的推力

2.3.1　推力的产生

　　下面以如图 2-15 所示冲压喷气发动机为例说明喷气发动机推力的产生过程。

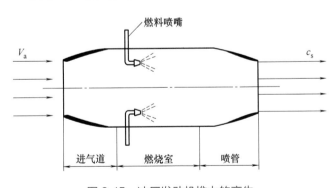

图 2-15　冲压发动机推力的产生

　　飞行时，外界空气以飞行速度 V_a 进入发动机，在流过进气道时气流速度降低，压力
升高；然后进入燃烧室，与喷嘴喷出的燃油混合燃烧，气体温度升高；燃气进入喷管，在
喷管中膨胀加速，最后以速度 c_5 从喷口喷出。

　　可见发动机工作时，气流流过发动机速度由 V_a 增加为 c_5，表明气体流过发动机时得
到了向后的加速度。根据牛顿第二定律可以断言，发动机一定对气体施加了一个向后的作

用力。根据牛顿第三定律可知，气体对发动机必然施加一个向前的反作用力，这就是发动机产生的推力。

由于气体受压、受热后，总是力图向四周自由膨胀，而发动机的内壁迫使气流沿给定通道流动，并最终从喷管喷出，所以发动机对气体的作用力是由发动机与气体接触的全部表面施加的；反过来，气体对发动机的反作用力是气体对发动机所有工作面的作用，这些气体力在发动机轴向的合力就是发动机推力，如图 2-16 所示。

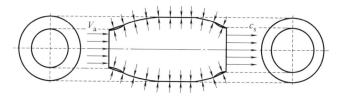

图 2-16　冲压发动机内、外壁的受力示意图

从能量的角度看，气流流过发动机之所以获得加速，即动能增加，实质是由于燃料燃烧释放出的热能在发动机内转变成了机械能。

2.3.2　推力公式

2.3.2.1　净推力

飞机在飞行中发动机产生的推力称为净推力（Net Thrust）。

取图 2-17 虚线围成的控制体作为分析对象。若在发动机轴向发动机对气流的作用力为 F'，则气流对发动机的反作用力 F 就是发动机产生的推力，它与 F' 大小相等、方向相反。运用动量定理，可得到推力大小的计算公式如下：

$$F = \dot{m}_g c_5 - \dot{m}_a V_a + (p_5 - p_0) A_5 \tag{2-3}$$

式中：F——发动机推力；

　　　$\dot{m}_a$——流入发动机的空气质量流量；

　　　$\dot{m}_g$——燃气的质量流量；

　　　c_5——轴向喷气速度；

　　　V_a——飞行速度；

　　　p_5——喷管出口静压；

　　　p_0——大气压力；

　　　A_5——喷管出口面积。

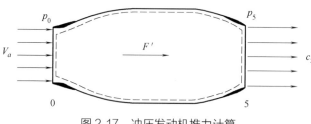

图 2-17　冲压发动机推力计算

式中前两项为单位时间的气流动量增量，第三项是进、出口压差所产生的附加推力。

气体流经发动机时，在燃烧室内与加入的燃油 $\dot{m}_f$ 混合、燃烧，同时需要从发动机引出少量空气 $\dot{m}_y$ 用于防冰、空调和座（客）舱增压等，所以发动机的燃气流量为：

$$\dot{m}_g=\dot{m}_a+\dot{m}_f-\dot{m}_y$$

在计算推力时，由于燃油的质量流量和引气流量均较小，可忽略不计，即：

$$\dot{m}_g\approx\dot{m}_a$$

则推力计算式写为：

$$F=\dot{m}_a(c_5-V_a)+(p_5-p_0)A_5 \tag{2-4}$$

需要指出的是：当发动机引气量较大时，计算推力应考虑引气的影响。

在其他条件相同的情况下，若气流在发动机内是不完全膨胀，那么气流流出发动机后将继续膨胀，其实这会导致推力的损失。因此发动机设计时，总是设法让气流在发动机内达到完全膨胀，以减少推力的损失。

当气流在发动机内是完全膨胀，即喷口出口处静压力等于外界大气压力时。推力计算公式为：

$$F=\dot{m}_a(c_5-V_a) \tag{2-5}$$

对于民航机的燃气涡轮发动机，在绝大多数工作状态下，可以认为气体在发动机中是完全膨胀的。

2.3.2.2　总推力

发动机总推力（Gross Thrust）是当飞机静止时发动机产生的推力，也称为静推力（Static Thrust），如飞机在跑道起点，起飞前发动机产生的推力。总推力是发动机排气产生的推力，它包括由排气动量产生的推力和附加推力。即：

$$F=\dot{m}_g c_5+(p_5-p_0)A_5 \tag{2-6}$$

2.3.3　推力的讨论

飞行过程中，流过发动机的外部气流因流动损失会带来阻力，称为外阻；飞行过程中，在发动机前方进气过程形成的气流流道还存在进气道附加阻力；当飞机做超声速飞行时，还会产生激波阻力。因而有效提供给飞机的推力应扣除这些阻力。由于民航机绝大多数为亚声速飞机，且整流罩设计为流线型，其外阻很小，另外附加阻力也可忽略不计。

从式（2-5）可以看出，当燃气在喷管内是完全膨胀，且忽略燃气流量和发动机引气的条件下，发动机推力大小与空气流量成正比；与气流的速度增量成正比。

因此民机发动机设计中，通过提高发动机空气流量来提高发动机推力。当然空气流量的增大会使发动机直径相应增加，发动机迎面阻力也会增加。

在气体流过发动机的空气流量不变的情形下，气体速度增量越大，推力越大；反之推力就越小。目前超声速战斗机发动机设计加力燃烧室的目的，就是通过提高进入喷管的燃气温度，来提高喷管的排气速度，以增大发动机的推力，当然排气速度的增加会使发动机经济性变差。

2.3.4　推力分布

由于推力是气流对发动机零件表面的作用力在发动机轴向上的合力。所以也可以通过计算作用在发动机各工作面上的气体作用力来得出推力。这种计算方法较为复杂，但更能揭示发动机各部件对推力的影响。由于气体在发动机不同部件的压力不同，所以推力在发动机部件间的分布也不相同。图2-18是以某涡喷发动机在最大连续状态下推力在发动机各部件上的分布。

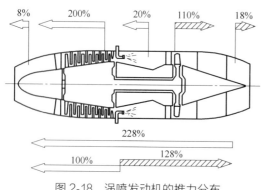

图2-18　涡喷发动机的推力分布

2.3.4.1　向前轴向力（称为正推力）

由于气流在进气道中流速降低，流动是一个压力不断增加的过程，所以作用在进气道上的气体压力的轴向力是向前的。

由于压气机叶轮对气体做功，气体在压气机中压力不断升高，所以压气机承受向前的气体压力。

由于燃烧室头部是扩散型，燃烧室后段略微收敛，但燃烧室进口面积小于出口面积，所以作用在燃烧室上的气体压力的轴向力是向前的。

2.3.4.2　向后轴向力（称为负推力）

由于气体在涡轮中膨胀，压力不断减低，所以涡轮产生向后的轴向力。

燃气流在喷管中进一步膨胀，压力降低，故作用在喷管上的气体压力的轴向合力是向后的。

从推力的分布可以看出，对涡喷发动机而言，产生最大正推力的部件是压气机；产生最大负推力的部件是涡轮。需要特别强调的是，对涡扇发动机，由于风扇实质也是压缩气体，所以风扇也是产生正推力的部件。

2.4　发动机在飞机上的安装

发动机在飞机上的安装位置随飞机的用途不同而不同。

目前民航大中型飞机的发动机位于翼下吊装，称为翼吊布局，如图2-19所示。对于翼吊布局的发动机，传播到客舱内的噪声较小；飞机稳定性高；此外还能减小飞行时机翼根部的应力，从而降低机翼及机身的强度需求，可降低飞机的自身重量；另外翼吊且便于维护；但翼吊布局会增大飞行时的空气阻力。设计时通过控制发动机的前后位置及距离机翼的高度，来尽量减小由此带来的空气阻力。

商务客机的发动机多采用机身的布局，如图2-20所示，例如 Gulfstream 的 G550，以及翼下/尾吊布局，例如 Lockheed 的 Tristar。

图 2-19　飞机翼下吊装发动机

图 2-20　飞机机身吊装发动机

　　战斗机要考虑飞机的飞行阻力最小，发动机常装在飞机两侧翼根处、机腹下或机身内，如图 2-21 所示。

　　直升机发动机通常安装在飞机上部，如图 2-22 所示，这样发动机工作时，可尽量避免外来物被吸入发动机；此外可缩短发动机功率的传送路径。

图 2-21　发动机在飞机机身内安装图

图 2-22　某直升机发动机的安装

第 3 章

发动机部件

燃气涡轮发动机的部件包括进气道、压气机、燃烧室、涡轮、喷管以及附件传动。压气机、燃烧室和涡轮构成燃气发生器。按它们的工作温度，常将其分为冷端部件和热端部件。冷端部件包含进气道、压气机；热端部件则包含燃烧室、高压涡轮、低压涡轮和喷管。本章将分别讨论各部件的工作原理与结构。

3.1　进气道

进气道是指发动机前方未受扰动的气流截面（0-0）与压气机进口截面（1-1）间的管道，如图 3-1 所示。进气道的功用就是将外部空气整流，并以尽可能小的流动损失将气流引入压气机，以满足发动机的工作要求。发动机工作时，为了确保压气机的工作效率与稳定，一定的发动机工作状态要求一定的压气机进口气流流速，因此进气道的工作是否正常，将直接影响压气机和其他部件的工作，以及发动机的推力和经济性。

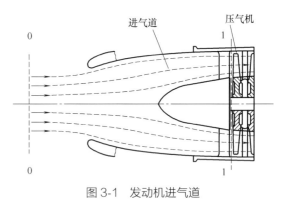

图 3-1　发动机进气道

进气道分为两大类型：亚声速进气道和超声速进气道。亚声速进气道结构简单，适用于设计飞行 $Ma<1.5$ 的飞机[*]。超声速进气道用于飞行 $Ma>1.5$ 的飞机。超声速进气道又可分为内压式、外压式和混合式三种。这种进气道可有效减小进气激波损失，超声速性能更好，但结构复杂。目前高亚声速民航机都采用亚声速进气道。

3.1.1　对进气道的基本要求

3.1.1.1　气流在进气道中的流动损失小

空气流经进气道时不可避免地存在流动损失。气流的损失会导致发动机推力（或功

---

[*] 马赫数 Ma 是速度与声速的比值（马赫因数）。这是物理学家恩斯特·马赫（Ernst Mach, 1838~1916）的名字，由于是他首次引用这个单位，所以 Ma 是用他的名字所命名的物理量。

率）下降、经济性变差。

空气流过进气道时在进气道外缘和进气道内存在流动损失。描述气流在进气道内的流动损失的参数是总压恢复系数，总压恢复系数的定义是进气道出口气流的总压与进气道进口总压之比，用符号 σ_i^* 表示。即：

$$\sigma_i^* = \frac{p_1^*}{p_0^*} \tag{3-1}$$

式中：σ_i^*——进气道总压恢复系数；

　　　p_1^*——进气道出口截面的气流总压；

　　　p_0^*——进气道前方来流的总压。

总压恢复系数反映了气流在进气道中流动的损失大小。总压恢复系数总是小于 1。它越大，气流在进气道中的总压损失越小，气流最终在涡轮、喷管中的膨胀能力越强，发动机推力越大，经济性越好。亚声速进气道正常工作，损失较小，其总压恢复系数较大，通常为 0.94 ~ 0.98；超声速飞行时，由于存在激波损失，总压恢复系数要小得多。

3.1.1.2　外部阻力小

空气流过发动机进气道外部整流罩时会产生外部阻力。导致进气道外阻的因素主要有：气流摩擦损失、进气道外缘气流分离损失（图 3-2）、局部气流流速达到声速还存在的激波损失。发动机的外阻越小，提供给飞机的有效推力就越大。

3.1.1.3　压气机进口流场均匀

压气机进口流场均匀是指压气机进口截面气流参数（如 p、T、速度 c 等）分布（沿径向和周向）均匀，以确保压气机工作的稳定性和压气机效率。

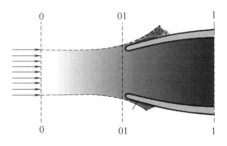

图 3-2　进气道的外阻

进气道出口流场不均匀对发动机的工作稳定性有很大影响，会导致压气机喘振和燃烧室熄火，因此进气道出口气流流场应尽量均匀。描述流场均匀度的参数是进气道畸变指数，其定义为进气道出口气流总压的最大值和最小值的差与平均值之比。

3.1.1.4　工作可靠，有效防尘、防冰

进气道位于发动机最前部，尤其对于安装位置较低的发动机，当发动机工作时，外来物极易被发动机吸入，而损坏发动机（尤其是转动部件），以致引起发动机熄火停车，所以应防止外来物进入发动机。有些涡轴发动机和中、小功率的涡桨发动机，在结构上设置了进气防尘装置。如图 3-3 所示为 PT6A-61 涡桨发动机进气惯性防尘、防冰装置。如图 3-4（a）和（b）所示，典型的涡轴发动机进气除尘器。防尘装置工作时存在气流流动损失，导致发动机的功率减小。

在一定的气象条件下，进气道会结冰，结冰会危及发动机正常工作，所以进气道设计有较完善的防冰装置。

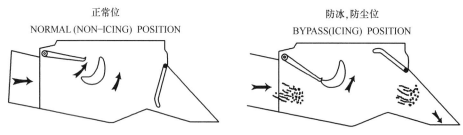

正常位
NORMAL (NON–ICING) POSITION

防冰,防尘位
BYPASS(ICING) POSITION

图 3-3　PT6A-61 涡桨发动机进气惯性防尘、防冰装置

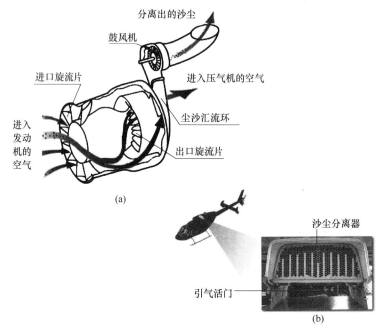

分离出的沙尘

鼓风机

进口旋流片

进入压气机的空气

进入发动机的空气

尘沙汇流环

出口旋流片

(a)

沙尘分离器

引气活门

(b)

图 3-4　典型的涡轴发动机进气除尘器
（a）工作原理　（b）外观及安装位置

3.1.2　亚声速进气道的工作

亚声速进气道是为在亚声速或低超声速范围内飞行的飞机所设计的进气道。典型的亚声速进气道结构如图 3-5 所示。它由壳体和整流锥组成。进气道的进口部分为圆形唇口，以减小流动损失；进气道内流道为扩张形通道，使气流在进气道内减速增压；在进气道尾段，气流流经整流锥后，速度稍有上升（同时压力 p 和温度 T 略有下降），能够使气流比较均匀地流入压气机，从而满足压气机对进口流场的要求，保证压气机的正常工作。

由于飞行速度 V_a 与压气机进口速度 c_1 的变化，使得亚声速进气道具有两种工作模式。

3.1.2.1　$V_a > c_1$ 时气流在进气道中的流动

如图 3-6 所示，进气道内气流参数的变化。当飞行速度 V_a 大于压气机进口气流速度 c_1 时（如飞机在巡航飞行时），气流在进气道内的流动是一个减速的过程。若飞行速度较

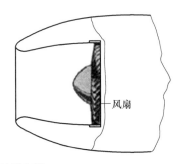

图 3-5 典型的亚声速进气道

大，仅仅靠在发动机内（1-1 截面段）的减速是不够的，空气在进入发动机前已受到发动机的扰动而预先减速，所以从 0-0 截面到发动机整流罩口 01-01 截面间的一段流管（在发动机外，由气流流动自然形成的）也是呈扩散状，其扩散的程度随飞行速度和发动机状态变化而自动变化。

气流在进气道中流速减小，其压力 p、温度 T 将升高。这种由于气流速度降低而增压的现象叫速度冲压，简称冲压。

进气道冲压比的定义：进气道出口处总压与远方气流静压的比值，用 π_i^* 表示：

$$\pi_i^* = \frac{p_1^*}{p_0} \tag{3-2}$$

冲压比反映了气体在进气道内的压缩程度。冲压比越大，说明空气在进气道的压缩程度越大，压力提高越多。

由气体动力学知识可得：

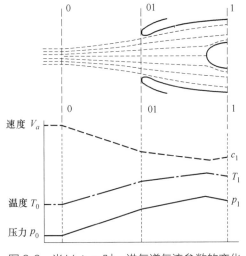

图 3-6 当 $V_a > c_1$ 时，进气道气流参数的变化

$$\pi_i^* = \frac{p_1^*}{p_0} = \frac{p_1^*}{p_0^*} \cdot \frac{p_0^*}{p_0} = \sigma_i^* \left(1 + \frac{k-1}{2} \cdot \frac{V_a^2}{kRT_0}\right)^{\frac{k}{k-1}} \tag{3-3}$$

由式（3-3）可知，影响冲压比的因素有：飞行速度、大气温度和进气道总压恢复系数 σ_i^*。

飞行速度增加时，意味着有更多的气体动能转换为气体压力。气体压力的提高，随之进气道的冲压比增大。飞行速度对冲压比的影响如图 3-7 所示。

若飞行速度不变，大气温度降低时，气体容易被压缩，因此冲压比增大；反之，大气温度升高时，冲压比减小。由此可推论：飞行高度变化时，在 11000m 高度以下，飞行高度升高时，大气温度降低，冲压比增大；在 11000m 高度以上，由于大气温度保持不变，因此冲压比也保持不变。飞行高度对冲压比的影响，如图 3-8 所示。

进气道的总压恢复系数 σ_i^* 越大，即进气道损失越小，因而其冲压作用增强，冲压比增大。反之流动损失增大，冲压比减小。

飞机正常飞行时，飞行速度都大于压气机进口气流速度，所以在进气道中都存在

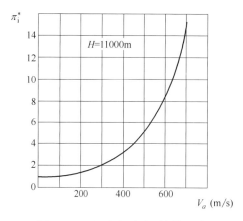 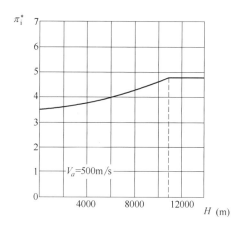

图 3-7 飞行速度对冲压比的影响　　图 3-8 飞行高度对冲压比的影响

冲压。

由于直升机飞行速度低，为减小气流损失，进气道通道采用收敛型结构，如图 3-9 所示。这样的进气道内气流在没有冲压。

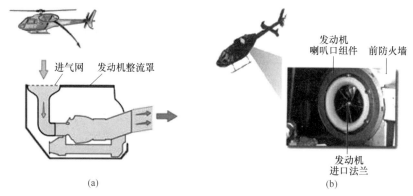

图 3-9 典型的直升机发动机进气道

3.1.2.2　$V_a \leqslant c_1$ 时气流在进气道中的流动

当飞行速度 V_a 小于压气机进口流速 c_1 时（如飞机在地面滑行、起飞状态），压气机的转动对空气的抽吸作用使空气进入发动机。气流在进气道中流速将增加，压力、温度将降低。由于发动机内（01-01 截面段）是扩张形通道，气流在此段的流动仍然是减速的，因而加速只能在 0-0 截面到发动机整流罩进口 01-01 截面间完成。所以从 0-0 截面到 01-01 截面间的一段流管会自然形成呈收敛状，其收敛的程度随飞行速度和发动机状态的变化而变化。此时空气流过进气道时的情形，如图 3-10 所示。

当飞机在地面滑行、起飞时，因飞行速度小于压气机进口气流速度，此时进气道没有冲压。

3.1.2.3　进气道的流量

单位时间流入进气道的空气质量即为进气道的流量 $\dot{m}_a$。可表示为：

$$\dot{m}_a = \rho A_0 V_a \tag{3-4}$$

式中：ρ——大气密度；

　　　A_0——进气道进口截面；

　　　V_a——飞行速度。

由上式可知：空气密度 ρ 越大，进入发动机的空气流量 $\dot{m}_a$ 越多。空气密度受大气温度和大气压力的影响。温度越高，空气密度越低；大气压力越低，密度越小。飞行速度越大，进入发动机的空气流量越多。压气机转速越高，对空气的抽吸作用越强，气流的相对速度增大（与飞行速度增大相似），进入发动机的空气流量越多。

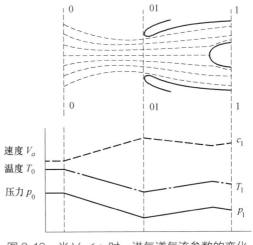

图 3-10　当 $V_a < c_1$ 时，进气道气流参数的变化

3.1.2.4　进气道的流动损失

空气流过进气道时存在的流动损失包括：气流摩擦损失、分离损失和激波损失三种。

摩擦损失是由于气流流过进气道壁面时形成的附面层而产生的。空气流过进气道时，摩擦损失的大小，除取决于气流速度以外，还直接与进气道壁面的光滑程度有关，因此进气道表面制造非常光滑。维护时应注意防止损伤进气道，并保持进气道清洁。

气流分离损失较为复杂，下面结合气流在进气道中的流动情形加以分析。

当飞行速度大于压气机进口气流速度时，气流更容易在发动机整流罩口的外缘形成气流分离，产生气流分离损失，这种分离导致发动机外阻增加，如图 3-2 所示。

当飞行速度小于压气机进口气流速度时，且由于进气道是扩张型通道，气流在发动机整流罩口转折较大，更容易在发动机整流罩口的内缘加剧气流分离，使总压损失增大，如图 3-11（a）所示。因而飞机巡航飞行时，进气道损失较小而具有较高的总压恢复系数。

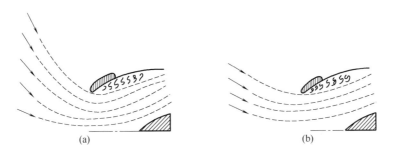

图 3-11　进气道内气流的分离损失

（a）飞机起飞时的进气情形　（b）侧滑时的进气情形

此外，当飞机飞行方向与发动机轴线不平行时（如飞机存在大的攻角或大的侧滑角时），空气流过进气道时的情形如图 3-11（b）所示。此时，由于气流进气时方向转折较大，在进气道一侧引起气流严重分离，使总压损失增大。

当亚声速飞机做高速飞行时，在进气道前缘局部气流可能超过声速，从而产生激波损失。

若超声速飞行时，空气以超声速流向进气道。超声速气流变成亚声速气流，不可避免地要产生激波，因此，超声速气流流过进气道时，将产生激波损失。

流动损失的存在，使得气流中的一部分机械能不可逆地转换成热能，使气流总压降低，气体膨胀能力减小；同时还会引起进入发动机的空气流量减小。所以最终使得发动机推力降低，经济性变差。

3.1.2.5　亚声速进气道在超声速飞行时的工作情形

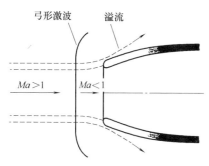

图 3-12　超声速气流流过
亚声速进气道的情形

超声速飞行时，气流在进气道前受到阻滞，将产生一道弓形激波，弓形激波是脱体正激波，如图 3-12 所示。此激波的位置会随发动机的空气流量变化而前后移动。超声速气流流过正激波后，速度降低至亚声速，再进入进气道。此时，由于激波强度大，气体总压损失大，同时进入发动机的空气流量也会减小，所以发动机推力将减小，经济性变差。飞行 Ma 越大时，激波就越强，激波损失越大，所以亚声速进气道只适于在飞行 $Ma \leqslant 1.5$ 的飞机。

3.1.3　超声速进气道简介

当飞机的飞行 $Ma>1.5$ 时，亚声速进气道前产生的正激波使气流损失很大，发动机推力迅速减小。为了减小推力损失，在飞行 $Ma>1.5$ 的飞机上都必须采用超声速进气道。如图 3-13 所示为装备超声速进气道的飞机。

图 3-13　超声速进气道

超声速进气道的基本工作原理是：用多道激波强度较弱的斜激波代替一道正激波，以尽可能小的总压损失和激波阻力将超声速气流转变成亚声速气流。

目前，超声速进气道分为：内压式、外压式和混合式。

3.1.3.1　内压式超声速进气道

内压式超声速进气道如图 3-14 所示，这种进气道的管道呈收敛-扩散型，外形上类似于一个倒置的拉瓦尔喷管。在理想情况下，超声速气流流过内压式进气道时在收敛段逐渐减速，在喉部（最小截面积）减至声速，然后在扩散段继续减速为亚声速气流。

但内压式超声速进气道实际情形是：由于通道面积是按高飞行马赫数设计的，当实际飞行马赫数小于设计飞行马赫数时，通道面积就显得过小。所以当飞机增速到超声速时，气流总是在进气道前受到阻滞，而产生一道脱体激波（类似于亚声速进气道在超声速飞行时的工作情形）。只有当飞行马赫数大于设计马赫数时，此激波才可能被发动机吸入稳定在扩散段。这就是所谓的内压式进气道的"启动"问题。

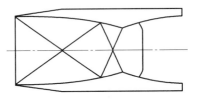

图 3-14　内压式超声速进气道

内压式进气道工作效率高，外部阻力小，但存在"启动"问题，而且到目前为止还没有找到好的克服方法，所以目前还没有单独采用这种进气道。

3.1.3.2　外压式超声速进气道

外压式超声速进气道如图 3-15 所示。超声速气流流过外压式进气道锥体第一个锥面处发生转折，产生第一道斜激波。对于同样马赫数 Ma 的气流，斜激波产生的波阻比正激波小。气流经过斜激波后，速度减小，但是仍然为超声速。所以气流流过第二个锥面处，再次发生转折，产生另一道斜激波。此时气流速度进一步减小，但仍大于声速……最后，经过一道正激波将超声速气流转变成亚声速气流，然后在扩张段内继续减速后，流进压气机。

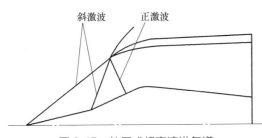

图 3-15　外压式超声速进气道

如图 3-15 所示为三激波系外压式进气道，它最佳的激波位置（即损失最小）是激波都交于进气道唇口。飞行中根据飞行条件变化，应自动调整锥面角或前后移动中心锥体等，可使激波始终保持在最佳位置。

外压式进气道有双激波系、三激波系和多激波系等不同形式。如图 3-16 所示给出了多激波系在不同飞行马赫数下的进气道总压恢复系数 σ_i^*。

由图可知：在一定的飞行马赫数下，激波系的激波数目增多，每一激波的强度，尤其是结尾正激波因波前的气流马赫数降低而使其强度减弱，最终总的总压损失将减小。

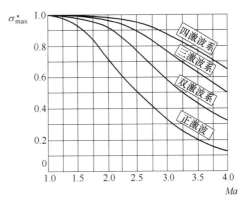

图 3-16　多激波系下总压恢复系数随 Ma 的变化

但激波数目增多，超声速气流的转折角较大，进气道整流罩扩散度加大，会造成外部阻力增大。所以，对于装外压式进气道的超声速飞机，应从得到最大有效推力角度，合理选择激波系。一般来说，飞机飞行马赫数越大，选取的激波数也相应多些。

3.1.3.3　混合式超声速进气道

混合式超声速进气道如图 3-17 所示。混合式超声速进气道是由外压式和内压式两种

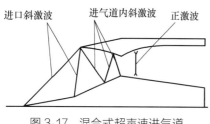

图 3-17　混合式超声速进气道

进气道组合而成，因此，它兼有外压式和内压式两种超声速进气道的工作特点。当超声速气流流过时，首先由于锥体而产生斜激波系（此为外压式），气流经过斜激波系后，速度减小，但仍然为超声速气流，然后气流在收敛段继续减速（此为内压式），在最小面积处（喉部）达到声速，然后略为加速，在扩散段经一道正激波后气流降为亚声速。这种进气道结尾正激波位于扩散段。

混合式超声速进气道外形比较平直，外部阻力小；结尾正激波强度弱且易稳定，总压损失小，"启动"容易。所以这种进气道在性能上较外压式和内压式有明显的优点，是目前超声速飞机上使用最广泛的一种进气道。飞行中也需要根据飞行条件变化，调整锥面角或前后移动中心锥体等，使进口斜激波始终保持在最佳位置。

目前，有的超声速飞机采用二元进气道。这种进气道产生斜激波的不是中心锥而是斜板。这种进气道易于调节，进气量更大，且外形易于同飞机机腹、翼下、翼侧形状匹配。

3.2　压气机

3.2.1　概述

压气机的功用是对空气进行压缩，提高空气的压力，以便实现将燃料燃烧释放出的热能转换为机械能，此外还为飞机用气提供气源。

压气机的工作直接影响发动机的性能及稳定性。对压气机的基本要求有：增压可靠；工作稳定性好，具有较完善的自动防喘性能；可为飞机空调、座（客）舱增压、飞机防冰、发动机防冰等系统提供充足的气源。

根据气流在压气机中的流动特点，航空燃气涡轮发动机的压气机分为两大类型：离心式压气机和轴流式压气机。在离心压气机内，气流流动远离叶轮转动中心方向；在轴流压气机内，气流沿与叶轮转轴平行方向流动。在发动机结构中将轴流式与离心式压气机组合应用称为混合式压气机。图 3-18 示出了不同类型的压气机。目前，大、中型发动机的压气机采用轴流式，如图 3-18（a）所示；而小型涡桨和涡轴发动机的压气机采用离心式或混合式，如图 3-18（b）和（c）所示。

3.2.2　离心式压气机

3.2.2.1　组成与结构

离心式压气机由进气装置、叶轮、扩压器和集气管等部件组成。压气机转子通过联轴器与涡轮转子相连接。典型的离心式压气机及主要部件如图 3-19 所示。

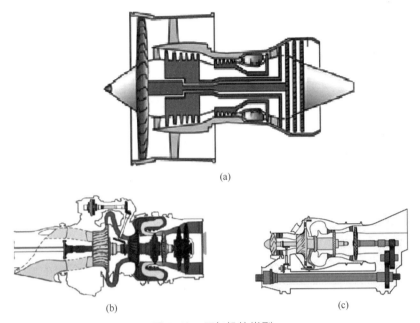

(a)

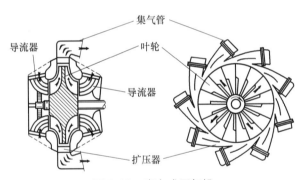

(b)　　　　　　　　　(c)

图 3-18　压气机的类型

（a）轴流式压气机　（b）离心式压气机　（c）混合式压气机

导流器　　　集气管
叶轮
导流器
扩压器

图 3-19　离心式压气机

在进气装置内有进口导流叶片，其作用是使气流沿叶轮转动方向产生预旋，确保气流顺利进入叶轮。叶轮叶片的前部常做成向旋转方向弯曲，以迎合气流相对速度方向。叶轮上叶片间的通道是扩张形的。

叶轮分单面叶轮和双面叶轮两种如图 3-20 所示。双面叶轮从两面进气，目的是增大压气机空气流量，以满足发动机的要求；而且双面叶轮还减小作用在轴承上的轴向力，而延长轴承寿命。

扩压器位于叶轮的出口处，是一个环形腔，其中装有一定数量的整流叶片，相邻叶片间的通道是扩张形的。

(a)　　　　　　　　(b)

图 3-20　离心式压气机叶轮

（a）双面叶轮　（b）单面叶轮

集气管使气流由径向流动变为轴向，将空气引入燃烧室。

3.2.2.2　工作原理

叶轮由涡轮驱动高速旋转。空气首先进入进气装置，在进口导流叶片引导下，气流沿

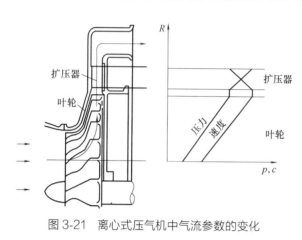

图 3-21　离心式压气机中气流参数的变化

叶轮转动方向产生速度分量，顺利地进入叶轮。在离心力作用下气体被甩向叶轮外缘。由于高速旋转的叶轮对气体做功，所以气体流经叶轮时压力提高；同时气流的速度增大。空气离开叶轮后进入扩压器，由于其通道呈扩张形，在扩压器内气流流速降低，压力升高。空气被压缩的过程中，其温度也升高。因此，离心压气机是利用离心增压和扩散增压原理来提高气体压力的，但其根本原因是叶轮对气体做功。压气机中气流参数的变化，

如图 3-21 所示。最后气流由集气管引导进入燃烧室或下一级压气机。

3.2.2.3　特点与应用

离心式压气机的特点：单级增压比高；工作可靠，稳定工作的范围宽；结构简单，重量轻，长度短；但是它的流动损失大，尤其是级间损失更大，不适于用多级使用，通常最多两级。因此离心式压气机的效率较低，一般只有 83%～85%，甚至不到 80%；单位面积的流通能力低，即流量小；迎风面积大，阻力大。

离心式压气机主要用于涡轴和小型涡桨发动机，如图 3-18（b）所示以及 APU 上。或作为混合压气机的最后一级，如图 3-18（c）所示，这种结构充分利用了两种压气机的优点，因而目前在涡轴发动机上得到广泛的应用。

3.2.3　轴流式压气机的特点

轴流式压气机由转子和静子所组成，静子固定在机匣内，如图 3-22 所示。转子对空气做功。转子和静子均压缩空气，提高其压力。

压气机转子是由工作叶轮和转子轴构成的。在轮盘的轮缘上安装有若干个工作叶片便形成一个工作叶轮。转子轴由轴承支承。压气机转子与涡轮转子通过联轴器连接，构成发动机转子，如图 3-23 所示。

静子是由若干整流器（也称整流环）构成的。每个整流器由外环、内环和若干个整流叶片构成，然后再固定在机匣上。

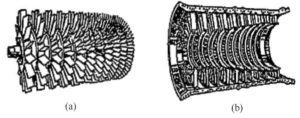

(a)　　　　　　　　　　(b)

图 3-22　轴流式压气机基本组成
（a）轴流式压气机转子　（b）轴流式压气机静子

机匣由若干段圆筒或分成两半的圆筒组成。

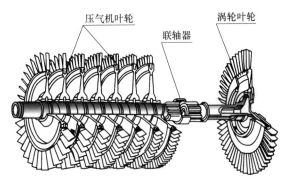

图 3-23　发动机转子

一个工作叶轮与一个位于其后的整流器就构成轴流式压气机的一个级。轴流式压气机一个级的增压能力有限，使用中都采用多级，于是一个工作叶轮与一个整流环的交错排列就形成了多级轴流式压气机，如图 3-24 所示。

为了保证压气机有更好的性能，在第一级工作叶轮前通常会有一排不转动的叶片叫进口导向器，也称导流环。其功用是使气流产生预旋。目前涡扇发动机的风扇进口没有进口导向叶片，目的是降低噪声和减轻重量。

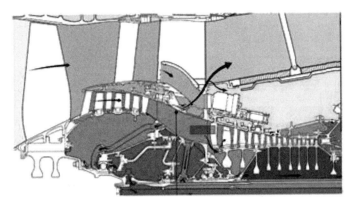

图 3-24　多级轴流压气机

与离心式压气机相比，轴流式压气机的特点是：压气机的效率高；流量大，即单位面积的流通能力高；迎风面积小，飞行阻力小；单级增压比低，一般为 1.2~1.8；且结构复杂；工作稳定性差，即容易喘振。

由于轴流式压气机流量大，目前大、中型燃气涡轮发动机上均采用轴流式压气机。此外，它还用作混合压气机的前面级，如图 3-18（c）所示。

3.2.4　轴流式压气机的工作

轴流压气机工作时，转子由涡轮带动高速旋转，叶轮叶片对气流做功，驱使气流在转子叶片间和静子叶片间流动，将机械功转变为气体的压力能。

转子叶片和整流器叶片栅通道均是扩张形的，如图 3-25 所示。

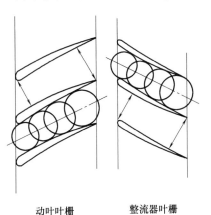

动叶叶栅　　　　　整流器叶栅

图 3-25　压气机的叶栅通道

对于压气机一个级来说，由于增压比不高，其外径和内径沿轴向变化不大，所以在每个级中，流线基本上都在一个圆柱面上。尽管沿叶高不同半径处的流动情况不完全相同，但工作原理是相似的，气流在压气机里的流动如图 3-26 所示。为了研究气流在压气机级中的流动过程，设想用与转轴同心，半径分别为压气机平均半径 r 的圆柱面与压气机叶片环相截，则得到某级的环形叶栅，如图 3-27（a）所示。这个环形叶栅叫环形基元级。可以把压气机的一个级看作是由很多个环形基元级叠加而成的。

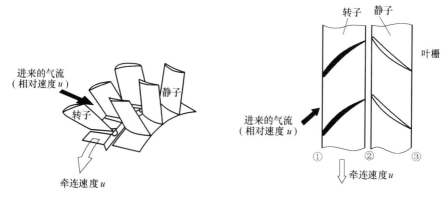

图 3-26　气流在压气机中的流动

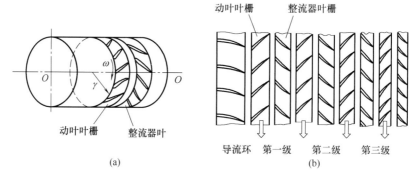

(a)

图 3-27　环形叶栅与平面叶栅
（a）环形叶栅　（b）平面叶栅

将环形基元级展开成平面后，称为平面叶栅。在展成平面的级基元中包括两排平面叶栅，一排是动叶平面叶栅（叶轮叶栅），另一排是静叶平面叶栅（整流器叶栅），如图 3-27（b）所示。实践表明：平面叶栅中的流动与环形叶栅内的流动情况是十分接近的。

下面讨论轴流式压气机的工作。

3.2.4.1　空气在导流环中的流动

空气在导流环中的流动情形，如图 3-28 所示。导流叶片前缘的方向与发动机轴向一致，后缘沿叶轮旋转方向弯曲。叶片间的通道略成收敛型。空气以速度 c_1 沿轴向进入导流环。在导流环内，流速稍有增大。气流流出导流环时，朝叶片弯曲的方向偏转一角度，速度变为 $c_①$。把 c_1 在旋转方向的偏转称为预旋。把 $c_①$ 在旋转方向的分量 $c_{①u}$ 称为预旋量。预旋量 $c_{①u}$ 的大小反映了 c_1 在导流环内的偏转程度。

可以从两个不同角度来考察预旋的意义。一是在保持进入叶轮叶片的相对气流速度与大小均不变的条件下，有预旋可以增大叶轮的旋转速度，如图 3-29（a）中实线所示，以增加叶轮的加功量，从而使压气机的级增压比更大；二是在保持叶轮旋转速度不变的条件下，有预旋可以使相对气流速度更平（即更接近叶轮叶片的前缘切线方向），而没预旋相对气流将变陡，如图 3-29（b）中虚线所示，气流容易在叶片的叶背发生分离，导致压气机不能稳定工作。

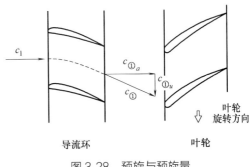

图 3-28 预旋与预旋量

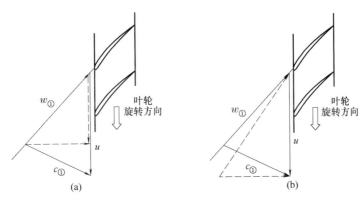

图 3-29 预旋的作用

3.2.4.2 基元级速度三角形

在基元级中，动叶叶栅以圆周速度（牵连速度）u 运动，静叶叶栅是静止不动的。对于静叶叶栅中的流动分析，自然是站在静止坐标也就是绝对坐标上来观察。然而在研究动叶叶栅中的流动时，则必须分析气流相对于动叶的运动，这时采用随动叶一起运动的相对坐标系来分析较为便利。

用 c 表示气流的绝对速度，w 表示气流相对于叶轮的速度，u 表示叶轮运动的切线速度，即牵连速度。以下标①表示动叶进口截面，以下标②表示动叶出口截面，以下标③表示静叶出口截面，如图 3-25 所示。

从运动学可知，绝对速度等于相对速度和牵连速度之和，即

$$c=w+u \tag{3-5}$$

（1）叶轮进口处速度三角形

动叶叶栅进口处气流的绝对速度为 $c_①$；牵连速度为 $u_①$；相对速度为 $w_①$ 为：

$$w_①=c_①-u_① \tag{3-6}$$

工作叶轮进口处的速度三角形，如图 3-30 所示。

（2）叶轮出口处速度三角形

动叶叶栅出口处气流的相对速度为 $w_②$，其方向由叶片尾缘所决定，大小由叶片通道

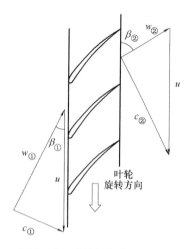

图 3-30　叶轮气流速度三角形

所决定；牵连速度为 $u_{②}$；绝对速度为 $c_{②}$：

$$c_{②}=w_{②}+u_{②} \tag{3-7}$$

在工作叶轮出口处气流的速度三角形，见图 3-30 所示。

在动叶中，由于叶栅通道均是扩张形的，因此相对速度减小。且从图 3-30 可见绝对速度增加。气流的绝对速度的增大是由于叶轮对气流做功的结果。

（3）基元级速度三角形

将工作叶轮进、出口处的速度三角形叠加在一起，就是基元级的速度三角形，如图 3-31 所示。

基元级速度三角形清楚地表示出了气流流过工作叶轮时各速度的大小和方向的变化，可以清楚地看出气流的流动情况，进而计算出气流的压力变化以及加给气流的功。

把气流流过叶轮的绝对速度（或相对速度）增量在旋转方向的分量 Δc_u（或 Δw_u）称为扭速，即：

$$\Delta w_u = (w_{②}-w_{①})_u \tag{3-8}$$

$$\Delta c_u = (c_{②}-c_{①})_u \tag{3-9}$$

由于叶轮进口与出口的圆周速度相等，所以叶轮进、出口气体相对速度的变化量在切线方向的分量与绝对速度的变化量在切线方向的分量是相等的，如图 3-31 所示。

$$\Delta w_u = \Delta c_u \tag{3-10}$$

扭速反映了在气流流过叶片过程中，绝对速度（或相对速度）方向的偏转程度。

3.2.4.3　基元级增压原理

（1）气流参数的变化

由基础知识可知：亚声速气流流过扩张形通道时，气流速度将降低，压力升高，温度升高。

空气流过工作叶栅通道时，扩张形的叶片间的通道使气流的相对速度降低，将相对运动动能转变为压力位能和内能，使气流的压力和温度上升。由于叶轮对气流做功，还使气流的总压和总温都提高，同时使气流的绝对速度增大。

气流流过整流器叶栅通道时，由于叶片间的通道也是扩张形的，气流的绝对速度降低，绝对运动动能转变为压力位能和内能，使气流压力进一步提高，温度也继续上升。若忽略流动损失并假定流动是绝能的，则在整流器叶栅通道内气流总压和总温保持不变。基元级内气流参数变化的情况，如图 3-32 所示。

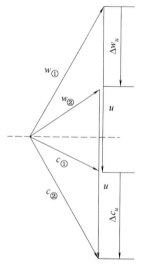

图 3-31　基元级进、
出口速度三角形

从气流流动的角度看，轴流式压气机是利用扩散增压的来提高空气压力的；从能量角

度看空气增压是由于高速旋转的叶轮叶片
对气流做功的结果。

　　压气机的增压能力用增压比来衡量，
单级压气机的级增压比等于该级压气机的出
口总压与其进口总压之比，即

$$\pi_{级}^* = \frac{p_{③}^*}{p_{①}^*}$$

　　（2）轮缘功

　　在叶轮旋转方向应用动量定理，有：

$$F_u = \dot{m}_a c_{②u} - \dot{m}_a c_{①u}$$

式中：F_u——叶轮对气流的作用力在旋转
方向的分量；

　　　　$\dot{m}_a$——空气质量流量。

　　单位时间的叶轮功为：

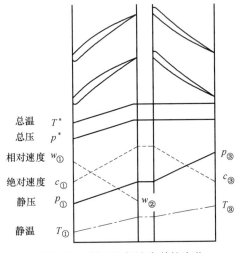

图 3-32　基元级气流参数的变化

$$W = F_u u = \dot{m}_a (c_{②u} - c_{①u}) u \tag{3-11}$$

　　单位时间内叶轮对 1kg 空气所作的功称为轮缘功，用字母 L_u 表示，为：

$$L_u = u\Delta c_u = u\Delta w_u \tag{3-12}$$

　　从前述压气机的增压原理可知：要提高压气机的增压比，必须提高压气机的轮缘功。
由上式可见，轮缘功只与气流的扭速与叶轮的圆周速度有关。压气机转速越高，轮缘功越
大；扭速越大，则压气机与气流的相互作用力越大，意味着轮缘功越大，因此增大扭速和
压气机转速均可提高压气机的轮缘功。但扭速和压气机转速的增大受到一定的限制，因为
一方面扭速增大，压气机的不稳定工作倾向增强；另一方面压气机转速增大则转动件的离
心负荷会增大。

3.2.4.4　多级轴流式压气机

　　由于轴流式压气机的级增压比小，应用中多采用多级压气机结构，以满足增压比的设
计要求。多级轴流式压气机是由各个单级所组成。气体流经多级轴流式压气机时，气体压
力 p、温度 T、速度 c 的变化，如图 3-33 所示。可以看出，压力、温度逐级升高，速度总
体上不变（或略有减小）。

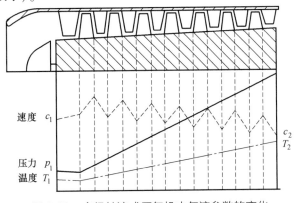

图 3-33　多级轴流式压气机内气流参数的变化

由于各个级额气流参数不同，它们的几何尺寸也各不相同，从而形成了多级压气机结构特性。一般来说多级轴流式压气机具有以下几个结构特点。

（1）压气机的流道截面面积逐渐减小

空气流过轴流式压气机时不断地受到压缩，气体的密度增加，因而从轴流式压气机的进口到出口，流道截面面积逐渐减小，相应的叶片高度逐级减小。如果不减小通道截面积，气流的轴向分速将逐级减小。气流的轴向分速过小，要求轮缘功相应减小，使得压气机增压能力被严重削弱；且压气机的工作稳定性变差，所以，多级轴流压气机的环形通道面积应逐渐减小，以便使各级气流的轴向分速大致相等。

减小环形面积的方法一般有3种：等外径、等内径、等中径，如图3-34所示。

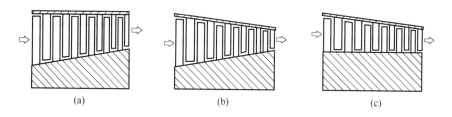

图 3-34　改变流通面积的 3 种方法
(a) 等外径　(b) 等内径　(c) 等中径

等外径的结构形式：是外径不变，通过增大内径来保证流道收缩。这种流道的优点是各级的圆周速度较大，可以提高每级的加功量，从而减少压气机级数；同时机匣比较容易加工。它适用于大流量，中等增压比的压气机。

等中径的结构形式：用缩小外径，增大内径的方法保证流道收缩，它适用于大流量，高增压比的压气机。

等内径的结构形式：内径不变，逐步缩小外径。与等外径相比，在迎风面积一样时，如果增压比一样，则最后一级叶片的高度比等外径的要大，因而可以减小端面的损失，提高级的效率，但在相同的增压比下，等内径压气机的级数比等外径压气机的级数要多一些。它适用于小流量，高增压比的压气机。

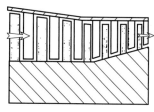

图 3-35　组合型通道

目前，高涵道比涡扇发动机，由于发动机推力大，空气流量大，压气机级数多，常采用组合的方法，如图3-35所示。

（2）叶片的弦长逐渐减小

由于越往后面级，叶片的高度越小，叶轮旋转时，叶片产生的离心力应力也越小，这样在能够满足强度要求的条件下，就可使叶片的弦长（叶片某一高度处前缘点到后缘点的连线）逐渐减小。

（3）叶片的数目逐渐增多

叶片的弦长缩短后，叶片通道对气流的约束作用被削弱，为此通过增加叶片数目来保证气流沿规定方向流动。

3.2.5　压气机性能参数及特性

3.2.5.1　压气机性能参数

压气机的性能参数主要有：压气机增压比 π_c^*，压气机功 L_c，压气机效率 η_c 和压气机功率 N_c。

（1）压气机增压比 π_c^*

压气机的增压比是压气机出口处的总压 p_2^* 与压气机进口处的总压 p_1^* 之比，用 π_c^* 表示。即

$$\pi_c^* = \frac{p_2^*}{p_1^*} \tag{3-13}$$

多级压气机的总增压比等于各个级的增压比的乘积：

$$\pi_c^* = \pi_{c1}^* \cdot \pi_{c2}^* \cdot \pi_{c3}^* \cdots \pi_{cn}^* \tag{3-14}$$

式中：n——压气机级数。

（2）压气机功 L_c

压气机功 L_c 定义为：叶轮旋转时，压气机对 1kg 气体实际所做的机械功。在理想情况下（即在压气机中没有流动损失且绝热压缩时），压气机对 1kg 气体所做的功称为理想压气机功，用 L_{ci} 表示。经推导可得：

$$L_{ci} = c_p\left(T_2^* - T_1^*\right) = \frac{k}{k-1}RT_1^*\left(\pi_c^{*\frac{k}{k-1}} - 1\right) \tag{3-15}$$

式中：T^*——温度；

c_p——定压比热容；

k——燃气指数；

R——气体常数。

（3）压气机效率 η_c

压气机实际工作过程不是绝热，并且气流存在流动损失，所以在同样的进口条件下，得到相同的增压比，压气机实际消耗的机械功 L_c 必然比理想情形下所需要的压气机功大。压气机效率 η_c 就是理想压气机功与实际压气机功的比，即

$$\eta_c = \frac{L_{ci}}{L_c} \tag{3-16}$$

压气机效率可以反映气体在压气机中的损失大小。在发动机设计状态下，轴流式压气机的效率一般为 0.8~0.9；离心式压气机由于气流转折较多，使得流动损失大，且叶轮与机匣间存在较大的漏气损失，因而效率较低，一般为 0.75~0.8；混合式压气机的效率则介于这两者之间。

（4）压气机功率 N_c

压气机功率定义为：在单位时间内，压气机对气体实际所做的功。即

$$N_c = \dot{m}_a \cdot L_c \tag{3-17}$$

把式 3-15，3-16 代入可得：

$$N_c = \frac{\dot{m}_a}{\eta_c} \cdot \frac{k}{k-1} R T_1^* \left(\pi_c^{*\frac{k}{k-1}} - 1 \right) \tag{3-18}$$

由上式可见影响压气机功率的因素有：压气机的空气流量 $\dot{m}_a$、压气机进气温度 T_1^*、增压比 π_c^* 和压气机效率 η_c。

3.2.5.2　压气机的通用特性

压气机工作时其性能参数即压气机增压比 π_c^*、效率 η_c 由下列 4 个参数所决定，即：流过压气机的空气流量 $\dot{m}_a$、压气机转子的转速 n、压气机的进气总温 T_1^* 和总压 p_1^*，它们称为压气机的工作参数。前两个参数取决于压气机的工作状态，后两个参数取决于飞行条件和大气条件。压气机的性能随工作状态和进气条件的变化规律称为压气机特性，即：

$$\pi_c^* = f_1(T_1^*, p_1^*, n, \dot{m}_a) \tag{3-19}$$

$$\eta_c = f_2(T_1^*, p_1^*, n, \dot{m}_a) \tag{3-20}$$

在压气机设计时，可以在保证一定压气机工作稳定性的前提下，使给定的增压比、转速和空气流量得到最佳匹配，从而使压气机效率最高，即压气机的最佳工作状态，通常称为设计点。发动机工作时，压气机不但在设计点工作，而且还会在非设计点工作。因此，借助压气机特性就可以了解压气机在非设计点的性能。

在气流总温 T_1^* 和总压 p_1^* 保持不变的情况下，压气机的增压比 π_c^* 和效率 η_c 仅随压气机的空气流量 $\dot{m}_a$ 和压气机转子的转速 n 的变化规律称为压气机的流量特性，即：

$$\pi_c^* = f_1(n, \dot{m}_a) \tag{3-21}$$

$$\eta_c = f_2(n, \dot{m}_a) \tag{3-22}$$

由于压气机是一个非线性系统，因此实际中是通过试验来获得压气机的流量特性。压气机试验器如图 3-36 所示。试验时，维持某一转速不变，通过节气门改变压气机流量，来得到不同流量下的压比与效率。在不同转速下可以得出一组曲线，称之为压气机的流量特性曲线如图 3-37 所示。

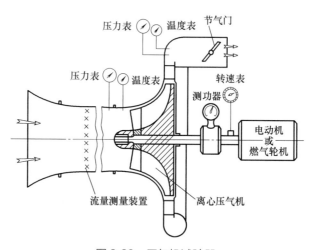

图 3-36　压气机试验器

在发动机中，压气机与其他部件一起共同工作，即在一定的大气条件及发动机转速下，进入发动机的空气流量是一定的，所以在等转速线上必然对应一个发动机的稳定工作点（如 C 点）。将各等转速线上的发动机工作点连接起来，即得到发动机的稳态工作线。如图 3-37 中 AB 曲线所示。

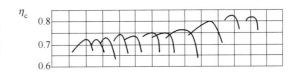
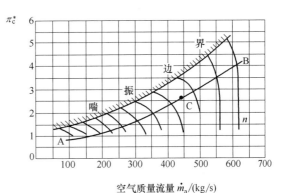

图 3-37　压气机的流量特性

压气机的流量特性曲线是在一定的大气条件下的试验曲线。运用相似理论就可以修正大气条件的影响。相似原理指出：对同一台压气机，只要保证压气机进口切向马赫数（Ma_u）和轴向马赫数 Ma_a 不变，则可保证在不同大气条件下，气流在压气机中流动是相似性的。由此有：

换算转速 n_{cor}：

$$n_{cor} = \frac{n}{\sqrt{T_1^*}} = f(Ma_a)$$

换算空气流量 $\dot{m}_{acor}$：

$$\dot{m}_{acor} = \frac{\dot{m}_a \sqrt{T_1^*}}{p_1^*} = f(Ma_u)$$

经修正后得到的特性称为压气机通用特性曲线，如图 3-38 所示。压气机的所有进气条件下的压比与效率都表示在这个图上。压气机特性可表示如下：

$$\pi_c^* = f_3 \left(\frac{n}{\sqrt{T_1^*}}, \frac{\dot{m}_a \sqrt{T_1^*}}{p_1^*} \right)$$

$$\eta_c = f_4 \left(\frac{n}{\sqrt{T_1^*}}, \frac{\dot{m}_a \sqrt{T_1^*}}{p_1^*} \right)$$

从图 3-38 压气机流量特性曲线，可以看出：

① 当发动机换算转速一定时，随着换算空气流量的减小，压气机工作点从 D 点沿等转速线移动向 C 点，压气机增压比将增加。当换算空气流量继续减小到一定值时，压气机就进入了喘振状态。所有转速下的喘振点就构成特性图上的喘振线，也称为喘振边界。喘振是压气机的不稳定工作状态。

② 当发动机换算转速减小时，压气机工作点将从 B 点沿压气机工作线左移，压气机增压比减小。在低转速区（如 A 点），压气机工作点更接近喘振边界。意味着在

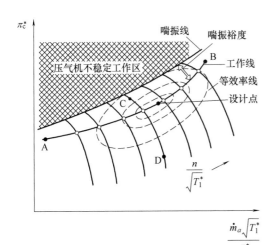

图 3-38　压气机通用特性曲线

低转速区，压气机更容易喘振。

3.2.6 压气机的喘振

3.2.6.1 压气机喘振的概念

喘振是气流沿压气机轴线方向的低频率、高振幅的振荡现象。

压气机发生喘振时，将出现以下现象：压气机流量和出口压力剧烈波动，发动机转速不稳定，发动机声音变低沉，排气温度升高，发动机振动加剧，发动机推力迅速减小。

这种低频率、高振幅的气流振荡是一种强度很大的激振源，它会使发动机机件出现强烈的机械振动。严重的气流振荡会直接导致机件损坏，如压气机叶片断裂。严重的喘振时，会伴随有放"炮"声，此时燃烧室由于过富油燃烧而超温，而烧坏燃烧室和涡轮，甚至过富油熄火。

例如，1996 年 7 月 23 日，国内某航空公司一架 B747SP 飞机执行北京—法兰克福航班任务。13∶08 在北京起飞后，高度 300ft[*] 时 2[#] 发动机发生喘振，N_1 和 EPR 下降，瞬时 EGT 达到极限，发动机自动停车。机组空中放油后，于 14∶17 安全落地（参见中国民航局航安办编，航空安全信息，1996~1997）。

因此喘振不仅会使发动机性能急剧恶化，而且严重时会损坏发动机，危及飞行安全。所以在任何状态下都不允许压气机发生喘振。

从图 3-38 压气机的流量特性曲线，可以看出喘振边界将压气机的工作分为两个区：稳定工作区和不稳定工作区。不管在什么转速下压气机工作，当流量逐渐减小到一定程度，都会进入不稳定工作区。实验证明，在压气机进入不稳定工作边界前，气流首先在压气机一级或几级发生失速，进一步就发展为"喘振"。

压气机喘振的根本原因是气流流过压气机叶片时出现了气流失速分离。这种分离是由于压气机工作状态严重偏离了设计工作状态而引起的。就压气机工作叶轮而言，气流是否分离决定于进口相对速度方向。而气流相对速度方向与气流流量系数有关。下面做进一步分析。

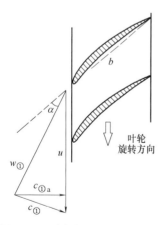

图 3-39　攻角与流量系数的定义

3.2.6.2 攻角和流量系数

工作叶轮进口处相对速度的方向与叶片弦线之间的夹角称为气流攻角 α（简称攻角），也称为气流冲角（简称冲角），如图 3-39 所示。为方便讨论，规定以叶片弦线为基准，逆时针方向攻角为正；反之攻角为负。攻角直观地反映了相对气流的方向。

由叶轮进口速度三角形可知影响攻角的因素有两个：一个是转速；另一个是工作叶轮进口处的绝对速度，如图所示。

---

[*] ft——英尺，英制长度单位，1ft = 0.3048m。

　　压气机的流量系数是工作叶轮进口处的绝对速度在发动机轴线上的分量 $c_{①a}$ 和工作叶轮旋转的切向速度 u 之比，即

$$D = \frac{c_{①a}}{u}$$

　　流量系数不仅直接反映流过压气机的流量大小，同时决定了叶轮进口的速度三角形，因此它也反映了相对气流速度的方向。当流量系数减小，气流的攻角会增大；流量系数增大，气流攻角会减小。流量系数与攻角的关系，如图 3-40 所示。

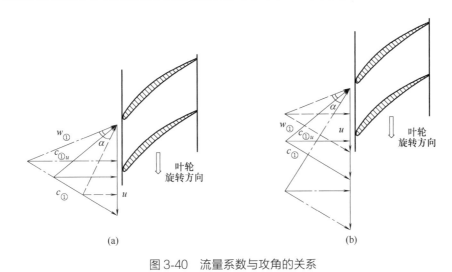

图 3-40　流量系数与攻角的关系

（a）$u=$ 常数，不同的 $c_①$　　（b）$c_① =$ 常数，不同的 u

3.2.6.3　失速与堵塞

　　发动机设计状态是发动机设计的基准状态，通常是一定大气条件下的发动机最大连续工作状态。如果压气机处于设计工作状态，则流量系数等于设计值，气流相对速度方向与叶片前缘方向一致，如图 3-41（a）所示，理论上叶轮内不会出现气流分离现象。

　　如果压气机处于非设计工作状态，即流量系数不等于设计值，就两种情形，下面分别讨论。

　　当流量系数大于设计值时（如转速不变而空气流量增加），相对速度方向将偏离叶片前缘的方向，气流冲向叶片叶背，形成负攻角，如图 3-41（b）所示。此时气流就会在叶片的叶盆发生分离。由于叶片的旋转运动，当气流流过叶片通道时，总有压向叶盆的趋势，这有利于减弱和消除气流分离，所以分离区也不易扩大，但会引起扭速降低，而叶轮功减小，压气机变"轻"。此时压气机增压能力降低，气体前后压差减小。如果流量系数继续增大到一定值时，由于分离区使通道有效流通面积减小，进而演变成收敛型通道，气流膨胀加速，当加速到声速时引起通道堵塞。这种气流在叶盆发生分离的现象称为堵塞状态，也称为涡轮状态。

　　当流量系数小于设计值时（如转速不变而空气流量减小），相对速度方向偏离叶片前缘切线方向，气流冲向叶片叶盆，形成正攻角，如图 3-41（c）所示。这时气流就会在叶片的叶背发生分离现象。这种状态称为失速。此时气流流过叶片的扭速增大，导致叶轮功

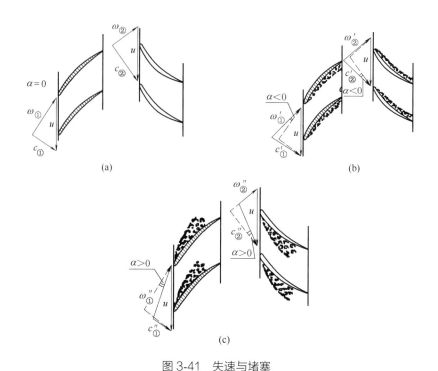

图 3-41 失速与堵塞

（a）设计工作状态 （b）流量系数大于设计值时（堵塞） （c）流量系数小于设计值时（失速）

注：图（b）、（c）中虚线——设计工作状态时的速度三角形

增大，压气机变"重"。由于叶片的旋转运动，气流总有脱离叶背的趋势，这会加剧了气流分离，即分离区沿叶片径向和周向传播，分离区会不断扩大（尤其是压气机后面级）。

由于气流在压气机里的流动是逆压力梯度的，即压差始终有使气流回冲的趋势。当流量系数继续减小到一定值时，一方面由于流量的减小而转速不变，压气机增压能力提高，气体前后压差必然增大；另一方面流量系数的减小使气流向前流动的动能减小。当气体前进的动能不足以克服气体压力差时，将会发生流动中断，以至倒流。停流或倒流的结果暂时消除了压差，气流在叶轮作用下，气流又开始正向流动。但由于导致流量系数过小的因素仍然存在，又会产生失速分离，又引起流动的中断或倒流……如此反复，最终引起气流沿着压气机轴向来回振荡，即压气机喘振。

无论是失速还是堵塞，气流的分离均会导致流动损失增大，压气机效率下降，最终使得发动机推力下降，经济性变差，排气温度升高。失速严重到一定程度压气机就会进入喘振，可能损坏发动机和导致发动机空停。

3.2.6.4 喘振发生的条件

在下列情形下都会在压气机叶片出现失速分离而导致喘振发生：

a. 发动机转速低于设计值过多；

b. 压气机进气总温过高；

c. 压气机进口空气流量骤然减小。

下面分别予以说明。

（1）发动机转速低于设计值过多

当发动机转速从设计转速减小时，发动机空气流量也相应减小。因叶轮转速的减小，压气机每级叶轮的增压能力减弱。由于逐级累积，在压气机后面级空气密度与设计值相比减小太多，此时压气机后面级的通道面积相对空气密度而言就显太小。由于流量连续，前面级气流迫使后面级气流加速，使得后面级流量系数增大，而进入涡轮状态；当后面级进入涡轮状态，必然引起压气机进口空气流量减小，使得前面级进入失速状态。这时气流在压气机中的流动其流量系数呈逐级增加。前面级流量系数小于设计值，后面级大于设计值，而在中间某级流量系数将等于设计值，这种状态称为压气机前"喘"后"涡"，或压气机前"重"后"轻"。压气机前、后级叶轮进口的气流速度三角形，如图 3-42 所示。

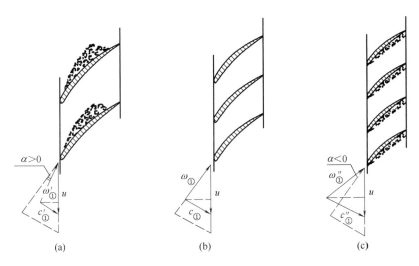

图 3-42　当转速小于设计值时压气机前、后级叶轮进口速度三角形
（a）前面级　（b）中间级　（c）后面级
注：虚线——设计工作状态；实线——转速减小后的情形

因此当发动机转速减小到低于设计值过多时，前面级失速分离达到一定程度就会导致压气机进入喘振。

（2）压气机进气总温过高

当压气机进气总温升高时，由于热空气不易压缩，在压气机功不变的情况下，各级压气机的增压比降低。由于逐级积累，压气机后面级空气密度较设计值减小太多。此时气流在压气机中的流动与发动机转速减小的情形相类似，所以，当压气机进气总温过高时，同样最终将引起压气机前"喘"后"涡"状态，压气机前"重"后"轻"。压气机前、后级叶轮进口的气流速度三角形，如图 3-43 所示。

因此当进气温度达到一定值时，前面级失速分离达到一定程度就会导致压气机进入喘振。

（3）压气机进口空气流量骤然减小

当压气机进口空气流量骤然减小时，压气机所有级的流量系数都减小，使压气机前、后级流量系数均进入失速状态。当流量减小到一定程度就导致压气机喘振发生。

发动机工作时，导致空气流量骤然减小的因素主要有：

a. 发动机加速时，供油量增加过快，转子转速增加过快；

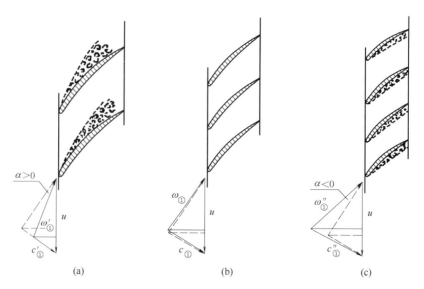

图 3-43 进气温度升高时压气机前、后级叶轮进口速度三角形
(a) 前面级   (b) 中间级   (c) 后面级
注：虚线——设计工作状态；实线——进气温度升高的情形

b. 发动机进口流场畸变。如飞机攻角过大，或侧滑角过大，或进入前面飞机尾流，或着陆滑跑速度低时反推未及时退出等；

c. 进气道结冰；

d. 外来物损伤；

e. 进气道、压气机通道积污、磨蚀和腐蚀等。

从喘振的形成过程可以看出：级数越多、增压比越高的压气机更容易发生喘振。这是因为一方面气流回冲作用更强；另一方面转速低或进气温度高时在压气机后面级对气流压缩不足情况更严重。

3.2.6.5　喘振裕度

由于发动机部件满足共同工作条件，因此在某一转速下，压气机有唯一的压比与流量，在特性图上有确定的点与之对应，这称为压气机工作点，如图 3-38 所示。压气机工作点和喘振边界的距离，称为喘振裕度。

对于一定的压气机，其喘振边界的位置并不是固定不变的，它的位置受多种因素的影响，例如零件制造公差、压气机性能退化（如叶片磨蚀、腐蚀、封严间隙变化、气流流道的清洁程度等）、进口气流畸变与紊流、雷诺数等都加剧压气机内气流分离，而使压气机的工作稳定性变差。为了避免压气机喘振，设计时须留有适当的喘振裕度。喘振裕度过小，不能有效避免喘振发生；而喘振裕度过大，好处时压气机不容易发生喘振，却是以压气机增压比下降为代价的，因此发动机的性能损失较多。

3.2.6.6　防喘措施

由于压气机是根据设计点的气动参数进行设计的，当它工作在非设计状态时，各级的速度三角形和其设计状态不同，即与压气机的几何形状不协调，这时各级的流量系数大大偏离了设计值，造成气流攻角过大或过小，产生失速或堵塞，严重而导致喘振发生，因此为了保证压气机稳定工作，在压气机结构上设计了防喘装置。

防喘装置的工作原理是通过一些结构上的措施来改变非设计状态下叶轮叶片进口的速度三角形，使相对气流速度的攻角同设计状态相同或接近，即气流流过叶片时不发生失速分离或不发生严重的失速分离，从而提高压气机的工作稳定性，避免喘振发生。此外由于气流分离损失减小，防喘装置也提高了压气机的效率。

目前常用的防喘装置有三种：压气机中间级放气；可调静子叶片；双转子或三转子结构。下面分别讨论各种防喘装置的工作原理。

（1）压气机中间级放气

压气机中间级放气是指在一定条件下，从压气机中间级放掉部分空气，来防止压气机喘振发生。

压气机中间级放气是位于压气机中间级的机匣上沿着整个圆周有一排或多排放气活门或放气带。在一定的条件下放气机构控制放气活门/放气带的打开或关闭。如图 3-44 所示。多排结构常分布于中间几级，以便与不同条件下错开使用，以提升防喘效果。

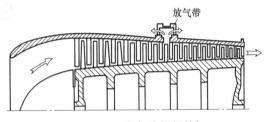

图 3-44　压气机中间级放气

下面以发动机转速降低过多为例，说明中间级放气的防喘机理。

前面已经指出，发动机转速低于设计转速时，会呈现压气机前面级的流量系数过小，而后级流量系数过大。此时使防喘放气活门/放气带打开，使部分增压空气将从放气孔（或放气活门）流出，来增大前面级的流量系数，减小后面级的流量系数。这样就减小或消除了气流的分离，从而达到防止喘振发生的目的。压气机中间级放气的防喘原理，如图 3-45 所示。

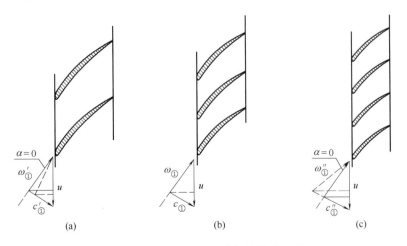

图 3-45　压气机中间级放气的防喘原理

（a）前面级　（b）中间级　（c）后面级

注：虚线——无放气；实线——放气活门打开的情形

现代燃气涡轮发动机设计由控制器根据压气机的换算转速（并考虑它参数修正）自动地控制放气机构的打开/关闭。

压气机中间级放气具有结构简单，效果显著，而得到广泛应用。压气机中间级放气改善了压气机的工作稳定性，但由于放掉了部分的压缩空气必然造成发动机推力减小、燃油消耗率增加和涡轮前温度升高。

（2）调节导流叶片和静子叶片的安装角

可调节导流叶片和静子叶片的安装角的防喘机构使将压气机进口导流叶片和前面数级整流叶片安装角可变。防喘机理是通过改变叶轮进口气流绝对速度的方向，改变叶轮进口气流速度三角形，使相对气流始终保持或接近零攻角，从而避免气流分离发生，防止喘振发生。可调节导流叶片和静子叶片结构，如图 3-46 所示。

现在以压气机第一级叶轮的工作情形为例说明其防喘原理。如果导流叶片固定不动而进口空气流量减小时，由于流量系数减小，气流将在叶片的叶背分离。

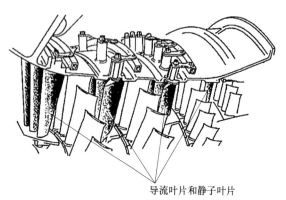

导流叶片和静子叶片

图 3-46　可调的导流叶片和静子叶片

如图 3-47（a）实线所示。如果此时增大导流叶片的安装角 β（习惯称为导流叶片关小），将使气流的预旋量增加，而保持相对速度的方向不变，从而避免气流分离，防止喘振发生，如图 3-47（b）虚线所示。

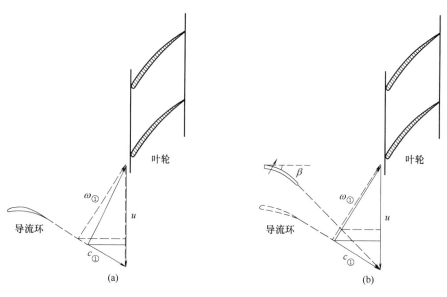

图 3-47　可调的导流叶片和静子叶片防喘原理
（a）流量系数减小、叶片安装不变　（b）流量系数减小同时安装角增大

如果流量系数增大，则反向转动导流叶片，减小安装角（称为开大）。

现代燃气涡轮发动机设计由控制器根据压气机的换算转速（并考虑它参数修正）自动地控制可调的导流叶片和静子叶片的角度。该机构可有效消除气流在叶片上的分离，而且不像中间级放气防喘机构放掉部分压缩空气，因此具有气流损失小，压气机效率高的特点，缺点是结构较复杂。

（3）双转子结构

双转子结构是指将发动机压气机分成两个，分别叫低压压气机和高压压气机；相应的涡轮也分为高压涡轮和低压涡轮。高压压气机由高压涡轮驱动，构成高压转子；低压压气机由低压涡轮驱动，构成低压转子。高、低压转子彼此没有机械联系，仅有气动联系，如图 3-48 所示。

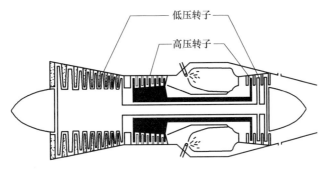

图 3-48　双转子发动机

双转子发动机的防喘原理是由于高（低）压涡轮功与高（低）压压气机功的自动匹配，改变了转子转速，即改变压气机动叶的切线速度 u，使得工作叶轮进口处气流相对速度仍沿叶片前缘切线方向进入叶片，从而避免气流分离，达到防喘的目的。

下面以换算转速下降为例，说明双转子发动机的防喘机理。

当换算转速低于设计值过多时，一方面压气机会呈现前"喘"后"涡"状态，叶轮功前"重"后"轻"。即在总的压气机功中，低压压气机功所占比例增加，高压压气机功所占比例减小；另一方面此时低压涡轮的落压比和涡轮效率较之高压涡轮降低更多，因此总的涡轮功中，低压涡轮功所占比例减小，而高压涡轮功所占比例增加。所以，随着换算转速的减小时，高压转子转速会自动回升，而低压转子转速进一步回落。从而使高压压气机的流量系数回落，而低压压气机流量系数回升，这就避免了气流的分离，如图 3-49 所示。

双转子压气机能够在一个较宽的工作范围内稳定工作。当然，从理论上讲，发

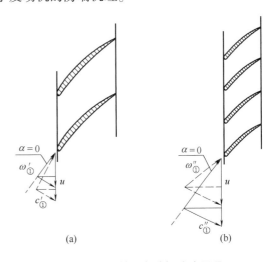

图 3-49　双转子发动机防喘原理

（a）低压压气机　（b）高压压气机

注：虚线——单转子发动机的情形；

　　实线——双转子发动机的情形

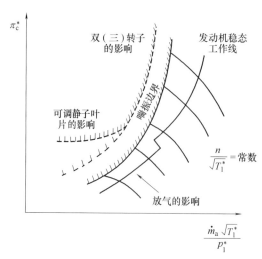

图 3-50　不同防喘措施对压气机特性线的影响

动机分为更多的转子将使压气机各级工作更为协调，压气机的稳定工作范围更大，但转子数的增加却给设计、制造带来很多困难，因此，目前绝大部分燃气涡轮发动机为双转子结构，仅有少数发动机为三转子结构。

不同的防喘措施对压气机特性线和工作线的影响，如图 3-50 所示。

高增压比压气机有更强的喘振倾向，因此设计上均采用了上述三种防喘措施。

此外使用与维护中应严格遵守发动机使用和操作规程，避免压气机发生喘振。例如在维修工作完成后，清点好工具等物品，严禁遗留在进气道和发动机舱内；发动机试车前应检查并确保进气道以及停机坪周围清洁，避免发动机工作时吸入外来物等。

3.2.7　轴流式压气机的结构

轴流式压气机可分为单转子，双转子和三转子三种，如图 3-51~图 3-53 所示。

在三转子压气机中，则分别称为低压、中压和高压压气机。在三转子涡轮风扇发动机中，低压压气机往往是风扇；在双转子涡轮风扇发动机中，风扇和内涵道中的增压级同在低压转子上。

涡桨、涡轴发动机通常采用单转子压气机而少有双转子压气机结构。如图 3-54、图 3-55 所示。

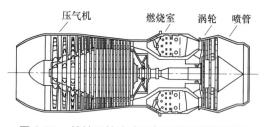

图 3-51　单转子轴流式压气机的涡喷发动机

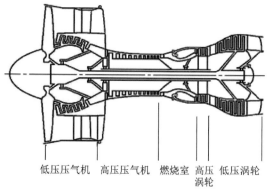

图 3-52　双转子轴流式压气机的涡扇发动机

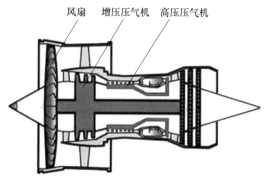

图 3-53　三转子轴流式压气机的涡扇发动机

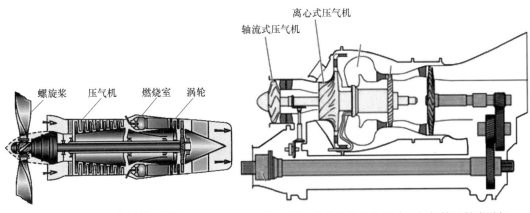

图 3-54 具有单转子轴流 式压气机的涡桨发动机

图 3-55 具有单转子轴流式压气机的涡轴发动机

3.2.7.1 转子结构

（1）转子的基本结构

轴流式压气机转子由工作叶片、轮盘（或鼓筒）、轴和连接件所组成。压气机轴和涡轮轴由联轴器连接。转子轴由滚珠轴承和滚柱轴承支撑。

转子的基本结构形式有三种：鼓式、盘式和鼓盘混合式，如图 3-56 所示。

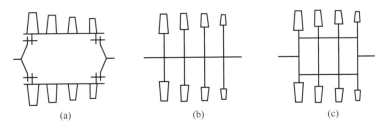

（a）　　　　　　　　　（b）　　　　　　　　　（c）

图 3-56 轴流式压气机转子的基本结构形式
（a）鼓式 （b）盘式 （c）鼓盘混合式

鼓式转子是一个圆柱或圆锥形鼓筒，在安装边通过螺栓与前、后轴连成一体，如图3-57 所示。在鼓筒的外表面加工有轴向或周向的燕尾形榫槽，用来安装工作叶片。工作时，作用在转子上的主要负荷（叶片和鼓筒上的离心力、弯矩和扭矩）由鼓筒承受和传递。鼓筒式转子结构简单，零件数目少，加工方便，具有较高的抗弯刚性，但由于受到抗拉强度的限制，一般只在转速较低的低压转子上采用。如 CFM56、V2500 发动机的增压级就采用鼓筒式结构。

盘式转子由一个或一组盘与转轴组成，用轴将各级轮盘连成一体。盘缘外表面加工有燕尾形榫槽用来安装转子叶片。涡轮扭矩通过联轴器传递给轮盘。工作叶片和轮盘的离心力由轮盘承受，转子的抗弯刚性由轴来保证如图 3-56（b）所示。图 3-57 中风扇就是单盘的盘式转子结构。盘式转子的特点是强度好，多级结构的抗弯刚性差，并容易发生振动。目前盘式转子只用于单盘或小流量的压气机上。

鼓盘混合式转子由若干个轮盘、鼓筒和前、后半轴组成。鼓筒可与轮盘做成一体；或

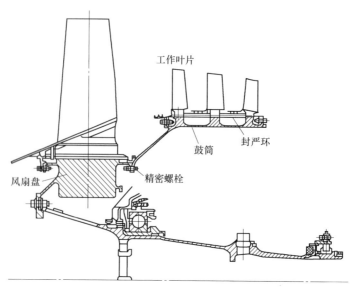

图 3-57　某发动机低压压气机转子

者单独制成，级间连接采用焊接、径向销钉、轴向螺栓或拉杆组合成一体。扭矩由轴、盘、鼓逐级传递。如 CFM56 发动机的高压压气机转子即为鼓盘混合式结构，如图 3-58 所示。整个转子分为三段：1、2 级为钛合金的盘焊接为一体式，4~9 级为镍基合金盘焊成一体。用短螺栓将两段转子、前轴、第 3 级盘和 4~9 级连成一个整体。鼓盘混合式转子兼有鼓式转子抗弯刚性好和盘式转子强度高的优点，而得到广泛应用。

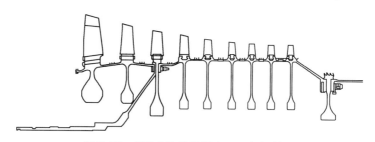

图 3-58　CFM56 发动机高压压气机转子

（2）工作叶片

工作叶片由叶身和榫头两部分组成。

① 叶身结构特点。转子叶片截面呈翼型状。叶片在叶根处叶型弯度大，叶尖处叶型弯度小，以满足各处气流的加功量要求，保证气流维持一个比较均匀的轴向速度；同时将叶片从叶根向尖部"扭转"（即叶根安装角小，叶尖安装角大），以便在每一点都有正确的迎角，如图 3-59（a）所示。

流过压气机的气流在其内外壁面处会产生两个附面层。为了补偿附面层中的缓慢气流，在叶片的尖部和根部局部增加叶片的弯度，称为"端部弯曲"，如图 3-59（b）所示。

② 榫头。榫头的作用是将工作叶片连接到轮盘上。榫头将叶身所受的负荷传到轮盘上，故榫头应有足够的强度，此外尽量避免应力集中，以保证榫头不在叶身断裂前发生断裂。

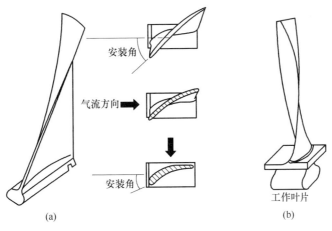

图 3-59　叶身结构

（a）扭转的叶身　（b）端部过弯叶片

目前轴流式压气机叶片的榫头主要为燕尾形结构。燕尾形榫头尺寸较小、重量较轻、能承受较大的负荷、加工方便。其缺点是榫槽内有较大的应力集中。

周向燕尾形榫头和榫槽及锁头，如图 3-60 所示。轴向燕尾形榫头由锁片（图 3-61）或卡环（图 3-62）将叶片固定在轮盘上。

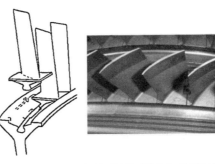

图 3-60　周向燕尾形榫头和榫槽及锁头

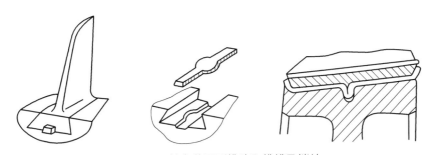

图 3-61　轴向燕尾形榫头和榫槽及锁片

近年开始采用整体叶盘结构，如图 3-63 所示。这可降低叶片榫头、轮盘榫槽处的应力集中，减少叶片的安装连接件，减轻重量。缺点是单个叶片损坏，需要更换整个叶盘。发展叶片修理技术是解决这一难题的有效措施。

3.2.7.2　静子结构

压气机静子主要由机匣和静子叶片所组成。

（1）压气机机匣

压气机机匣支承静子叶片。对机匣结构的要求：重量轻、强度高；具有一定的刚度，

图 3-62   轴向燕尾形榫头和榫槽及锁紧卡环

图 3-63   压气机整体叶盘

以保持精确的转子叶尖与机匣的间隙，从而保证尽高的压气机效率。为了达到这些要求，压气机前面级早期使用铝合金材料。由于钛合金的刚性密度比更高，现在已由钛合金取代。压气机后面级机匣使用合金钢。

典型的涡扇发动机的高压压气机机匣分成前机匣和后机匣。机匣通常做成轴向分段的整体式或两半对开式，由螺栓连接。前机匣承受结构载荷，比如弯曲和扭转，使后机匣不因载荷变形。这种设计使得叶尖和机匣的间隙较小。为了减小转子叶片叶尖间隙，某些发动机压气机机匣内侧有防磨层。

在压气机静子机匣特定级上开有防喘放气口和飞机用气的引气口。引气通常空气通过空心的静子叶片或通过静子叶片外平台的孔。引气孔围绕整个压气机机匣周向布局。引气总管收集从引气孔来的空气，供给飞机气源系统。在压气机的各级还设有孔探孔，以方便维护检查。

在压气机转子各排叶片之间有一组"刀刃"，称为篦齿。篦齿正对的静止件上衬有蜂窝结构，与篦齿构成密封结构，以防止气流通过转子和静子端部之间间隙回流。高压压气机转子最后有一个封严盘，如图 3-64 所示，它用于压气机出口压力（CDP：Compressor Discharge Pressure）的密封。

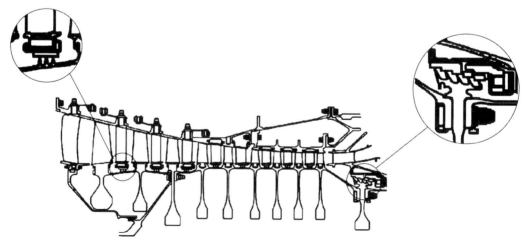

图 3-64   压气机级间封严和 CDP 封严

（2）静子叶片

静子叶片截面也呈翼型状。静子叶片通常制造为成组结构，固定到机匣的卡槽中，如图 3-65 所示。这种结构可以加强叶片的刚性，提高自振频率，减少安装结构件。其上有内、外环。内环带有蜂窝封严装置，以防止级间漏气。当静子叶片较短时，可以不带内环。静子叶片呈悬臂状态，一端固定在机匣中，另一端靠叶尖与转子鼓筒外环形成级间封严。

高压级静子叶片通常用钢制造。钛合金用于低压级的静子叶片。

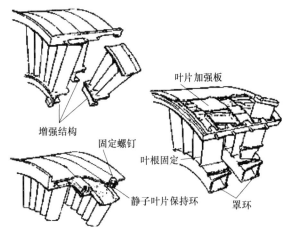

图 3-65　压气机静子叶片在机匣上的安装

3.3　燃烧室

燃烧室的功用是使喷嘴喷出的燃油和空气混合、燃烧，将燃料的化学能转变为热能，加热工质气体。

3.3.1　对燃烧室的基本要求

对燃烧室的基本要求：点火可靠；燃烧稳定；燃烧完全，燃烧效率高；总压损失小；出口温度场分布满足涡轮的要求；排气污染小；结构尺寸小、重量轻；寿命长。

3.3.1.1　点火可靠

保证在地面和空中一定的外界条件下可靠地点燃燃烧室的油/气的混合气。

影响点火可靠性的主要因素有：燃油和空气的比例；电嘴的点火能量；混合气的初温初压等。

描述燃油和空气比例的参数有油气比和余气系数。

（1）油气比

油气比 f 是进入燃烧室的燃油质量流量 $\dot{m}_f$ 与进入燃烧室的空气质量流量 $\dot{m}_a$ 的比，即

$$f=\frac{\dot{m}_f}{\dot{m}_a}$$

（2）余气系数

余气系数 α 是进入燃烧室的空气质量流量 $\dot{m}_a$ 与进入燃烧室的燃油质量流量完全燃烧所需要的理论空气量之比，即

$$\alpha=\frac{\dot{m}_a}{\dot{m}_f L_0}$$

式中： $\dot{m}_a$——进入燃烧室的空气质量流量；

$\dot{m}_f$——进入燃烧室的燃油质量流量；

L_0——燃料的理论空气量，即每千克燃油完全燃烧所需要的最少空气量。对于航空煤油，理论空气量 L_0 为 14.7 千克空气/千克燃油。

油气比和余气系数均反映了混合气中油和气的比例，但后者更为直观地反映了混合气贫/富油的程度。$\alpha=1$ 称为理论混合气；$\alpha<1$ 为富油混合气；$\alpha>1$ 为贫油混合气。油气比 f 和余气系数 α 的关系是：

$$f=\frac{1}{\alpha L_0}$$

3.3.1.2 燃烧稳定

燃烧稳定性是指在规定的工作条件下燃烧室平稳燃烧不熄火。燃烧室的稳定燃烧条件是：燃烧时的混合气的流动速度等于火焰的传播速度。由于混合气的余气系数会直接影响火焰的传播速度，因此在一定工作条件下，燃烧室都存在一定的富油极限和贫油极限，当超出这一极限范围，燃烧都不会持续进行，即熄火。这一极限范围被称为稳定燃烧范围。如发动机在急剧加速、减速时，空气流量的变化与燃油流量的变化不相适应会导致燃烧室油气混合气瞬时贫油或富油超出稳定燃烧范围而熄火。

3.3.1.3 燃烧完全

燃油燃烧时，由于有一部分燃料来不及燃烧，以及部分燃烧产物在高温下发生离解反应，因而存在燃烧不完全。常用燃烧效率来衡量燃烧的完全程度。燃烧效率是 1kg 燃油燃烧后工质实际吸收的热量与其理论放热量之比。即

$$\eta_b=\frac{q_1}{q_0}$$

式中：q_1——工质实际吸收的热量；

q_0——燃油的理论放热量。

目前燃气涡轮发动机燃烧效率一般为 98%~99%。

3.3.1.4 总压损失小

由于气体流过燃烧室存在流动损失，此外燃油燃烧的化学反应过程还将导致总压降低，这称为热阻损失，所以设计时尽量减小气流在燃烧室中的损失。燃烧室的总压恢复系数是燃烧室出口气流的总压 p_3^* 与进口的总压之比 p_2^*，即

$$\sigma_b^*=\frac{p_3^*}{p_2^*}$$

用燃烧室总压恢复系数 σ_b^* 来衡量燃烧室中气流的损失大小。对于燃气涡轮发动机，燃烧室的总压恢复系数一般在 0.92~0.96 范围内。

3.3.1.5 燃烧室的尺寸小

燃烧室尺寸小，意味着燃烧室的重量轻，缩短燃烧室的长度，可以减小压气机和涡轮之间的距离，从而减轻机匣和转子的重量；此外减小燃烧室的直径可以缩小发动机的迎风面积，提高发动机的迎面推力，因此燃烧室尺寸小，对提高发动机的推重比具有重要的意义。

　　燃烧室容热强度指在单位压力下、单位燃烧室容积中、单位时间内，进入燃烧室的燃油燃烧实际所释放出的热量。容热强度大，表明燃烧室的尺寸小；反之容热强度小，表明燃烧室的尺寸大。

3.3.1.6　出口温度分布满足要求

　　为了避免燃气局部温度过高而烧坏涡轮叶片，对燃烧室出口温度分布的要求是：在燃烧室出口径向的和周向的温度不均匀在规定范围。

　　由于离心力的作用，使涡轮转子叶片叶根、涡轮盘榫头部位应力很大，如果温度过高其强度下降，导致损坏或叶片寿命降低；而在叶片的叶尖部分，由于叶片较薄，温度过高会使叶尖烧毁，因此径向温度分布是：在径向距叶尖大约 1/3 处温度最高，而靠近涡轮叶片叶尖和叶根处的温度低一些。燃烧室出口温度径向分布如图 3-66 所示。

　　周向温度分布，在燃烧室出口环形通道上温度分布要求：在出口同一个环腔内最高温度与平均温度之差不超过 100~120℃。

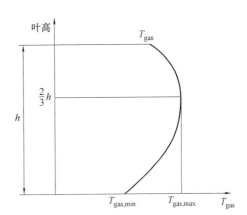

图 3-66　燃烧室出口径向温度分布

3.3.1.7　排气污染小

　　燃气涡轮发动机的 4 种主要的、受法规限制的燃烧污染物分别是：未燃烧的碳氢化合物 CH、烟（碳粒子 C）、一氧化碳 CO 和氮氧化物 NO_x。

　　这些污染物的含量随发动机的工作状态的变化规律如图 3-67 所示。可见在慢车状态，由于燃烧室温度较低，CO 和 HC 的含量较多，而 NO_x 较少；随着转速 n 的增大，由于燃烧温度高，CO 和 HC 的含量减小，而 NO_x 增多。烟的含量随转速 n 的增大先减小，而后又增加。这主要是由于慢车状态下局部富油缺氧，而大转速下高温导致燃烧产物的离解，从而形成大量的微细粒子造成的。

3.3.1.8　寿命长

　　燃烧室在高温下工作，设计时合理地组织燃烧和冷却；采用高性能的耐热材料等；以及正确使用和维护，都有利于提高燃烧室的寿命。

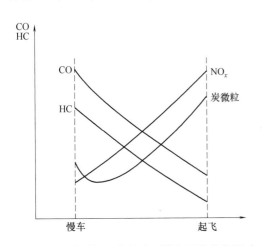

图 3-67　发动机工作状态对排气污染物的影响

3.3.2　燃烧室的类型

　　燃气涡轮发动机的燃烧室有三种主要类型：单管燃烧室、环管形燃烧室和环形燃烧室。

3.3.2.1　单管燃烧室

图 3-68 所示为单管燃烧室。它由火焰筒和外套所组成。火焰筒前安装有旋流器和喷油嘴。

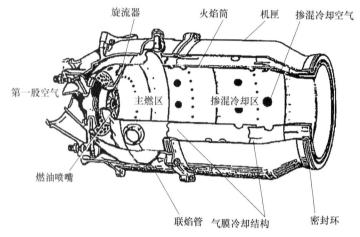

图 3-68　单管燃烧室结构

燃烧在火焰筒内进行。火焰筒是薄壁金属结构，在其侧壁面上开有多排直径大小不同、形状各异的孔或缝。这些孔或缝可保证燃油充分燃烧；燃气掺混均匀，使燃烧室出口温度场满足要求；并使壁面得到冷却，避免火焰筒被烧坏。

单管燃烧室目前在某些辅助动力装置（APU）上仍有使用。在早期的发动机上，燃烧室是由数个（通常 8~16 个）单管燃烧室构成，称为多管燃烧室，如图 3-69 所示。在其中两个火焰筒上装有点火装置。其他火焰筒由火焰筒之间的联焰管传播火焰点燃，此外联焰管还均衡各火焰筒之间的压力。

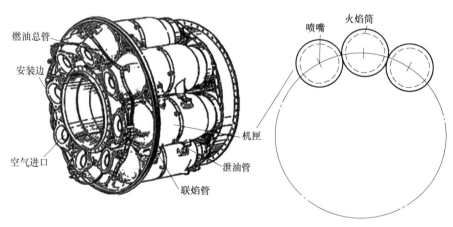

图 3-69　多管燃烧室

3.3.2.2　环管形燃烧室

环管形燃烧室是由若干个单独的火焰筒沿周向均匀安装在一个共同的内、外机匣里而构成，如图 3-70 所示。环管形燃烧室工作与多管燃烧室相似。与多管燃烧室相比较，燃烧室热容强度更大，出口温度场更均匀，重量更轻。由于性能远不及环形燃烧室，因此目前已不再使用。

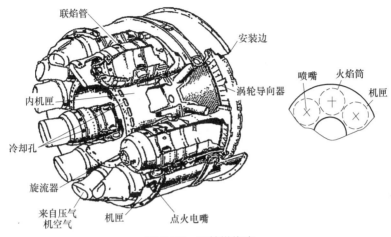

图 3-70　环管燃烧室

3.3.2.3　环形燃烧室

环形燃烧室由四个同心圆筒组成，最内和最外的两个圆筒分别为燃烧室的内机匣和外机匣，中间两个圆筒构成环形火焰筒。在火焰筒的头部装有数个旋流器和喷油嘴。环形燃烧室结构，如图 3-71 所示。

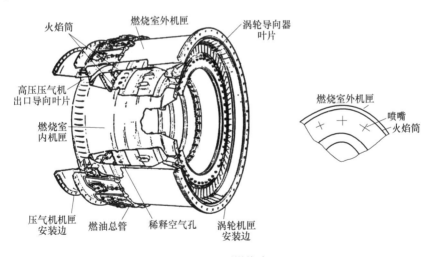

图 3-71　环形燃烧室

火焰筒采用耐高温的镍基合金板料或冷轧成型的带料焊接而成，也有采用锻件机械加工的。

环形燃烧室的主要优点是燃烧室热容强度大，因而火焰筒结构简单，环形面积利用率高，迎风面积小，重量轻，点火性能好。总压损失较小，以及出口温度分布较均匀。目前环形燃烧室已得到广泛应用，如 CFM56、RB211-7R4、PW4000、GE90、V2500 等发动机。

在某些小型机上采用环形回流燃烧室或环形折流燃烧室。环形回流燃烧室，如图 3-72 所示。该燃烧室用于压气机采用离心压气机而涡轮采用轴流式涡轮的发动机设计。燃烧室围绕在涡轮外面。这样大大缩短发动机的轴向长度，但燃烧室气流损失较大，且维护不便。环形折流燃烧室，如图 3-73 所示，它应用于甩油盘供油的燃烧室。

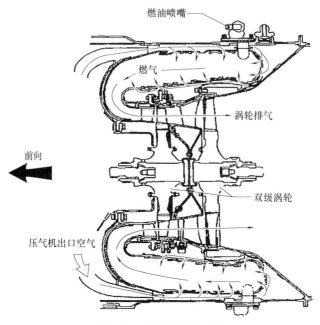

图 3-72　环形回流燃烧室

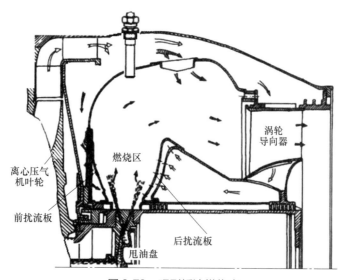

图 3-73　环形折流燃烧室

双环形燃烧室是为减少燃烧排故污染物而设计的（图 3-74）。一个燃烧区称为先导级，发动机工作时总是处于工作状态；另一个称为主级，仅在高功率状态工作。对于每一级，空气燃油比的控制更好，可有效减少了一氧化碳和碳氢物的排放。此外燃烧室比标准燃烧室更短，减少了燃气在热区的时间，由此减少了氮氧化物的生成。

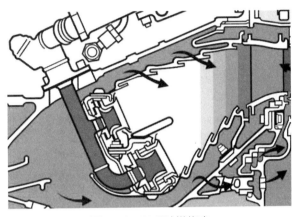

图 3-74　双环腔燃烧室

3.3.3　燃烧室的工作

发动机启动时，来自压气机的压力空气进入燃烧室，它一边向后流动，一边与燃油喷嘴喷出的燃油混合，混合气由点火电嘴产生的火花点燃。启动到一定阶段，点火装置退出工作，燃烧室内形成稳定的火焰使燃烧持续进行，发动机进入正常工作。

燃烧室的工作原理，如图 3-75 所示。燃气涡轮发动机燃烧室的工作具有两个显著的特点：一是燃烧在高速的气流中进行；一是燃气温度受涡轮材料强度的限制。

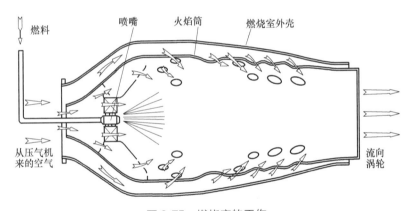

图 3-75　燃烧室的工作

3.3.3.1　燃烧在高速的气流中进行

流动混合气中稳定燃烧的条件是：火焰的传播速度等于混合气的流动速度。

由于来自压气机的空气流速达到 100m/s 以上，而燃烧室最大截面处气流的平均速度仍有 20~30m/s，而火焰传播速度仅有几十厘米每秒。所以必须一方面设法降低空气的流速，另一方面使火焰保持较高的传播速度，才能保证混合气的稳定燃烧。

在降低混合气流动速度方面，一方面是将燃烧室前部的通道设计成扩散形，如图 3-76 所示。由于亚声速气流在扩散形的通道内速度下降，这样就可以将气流速度降到 40~60m/s；另一方面在燃烧室火焰筒的头部安装旋流器，以造成燃烧室气流的局部低速区。

旋流器是由若干旋流片按一定角度沿周向排列而成（或开有一系列斜向小孔）。当部分空气流过旋流器时，气流一边向下游流动，一边产生旋转运动，如图 3-77 所示。这种旋转运动将气流甩向四周，使燃烧室中心部分形成低压区。于是燃烧室后面一部分高温燃气便向火焰筒中心的低压区倒流，而形成回流。在燃烧室中心，气流回流的区域称为回流

区，回流区之外称为主流区。由于气体
的黏性作用，火焰筒内同一个截面上气
流的速度是连续的，因此必然有气流轴
向速度为零的点，这些点就构成了主流
区与回流区的交界面，称为回流边界，
如图3-78所示。

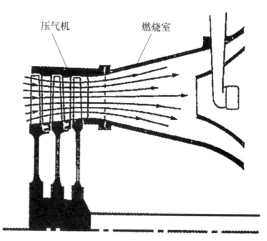

主流区的气流与喷嘴喷出的燃油形
成油气混合气，在主流区靠近回流边界
的地方，由于气流轴向速度逐渐减小，
因此总会存在一点使得混合气的流动速
度等于火焰的传播速度，在这里形成稳
定的火源，从而保证燃烧室持续、稳定
地燃烧。

图 3-76　燃烧室头部设计

影响火焰传播速度的主要因素有：混合气的余气系数、初温和初压、紊流强度。

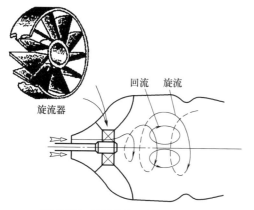

图 3-77　旋流器与回流区的形成

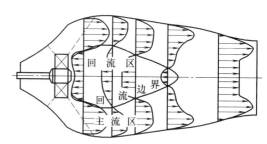

图 3-78　火焰筒内气流速度分布

混合气的初温、初压越高，越有利于燃烧，因而火焰传播速度越大。混合气的初温、
初压决定于发动机的进气温度、进气压力，以及压气机的增压比。混合气的紊流强度越
大，越有利于火焰前锋与未燃混合气的热交换，因而燃烧进行得越迅速，即火焰传播速度
越大。旋流器所形成的回流区的燃气也有助于提高混合气的初温、紊流强度，并使油/气
混合更均匀。理论上混合气的余气系数为1时，火焰传播速度最大。燃烧时混合气的余气
系数主要通过燃油控制器进行控制。

因此在提高火焰传播速度方面，主要是保证混合气的油气比适当，并使燃料与空气混
合得均匀，以利于燃料的燃烧。燃油良好的雾化和气化，是油/气均匀混合的前提。燃油
的雾化和气化是由燃油喷嘴来实现的。

3.3.3.2　限制燃气温度，确保燃烧室和涡轮的安全

燃烧室出口高温、高压的燃气直接进入涡轮膨胀做功，因此涡轮叶片不仅始终处于高
温下，而且还承受巨大的离心力。任何金属材料受热后，它的材料强度都要减小，所以要

使涡轮叶片在巨大的离心力作用下而不损坏，就必须将燃烧室出口的燃气温度限制在一定的范围内。换言之燃烧室出口燃气温度要受到涡轮叶片材料强度的限制。

为了使火焰传播速度最大，且燃烧进行得完全，理论上应使混合气的余气系数 α 等于 1，这种情况下航空煤油燃烧后燃气的温度将超过 2200℃，这样的温度将会烧坏涡轮叶片。若要使燃烧室的出口温度为 1100℃ 时，则混合气的余气系数应为 4 左右，但这样大的余气系数将大大超过燃烧贫油极限，混合气根本不可能燃烧。这在保证涡轮安全工作与稳定燃烧之间存在很大的矛盾。

为了解决这一矛盾，在燃烧室采用了 "先燃烧、后冷却" 的设计，即把整个火焰筒划分为燃烧和掺混冷却两个区域。将来自压气机的空气分成两股，如图 3-79 所示。第一股由燃烧室的头部经过旋流器进入，此股占总进气量的 25% 左右。其功用是与燃油混合，组成余气系数约为 1 的油/气混合气进行燃烧。第二股气流占总进气量的 75% 左右，由火焰筒上开的孔进入燃烧室。其功用是用于燃气掺混和补充燃烧。掺混的结果既降低了燃气温度，也保证了燃烧室出口的温度场满足要求。其中有少量空气用于冷

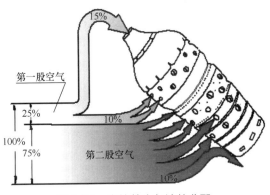

图 3-79　火焰筒内气流的分配

却火焰筒的外壁和从火焰筒壁面上较小孔或缝隙进入火焰筒，在火焰筒内壁形成气膜，以冷却和保护火焰筒。因此在燃烧室的燃烧区余气系数总是接近于 1，而燃烧室总的余气系数为 3.5~4.5。

3.3.3.3　燃烧室气流参数的变化

燃烧室内气流参数的变化，如图 3-80 所示。由图可见在燃烧区燃气温度最高，经掺混冷却后，在燃烧室出口燃气温度降为约 1100℃。目前新型发动机的燃烧室出口温度可达 1550℃ 或更高。

3.3.3.4　保证燃油雾化质量，提高火焰传播速度

雾化是燃油被破碎成极细的油珠的过程。液滴越细，燃油与空气混合就越均匀，越有利于燃油燃烧。燃油的雾化主要通过燃油喷嘴来完成，其雾化质量是以雾化后油珠的大小来衡量。燃油压力和喷嘴的类型是影响雾化质量最主要的因素。目前常用的燃油喷嘴有单路离心式喷嘴、双路离心式喷嘴、

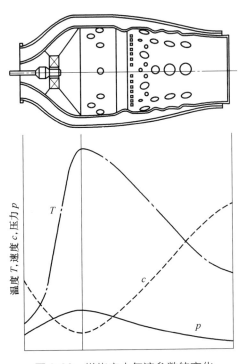

图 3-80　燃烧室内气流参数的变化

气动雾化喷嘴、蒸发管式喷嘴和甩油盘供油。

单路离心式喷嘴的工作原理如图 3-81 所示。压力燃油从喷嘴上的切向孔进入喷嘴旋

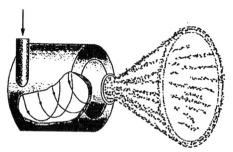

流室，在旋流室内作急速的旋转运动，然后从喷嘴喷出。由于受到自身惯性离心力和空气撞击力的作用，燃油碎裂成无数细小的油珠。

单路离心式喷嘴的燃油雾化质量主要取决于燃油压力和喷嘴出口截面面积。

油压越高，燃油雾化质量越好，如图 3-82 所示。由于燃油压力主要取决于燃油泵的转速，因此在不同的发动机状态下，供油压力变化很大。在发动机大转速状态，油压高，燃油

图 3-81　单路离心式喷嘴

雾化质量好；但在发动机小转速状态（如慢车状态），油压低，燃油雾化质量就差。

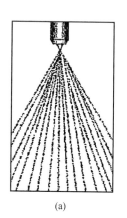 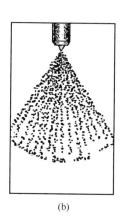 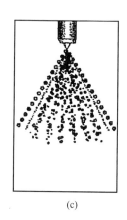

(a)　　　　　　　　　　　(b)　　　　　　　　　　　(c)

图 3-82　单路离心式喷嘴的雾化效果

（a）喷嘴前油压较大时　（b）喷嘴前油压较小时　（c）喷嘴前油压更小时

若喷嘴出口截面面积设计较小，可满足小流量下的燃油雾化要求，但不能满足发动机大状态下的燃油流量要求；若喷嘴出口截面面积设计较大，情形却完全相反。因此单路离心式喷嘴不能满足发动机所有工作状态下燃油雾化的质量要求。双路离心式喷嘴可以很好解决这一问题。

双路离心式喷嘴的结构，如图 3-83 所示。它由主油路（secondary）和副油路（也称为初级 primary）两条油路组成。当发动机处于小转速状态，只有副油路单独供油，此时供油量虽小，但由于喷嘴出口面积相应也小，所以仍能保持燃油良好的雾化效果。当发动机在大转速状态下工作时，由主、副油路同时供油，此时虽然供油量大，但喷嘴通油面积相应增大。所以双路离心式喷嘴可确保发动机在各种工作状态下，燃油雾化质量良好。目前，一部分燃气

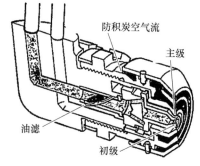

防积炭空气流

主级

油滤

初级

图 3-83　双路离心式喷嘴

涡轮发动机（如 CFM56-3）就采用这种燃油喷嘴。

气动式燃油喷嘴结构，如图 3-84 所示。空气旋流器分内、外两层，两旋流器叶片的旋向相反，燃油从夹层中喷出。流经旋流器的气流，形成相对速度很大的两股对转气流，在气动力和油压作用下，燃油得以良好的雾化和汽化。与离心式喷嘴比较，这种燃油喷嘴对油压要求不高，同时油/气混合较为均匀，可避免了燃烧室局部富油导致的排气冒烟和局部温度过高。缺点是稳定燃烧范围较双路离心式喷嘴窄。目前，RB211 系列，PW4000 和 V2500 等发动机都采用气动雾化喷嘴。

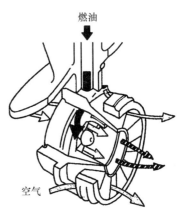

图 3-84　气动雾化式喷嘴

蒸发管式喷嘴，如图 3-85 所示。燃油自喷油管喷出，和来自燃烧室头部的一部分空气在 T 形蒸发管混合，并受热蒸发，燃油得以雾化和汽化。蒸发管式喷嘴，对油压要求不高，同时油/气混合均匀，排气冒烟少，但蒸发管容易因过热而烧坏，此外还存在发动机启动时点火问题。通常设计有简单的单路离心式喷嘴，发动机启动时由单路离心式喷嘴将燃烧室先行点燃。之后蒸发管开始供油，离心式喷嘴停止供油。

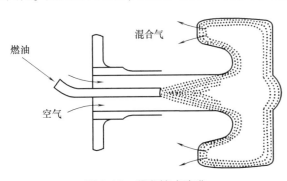

图 3-85　蒸发管式喷嘴

甩油喷盘供油在高转速、小流量的折流环形燃烧室中得到采用。甩油盘固定在发动机转子上。离心力使甩油盘中的燃油从油孔喷入燃烧室，在气动力作用下，油珠变成更小的油雾和空气混合、燃烧。甩油盘供油，如图 3-86 所示。

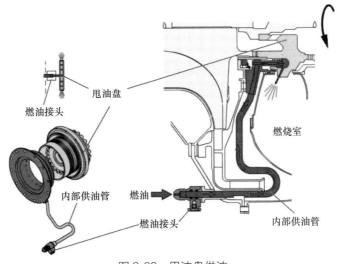

图 3-86　甩油盘供油

甩油盘供油，燃油雾化的质量主要受转子转速影响，而不是油压。与蒸发管类似，甩油盘供油存在发动机启动时燃烧室点火问题。解决方法与蒸发管供油一样，启动时由单路离心式喷嘴将燃烧室先行点燃，然后甩油盘开始供油，离心式喷嘴停止供油。

总的来说，离心式喷嘴对燃油压力要求较高，而油压的升高要求增大油泵的功率，同时使发动机燃油系统管路密封要求高，这会降低燃油系统的可靠性。而气动式喷嘴和蒸发管式喷嘴对燃油供油压力要求不高而雾化质量较好，但稳定燃烧范围不及双路离心式喷嘴。

3.3.4 燃烧室结构特点

3.3.4.1 火焰筒

火焰筒是燃烧室的主要部件。火焰筒上进气孔有不同的形式，如图 3-87 所示。其大小、形状、数量和分布，取决于燃烧组织的需要和涡轮前燃气温度的要求。为提高抗振动和抗热疲劳强度，孔边会抛光和加强，如加箍套或作成弯边。为加大进气深度，可采用弯边孔和进气斗。为改善受热不均匀情况，在筒壁上孔稀少而孔径大的部位或在大孔之间可开若干小孔。

图 3-87　火焰筒壁上的进气孔形式

目前都采用气膜冷却方式对火焰筒壁的冷却。最简单的气膜冷却结构是在火焰筒壁上钻一些小孔，由于小孔的直径较小，所以空气进入火焰筒的射流深度很浅。空气进入火焰筒后，紧贴火焰筒内表面迅速散开，形成气膜保护层。气膜冷却的缩腰小孔可增加气膜冷却的有效长度。图 3-88 所示的是为增强气膜冷却效果的几种较特殊的缩腰小孔结构。在搭接处的外壁滚压成波形凸起，能较好地利用第二股气流冲压进气作用，而且增强了火焰筒的刚性。

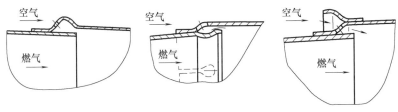

图 3-88　火焰筒的缩腰小孔气膜冷却

3.3.4.2　燃烧室漏油活门

如果发动机启动不成功，或燃烧室意外熄火，或发动机停车时，燃油总管和喷嘴中的燃油会流入并沉积在燃烧室。燃烧室内的积油，若不及时排出，下次启动发动机时，这些燃油参加燃烧，会导致发动机启动超温。为此，在燃烧室下部设计有漏油活门，用以放出这些燃油。

当发动机不工作时，漏油活门打开，将可能存在的残余燃油放到漏油总管；当发动机工作时，漏油活门关闭，以免发动机推力（/功率）损失。图 3-89 所示为某发动机燃烧室的漏油活门。发动机停车时在弹簧力的作用下，活门处于打开位。在发动机启动过程中，当燃烧室空气压力达到一定值时，活门关闭；发动机停车过程中，当燃烧室空气压力低于一定值时，活门打开。

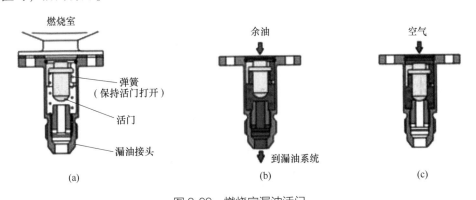

图 3-89　燃烧室漏油活门
（a）结构示意图　（b）活门打开　（c）活门关闭

3.3.5　燃烧室的常见故障

在一定条件下，燃烧室会出现不正常的工作，严重将导致发动机损坏或空停。燃烧室的常见故障有局部过热和燃烧室熄火。

3.3.5.1　局部过热

发动机在正常工作时，火焰筒是存在着温度差的，因此火焰筒存在着一定的热应力。正常工作时的热应力是材料强度所允许的，因此火焰筒并不会损坏。

当燃烧室局部温度过高，会导致火焰筒热应力分布极不均匀而出现裂纹；此外还会因火焰筒局部过热导致材料强度致火焰筒变形；或由于高温直接使材料熔化而导致火焰筒局部烧穿。这些都会缩短燃烧室的使用寿命。使发动机不能正常工作，把火焰筒的局部过度受热的现象称为燃烧室局部过热。

燃烧室局部过热的原因主要有：燃油供油量过大；或由于部分喷嘴堵塞导致其他喷嘴供油过多；和/或由于气膜孔堵塞/或燃烧室变形而正常气流流场导致燃烧室局部冷却不佳。

维护中，使用孔探仪，通过定检和非计划检查，可了解燃烧室的状况，发现早期故障，从而避免严重故障的发生。

3.3.5.2　燃烧室熄火

燃烧室熄火的根本原因是混合气的余气系数超出了稳定燃烧的范围。前述中已介绍稳定燃烧的条件：燃烧时的混合气的流动速度等于火焰的传播速度。当二者不相等时燃烧就不能持续进行。燃烧室贫油或富油，都会导致火焰传播速度下降。把能够保证燃烧室正常工作的余气系数范围称为稳定燃烧范围。

气流的流动速度增加，或任何使火焰传播速度降低的因素，都会使稳定燃烧范围变窄。稳定燃烧范围随混合气的流动速度、混合气的初温、初压的变化而变化。

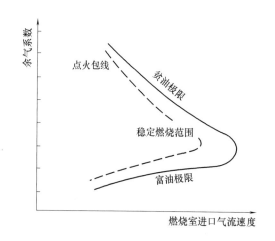

图3-90　混合气的流动速度对稳定燃烧范围的影响

当混合气的流动速度增加，要求有更高的火焰传播速度，因此稳定燃烧范围变窄；当混合气的初温初压增加，有利于混合气的着火燃烧，因而稳定燃烧范围变宽。混合气的流动速度对稳定燃烧范围的影响，如图3-90所示，图中还示出了点火包线。

由上分析可知发动机的飞行条件和工作状态对稳定燃烧范围的影响。

当飞行高度增加，发动机进气温度和进气压力下降，稳定燃烧范围变窄，意味着燃烧室容易熄火。飞行高度对稳定燃烧范围的影响，如图3-91所示。

当发动机工作转速增加，一方面气流速度增大，这会使燃烧室稳定燃烧范围变窄，但另一方面压气机增压比增大，使得混合气的初温初压增大，这有利于燃烧。总的结果是燃烧室稳定燃烧范围变宽；相反低转速时发动机容易熄火。发动机转速对稳定燃烧范围的影响，如图3-92所示。

因此发动机在高空且处于小转速时最容易熄火。为了避免这种情况出现，有的发动机

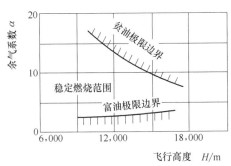

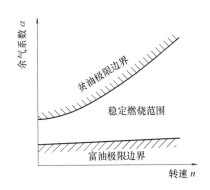

图 3-91　飞行高度对稳定燃烧范围的影响　　　图 3-92　发动机转速对稳定燃烧范围的影响

设计了高慢车和低慢车，以避免高空时转速过低。当油门杆处于慢车位，在空中发动机的慢车转速高于在地面时的。高慢车与低慢车之间的切换自动控制。

　　燃烧室还可能存在其他类型的损伤，如由燃烧产物造成的腐蚀，以及由振动导致的疲劳损伤等。

3.4　涡轮

　　涡轮的作用是使高温高压的燃气膨胀，将部分可用热能转变成机械功，用来带动压气机和附件。在涡桨/涡轴发动机中涡轮输出的机械功用来驱动螺旋桨/旋翼及尾桨。

　　涡轮和压气机均是实现与气流进行能量交换的叶轮机械。与压气机不同，涡轮是将气流的部分热能转换为机械功输出，因而气流流过涡轮时温度和压力降低。

3.4.1　涡轮的类型和组成

3.4.1.1　涡轮的类型

涡轮可以按不同的分类方式进行分类。讨论如下：

　　按气流流动方向与涡轮转子轴线方向的相对关系，涡轮可分为：轴流式和径流式（也称为向心式）两类，如图 3-93 所示。径流式涡轮实际应用中总是单级，常用于小型发动机，如 APU 上。同轴流式涡轮比较，它的优点是结构简单，容易制造；缺点是涡轮效率低和燃气流量小。这是因为燃气流动损失大且在涡轮里的燃气流动必须克服离心力。由于轴流式涡轮流量大，且可采用多级涡轮结构，因而可以满足压气机和附件，以及飞机的功率要求；此外轴流式涡轮有较高的工作效率。所以现代燃气涡轮发动机均采用轴流式涡轮。

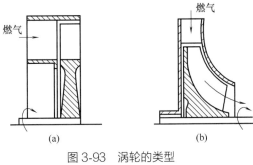

图 3-93　涡轮的类型

（a）轴流式　（b）径流式

按涡轮叶片的工作原理，轴流式涡轮分为：冲击式（也称为恒压式）、反力式和冲击-反力式三种形式。

在冲击式涡轮中，涡轮导向器是收敛形的，燃气在涡轮导向器内膨胀，其温度和压力下降，速度增加；而在转子叶片通道内，燃气相对速度的大小不变，只改变方向。因此推动涡轮旋转的扭矩是燃气在转子叶片中相对气流的方向改变而产生的。冲击式涡轮的工作叶片的结构特点是前缘和后缘较薄，而中间较厚，如图 3-94（a）所示。

在反力式涡轮中，燃气在涡轮导向器中只改变流动方向，涡轮转子叶片间的通道是收敛形的，燃气流过转子叶片时膨胀，温度和压力下降，相对速度增加，同时叶片通道使流动方向改变。因此推动涡轮旋转的扭矩是燃气在转子叶片中相对气流速度的大小和方向的改变而产生的。反力式涡轮工作叶片的结构特点是前缘较厚，而后缘较薄，如图 3-94（b）所示。

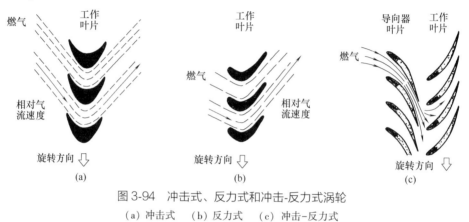

图 3-94　冲击式、反力式和冲击-反力式涡轮
（a）冲击式　（b）反力式　（c）冲击-反力式

目前发动机上多采用冲击-反力式涡轮，即燃气流过涡轮导向器和工作叶片，均要膨胀并改变气流的流动方向，如图 3-94（c）所示。以下讨论除特别说明外均基于冲击-反力式涡轮。

3.4.1.2　涡轮的组成

轴流式涡轮是由静子和转子组成的。轴流式涡轮的一个级由导向器（又叫涡轮喷嘴环）和工作叶轮所组成，如图 3-95 所示。导向器安装在工作叶轮的前面，固定不动。它由在外环和内环之间安装的若干个导向叶片所构成，如图 3-96 所示。工作叶轮是在涡轮

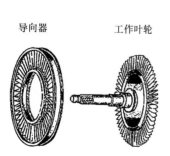

图 3-95　涡轮的组成

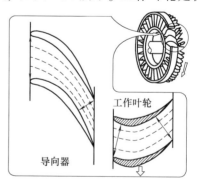

图 3-96　导向叶片和工作叶片的气流通道

盘上安装若干个工作叶片构成。图 3-97 所示为某双转子发动机的四级涡轮，高压涡轮为一级，低压涡轮为三级。

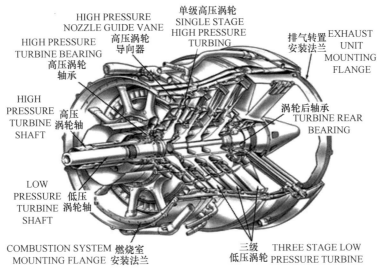

图 3-97　某双轴发动机的四级涡轮

3.4.2　涡轮的工作

下面讨论涡轮一个级的某叶栅通道中的燃气的流动情形。

燃气流经涡轮导向器的情形如图 3-98 所示。由于导向器通道形状呈收敛型，燃气在导向器中膨胀加速，其压力、温度降低，气流速度增加。若不考虑燃气的流动损失并认为流动过程是绝热的，则燃气的总温和总压保持不变。燃气离开导向器进入叶轮。

由于叶轮叶片通道形状呈收敛形的，燃气在其中膨胀加速，其压力、温度降低，相对速度增加，而绝对速度减小。燃气流经涡轮工作叶轮的情形，如图 3-99 所示。涡轮工作叶片进、出口气流速度三角形如图 3-100 所示。由于燃气对叶轮做功，燃气的总温总压下降。气流流过涡轮导向器和叶轮的参数变化情况，如图 3-101 所示。

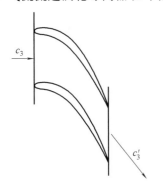

图 3-98　燃气在导向器中的流动

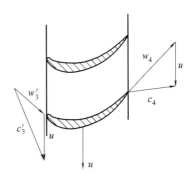

图 3-99　燃气在工作叶片中的流动

气流相对速度的变化量在旋转方向的分量 Δw_u 或绝对速度的变化量在旋转方向的分

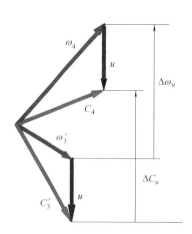

图 3-100　叶轮进、出口气流速度三角形

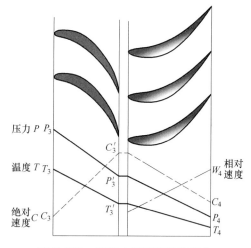

图 3-101　涡轮中气流参数的变化

量 Δc_u 称为扭速。从图中可得：

$$\Delta c_u = \Delta w_u \tag{3-23}$$

扭速反映了气流流过叶轮叶片时气流方向的变化程度。

在叶轮旋转方向运用动量定理，并由功率的概念，可得 1kg 燃气产生的涡轮的轮缘功为：

$$L_u = u\Delta c_u = u\Delta w_u$$

与压气机不同，由于涡轮叶片通道是收敛性的，气流不容易分离，所以涡轮设计有更大的扭速，即有涡轮级的轮缘功较压气机的大得多，因此涡轮的级数比压气机的少。

3.4.3　涡轮参数

涡轮的主要参数有：涡轮前总温、涡轮落压比、涡轮功、涡轮效率和涡轮功率。

3.4.3.1　涡轮前燃气总温 T_3^*

T_3^* 越高，燃气所具有的膨胀能力越强，在其他参数不变的条件下，为了使发动机推力或功率更大，发动机质量更轻，设计时选取了较高的 T_3^*。这使得涡轮叶片承受的热负荷很大。高的 T_3^*，对涡轮的寿命和安全工作极为不利。因此燃气涡轮发动机工作中，要限制涡轮前燃气总温 T_3^*。

由于 T_3^* 较高，工程上是测量经涡轮膨胀后燃气温度。在发动机工作时涡轮进、出口温度有确定的对应关系，因此用涡轮出口的燃气温度 T_4^*（习惯称为发动机排气温度 EGT，Exhaust Gas Temperature）来间接地反映 T_3^* 的大小。在发动机控制中，通过限制了 EGT 温度，来限制了涡轮前燃气总温 T_3^* 的大小。为了更准确地反映 T_3^* 温度的高低，现代发动机上是测量高压涡轮出口（即低压涡轮）燃气的温度，称为涡轮级间温度，有的发动机仍称为排气温度 EGT，如图 3-102 所示。

3.4.3.2　涡轮落压比

涡轮落压比 π_T^* 是涡轮进口燃气总压 p_3^* 与涡轮出口燃气总压 p_4^* 的之比，即：

$$\pi_{\mathrm{T}}^{*}=\frac{p_3^{*}}{p_4^{*}}$$

涡轮落压比 π_{T}^{*} 描述了燃气在涡轮中的膨胀程度。

3.4.3.3　涡轮功

涡轮功分为理想涡轮功和实际涡轮功。

在理想情况（绝热、无损失）下，1kg 燃气从 p_3^{*} 膨胀到 p_4^{*} 所输出的功称为理想涡轮功。用 W_{ST} 表示。

1kg 燃气从 p_3^{*} 膨胀到 p_4^{*} 实际所输出的功称为实际涡轮功，用 W_{T} 表示。由于存在损失，实际涡轮功小于理想涡轮功。

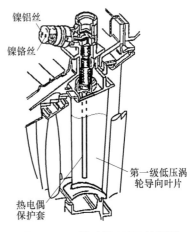

图 3-102　发动机 EGT 的测量

3.4.3.4　涡轮效率

涡轮效率是实际涡轮功 W_{T} 与理想涡轮功之比，用符号 η_{T}^{*} 表示：

$$\eta_{\mathrm{T}}^{*}=\frac{W_{\mathrm{T}}}{W_{\mathrm{ST}}}$$

涡轮效率反映了涡轮将燃气热能转换为机械功的过程中损失的大小。目前涡轮效率一般为 $0.91 \sim 0.94$。

3.4.3.5　涡轮功率

涡轮功率是指单位时间内涡轮轴实际输出的功，用符号 N_{T} 表示。经推导可得：

$$N_{\mathrm{T}}=\dot{m}_g\,\frac{k}{k-1}RT_3^{*}\left(1-\frac{1}{\pi_{\mathrm{T}}^{*\frac{k-1}{k}}}\right)\eta_{\mathrm{T}}^{*}$$

式中：　$\dot{m}_g$——燃气的质量流量；

　　　　k——燃气指数，$k=1.33$；

　　　　R——气体常数。

影响涡轮功率的因素有：涡轮前燃气总温 T_3^{*}、涡轮落压比 π_{T}^{*}、涡轮效率 η_{T}^{*} 和燃气流量 $\dot{m}_g$。

当涡轮落压比 π_{T}^{*} 保持一定时，提高涡轮前燃气总温 T_3^{*}，则涡轮功率增大，但涡轮前总温提高受到涡轮叶片材料的限制；当涡轮前燃气总温 T_3^{*} 保持一定时，涡轮落压比 π_{T}^{*} 越大，则涡轮功率越大；涡轮的损失越小，即涡轮效率越高，涡轮功率越大；燃气流量 $\dot{m}_g$ 增大，涡轮输出的功率增大。

3.4.4　涡轮的结构

3.4.4.1　基本结构

涡轮导向器叶片具有翼型截面，高压涡轮导向叶片是空心结构，引压气机空气在其内部流过以对叶片进行冷却。导向器叶片采用的连接方案通常有两端自由支承，或一端固定、一端自由支承。通常由两片（或更多片）导向叶片构成叶片组，每个叶片组的导向器叶片和内、外环铸成一体，外环靠前后两螺钉固定在涡轮外机匣上。

涡轮工作叶片为翼型截面，高压涡轮的工作叶片做成空心的，由压气机引气进行冷却。为降低制造成本，低压涡轮叶片常为实心的。

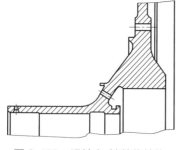

图 3-103　涡轮盘-轴整体结构

涡轮盘通常由锻件经机械加工制成，也有精密铸造而成的。它可以和轴制成一个整体，如图 3-103 所示；也可以是与轴焊接或销钉铆接成一个整体，如图 3-104 所示；也可以带安装边，由螺栓将涡轮轴和盘连接到一起，如图 3-105 所示。轮盘的外缘有安装工作叶片的榫槽。工作时高温的工作叶片将向轮盘传递热量，每一级轮盘的两面都通冷却空气进行冷却。

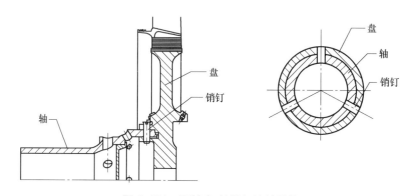

图 3-104　涡轮盘-轴销钉连接结构

工作叶片在涡轮盘上安装的方法极为重要，因为涡轮盘上叶片固定部位的应力较大，这将限制轮盘的轮缘速度。枞树形榫头是目前大多数涡轮工作叶片的安装方法，如图 3-106 所示。为保证载荷能由所有齿分担，这种榫头的机械加工非常精密。各种形式的枞树形榫头如图 3-107 所示。当涡轮处于静止状态时，叶片在榫槽中是活动的；当涡轮工作时，在离心载荷作用下叶片根部与轮盘就变成刚性结合。

图 3-105　涡轮盘-轴螺栓连接结构

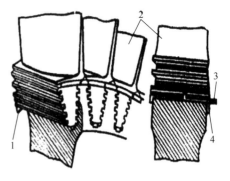

图 3-106　涡轮叶片在轮盘上的安装
1—前固定凸边　2—工作叶片
3—锁片　4—弯曲状态下的锁片

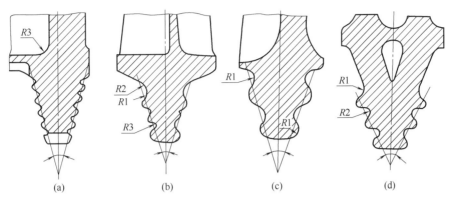

图 3-107 各种枞树形榫头

3.4.4.2 涡轮径向间隙

涡轮机匣与转子叶片叶尖之间的距离叫涡轮径向间隙。由于机匣与转子的材料和尺寸的不同，发动机状态变化时，温度的变化会导致不同零件收缩/膨胀率的不同，因此间隙的大小是变化的。

发动机工作期间，间隙太大，会造成漏气损失，即燃气通过涡轮叶片和机匣间隙流走而没有做功，这将减小涡轮功率和效率。发动机试验表明，如果间隙大于 0.25cm，燃油消耗将增加 1%。另一方面如果间隙太小，转子叶片同涡轮机匣的摩碰，会引起涡轮叶片的磨损或损坏。

材料受热膨胀的伸长量主要取决于材料的温度和尺寸；材料膨胀需要的时间取决于材料的厚度。薄壁材料比厚的材料膨胀得快。发动机启动时，涡轮机匣膨胀比涡轮转子快，因此这时涡轮叶片叶尖与机匣的间隙较大。然而，当转子转速增大时，转子的离心力增加，轮盘和叶片的伸长较机匣膨胀量大，因此这时涡轮叶片叶尖与机匣的间隙减少。由于离心力引起的材料膨胀大于由热引起的膨胀，这意味着发动机在低转速比高转速时叶尖间除大。如果发动机减速或停车，涡轮间隙的变化过程是开始时由于离心力减小，转子比机匣收缩快，后来因为机匣材料薄，散热快，涡轮机匣收缩更快。

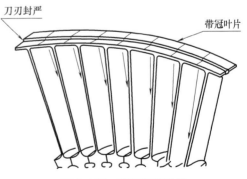

图 3-108 带冠涡轮叶片

为了减少涡轮叶片叶尖与机匣间的燃气泄漏损失，一种方法是设计采用带冠的工作叶片，如图 3-108 所示。但叶冠增加了叶片重量，叶片离心应力大，这通常在设计时采用更薄叶型进行补偿。同时带冠叶片间的接触面可产生阻尼，可以减小叶片振动。目前带冠叶片主要用于转速较低的低压涡轮。此时为了使叶尖和机匣的径向间隙尽量减小，通常在叶尖处喷镀耐磨金属，在机匣的喷涂可磨涂层，这样使得叶尖与机匣的装配间隙较小，而减少轴向漏气损失，如图 3-109 所示。

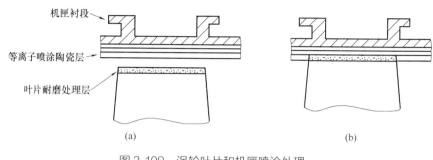

图 3-109　涡轮叶片和机匣喷涂处理

（a）装配状态　（b）工作状态

现代燃气涡轮发动机通常采用涡轮间隙主动控制来保持最佳间隙。详见空气系统部分。

3.4.4.3　涡轮的冷却

涡轮是发动机中承受热负荷和机械负荷最大的部件。涡轮除了采用热强度高的耐热合金或来制造外，设计上还采用先进的冷却技术来大大提高涡轮前温度。冷却设计是针对零件上温度分布，有效地组织冷却，从而改善零件的工作条件，保证涡轮在高温下可靠地工作，增加其使用寿命。

高压涡轮喷嘴导向叶片和工作叶片内部设计成复杂的冷却通道，引高压压气机出口的空气流过叶片内部进行冷却。冷却的方法有：对流冷却、冲击式冷却和气膜冷却等。

对流冷却是最简单的冷却方法。冷却空气流过空心的涡轮叶片，与叶片实现热交换，达到冷却叶片的目的，如图 3-110 所示。涡轮转子叶片冷却空气从叶片底部的孔进入叶片；导向叶片冷却空气从叶片底部和顶部的孔进入叶片。气流流经叶片的内部通路，通过与壁面的热交换，将热量带走，再从叶片的气膜孔和后缘缝隙流出，同燃气流汇合。

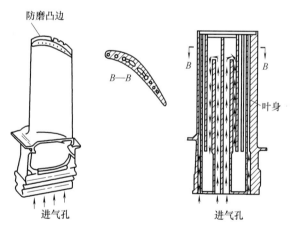

图 3-110　对流冷却的涡轮叶片

冲击式冷却也称为喷射式冷却，对于涡轮喷嘴导向叶片和转子叶片是较好的冷却方法。冷却空气首先流入叶型内空心的导流片（或管/或插件），在其上有许多小孔或缝隙作为喷嘴，冷却空气通过这些喷嘴喷向叶片内壁，来加强局部的换热，从而增强冷却效果。冷却后的空气顺着叶片内壁面进行对流冷却，最后从叶片后缘缝隙流出，如图 3-111 所示。

气膜冷却方法是使进入叶片内腔的部分冷却空气通过叶片壁面上大量的小孔流出，在叶片表面形成一层气膜，将叶片与高温燃气隔开，达到保护叶片的目的，如图 3-112 所示。但这种在叶片表面开小孔太多，不仅制造工艺复杂，而且叶片强度也受到一定的

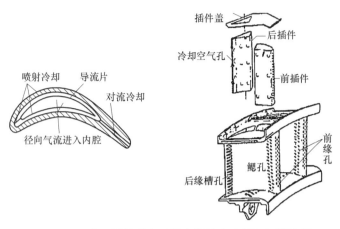

图 3-111　高压涡轮导向叶片上的冲击冷却和气膜冷却

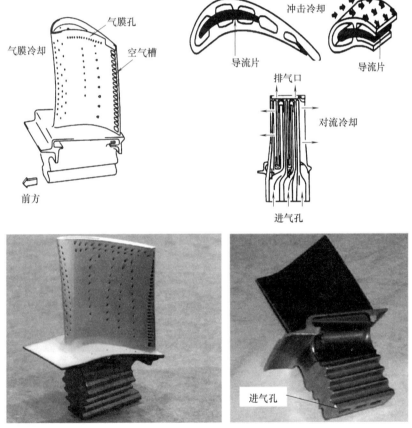

图 3-112　涡轮转子叶片结构

影响。

　　最新的涡轮冷却技术是发散冷却，它是采用新型的多孔材料制造涡轮叶片，冷气从这些孔中流过。这种冷却方式换热效率高，冷却效果好。

　　采用不同的冷却方式，叶片的制造成本各异。合理选择冷却方式可以得到制造成本、涡轮效率和使用寿命间较好的平衡。

3.4.4.4　涡轮框架

涡轮框架位于低压涡轮后面，是发动机的主要承力结构件。它将发动机后端和涡轮转子后端轴承负荷传递到发动机后安装节。

典型的涡轮框架由框架毂、轴承支撑、外框架机匣和一组连接毂与外机匣的支柱组成。支柱承受弯曲和扭转负荷。支柱具有气动外形，以减小气流阻力。其内部是空心的，为滑油供油管、回油管等提供空间。由于支柱处于燃气流道中，发动机工作时会受热膨胀。其膨胀量的大小设计时应予以考虑。目前涡轮框架的支柱有两种不同的布局：一是径向的，如图 3-113 所示；一是切向的，如图 3-114 所示。对于小型发动机上，由于流道截面较小，支柱受热膨胀量较小，因而采用径向支柱结构。而对于大型发动机，由于流道截面较大，支柱受热膨胀量较大，采用切向支柱设计，这样支柱的膨胀将使毂轻微转动，使得由热膨胀引起的支柱应力最小。

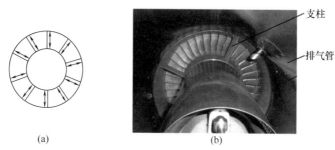

(a)　　　　　　　　　　(b)

图 3-113　径向支柱涡轮框架

（a）径向支柱涡轮框架示意图　（b）某发动机涡轮框架（从发动机后向前看）

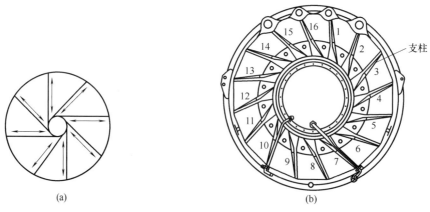

(a)　　　　　　　　　　(b)

图 3-114　切向支柱涡轮框架

（a）切向支柱涡轮框架示意图　（b）某发动机涡轮框架（从发动机后向前看）

3.4.5　涡轮的材料

涡轮在非常严酷的条件下工作。它除了承受非常高的燃气温度，还承受巨大的离心力；此外涡轮部件承受多次功率循环会引起的低周疲劳损伤；以及由于燃烧室出口温度不均匀，而导致交变热应力的损伤。因此要求涡轮材料除具有一定的高温强度外，还应具有良好的抗疲劳特性和耐腐蚀性。

导向器叶片处于静止状态，因此，耐热是最主要的性能要求。在采用冷却技术的基础上，仍使用耐高温的镍基合金，并在表面喷涂热障涂层。

涡轮盘承受很大的旋转应力，其抗疲劳裂纹的能力限制轮盘使用寿命。目前涡轮盘用镍基合金制造。在合金中增加镍元素的含量可增大其抗疲劳特性，延长轮盘寿命。另一方面是采用粉末冶金盘铸造技术，它可提高轮盘强度，允许有更高的工作转速。

涡轮工作叶片除了存在上述损伤外，还存在蠕变损伤。所谓蠕变是指材料（零件）在高温持续载荷下的变形。涡轮叶片蠕变是离心力、工作温度和时间的函数。这种变形是非弹性变形，当载荷去掉以后材料不能恢复到原始形状。伸长的叶片会改变叶轮的刚性，造成转子临界转速的变化，可能出现大的振动；过量的伸长的叶片将与机匣刮磨，造成转子卡滞；叶片断裂。

工作叶片材料采用镍基合金铸造而成。它具有更好的抗蠕变和疲劳特性。通过控制铸造时材料晶体的生成，可获得不同的材料抗拉强度，而改善叶片的使用寿命。研究发现，晶粒沿叶片长度方向排成柱状即定向晶体结构比普通铸造的等轴晶体结构可以承受更大的拉伸应力。而单晶叶片更优于定向晶体叶片，可使得燃烧室出口温度大大提高，同时叶片寿命大大延长。图 3-115 示出了不同晶体结构涡轮叶片的寿命和抗拉强度的比较。

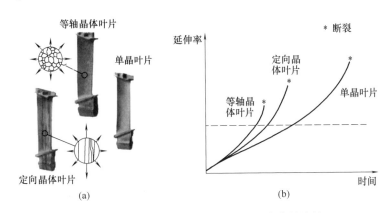

图 3-115　不同晶体结构涡轮叶片和寿命的比较

(a) 各种涡轮工作叶片的晶体结构　(b) 各种涡轮工作叶片寿命比较

涡轮材料的最新技术之一是开发非金属的陶瓷材料。陶瓷材料具有更高的工作温度，且不需要冷却空气，这可大大提高发动机的性能。

为了保证涡轮的结构完整性，制造商对涡轮盘及涡轮叶片规定有使用寿命。维护中要确保在翼零件是在其使用寿命限制以内。

3.5　喷管

喷管的功用是使燃气进一步膨胀，提高燃气的速度，并使燃气沿要求的方向排入大气，以产生需要的推力。

反推装置和矢量喷管是可以控制喷气流方向的装置。反推装置可使喷气速度产生一个向前的分量，而产生向后的推力（称为反推力），以缩短飞机的着落滑跑距离，或中止起飞时使飞机快速减速。矢量喷管能使推力在一定范围改变喷气方向，以提高飞机的机动性。

喷管分为亚声速喷管和超声速喷管两种类型。亚声速喷管是收敛形的管道，而超声速喷管是先收敛再扩张形的管道。为满足在不同发动机状态下喷管的流量和膨胀比的要求，将超声速喷管的最小面积（也称为喷管喉道面积）和有的亚声速喷管的出口面积设计成可调。工作中，根据发动机的工作状态，由控制器自动控制。

目前，主流民航机以及涡桨发动机飞机的飞行速度都为亚声速，且飞行中速度变化范围小，为了简化结构，降低制造成本，所以其喷管都采用固定收敛形亚声速喷管，即喷管出口面积不可调结构。

对涡轴发动机而言，其排气装置的目的已不再是提高燃气排气速度来获得推力，仅仅是保证将经涡轮膨胀做功后的燃气顺利地排出发动机，因此排气装置设计成扩张型通道。发动机工作时喷气流仅产生很小的残余推力。

3.5.1 亚声速喷管

3.5.1.1 亚声速喷管的结构和工作

亚声速喷管由中介管和喷口组成。中介管包括壳体、后整流锥和支板三个部分，如图3-116所示。

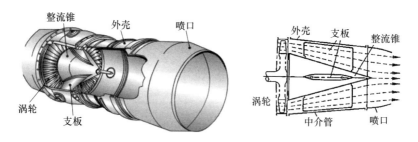

图 3-116 亚声速喷管结构示意图

中介管在喷管的前面部分，通过法兰边固定在涡轮上。其整流锥使气流通道由环形逐渐变为圆形，以避免燃气的涡流损失。支板使方向偏斜的气流变为轴向流动，以减小推力损失。中介管是扩张形的流动通道，燃气在其中是减速的。

喷口是收敛形的管道，燃气的加速在喷口内完成。

现代高涵道比涡扇发动机由于涡轮框架上已安装有支板，因此其后的排气系统不再安装支板。排气尾锥通过螺栓固定于涡轮框架的内安装边上。排气管外壳通过螺栓固定在涡轮框架的后安装边上。

在中介管内燃气是减速增压；而在喷口内燃气是膨胀加速。

3.5.1.2　喷管的参数

（1）可用落压比 π_b^*

喷管进口处的总压 p_4^* 与喷管出口处反压 p_b 之比称为喷管可用落压比，即：

$$\pi_b^* = \frac{p_5^*}{p_b}$$

（2）实际落压比 π_e^*

喷管进口处的总压 p_4^* 与喷管出口处静压 p_5 之比称为喷管实际落压比，即：

$$\pi_e^* = \frac{p_4^*}{p_5}$$

可用落压比表明燃气所具有的膨胀能力；实际落压比表明燃气在喷管中实际的膨胀程度，它由喷管的面积比所决定。因此喷管的实际落压比总是小于或等于可用落压比。

（3）总压恢复系数 σ_e^*

喷管出口处的总压 p_5^* 与喷管进口处的总压 p_4^* 之比称为喷管的总压恢复系数，即：

$$\sigma_e^* = \frac{p_5^*}{p_4^*}$$

由于燃气流过喷管时存在着流动损失，总压会下降，所以喷管的总压恢复系数总是小于 1。喷管的总压恢复系数反映了燃气在喷管中的损失大小。目前喷管的总压恢复系数约为 0.96。

（4）喷气速度 C_5

影响喷管出口气流速度 C_5 的因素有：喷管进口总温 T_4^*、喷管实际落压比 π_5^* 和流动损失 σ_e^*。实际中还与喷管的工作状态有关。

3.5.1.3　收敛喷管的三种工作状态

收缩喷管有三种工作状态：亚临界状态、临界状态和超临界状态。

根据气体动力学知识，在喷管出口处有：

$$\frac{p_5^*}{p_5} = \left(1 + \frac{k-1}{2}Ma_5^2\right)^{\frac{k}{k-1}}$$

式中：p_5^*——喷管出口总压；

　　　p_5——喷管出口静压；

　　Ma_5——喷管出口气流马赫数；

　　k——燃气指数，$k = 1.33$。

假定燃气在喷管内的流动损失是绝能等熵的，有 $p_5^* = p_4^*$，带入上式有：

$$\frac{p_4^*}{p_5} = \left(1 + \frac{k-1}{2}Ma_5^2\right)^{\frac{k}{k-1}}$$

当喷管出口为声速时，可计算出喷管的实际落压比为：

$$\frac{p_4^*}{p_5} = 1.85$$

由此可见：当喷管可用落压比小于 1.85 时，喷管出口气流马赫数一定小于 1，喷管处于亚临界状态，其实际落压比 π_e^* 等于可用落压比 π_b^*，燃气在喷管内是完全膨胀，出

口静压 p_5 等于反压 p_b。

当喷管可用落压比等于 1.85 时，喷管处于临界状态，出口气流马赫数等于 1，出口静压 p_5 等于反压 p_b，燃气在喷管内是完全膨胀，其实际落压比 π_e^* 等于可用落压比。

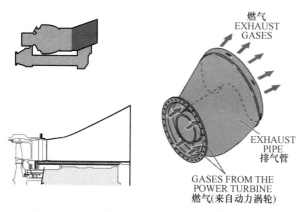

图 3-117 典型的直升机发动机喷管结构示意图

当可用落压比大于 1.85 时，燃气在喷管内是不完全膨胀，出口静压 p_5 大于反压 p_b，喷管处于超临界状态，出口气流马赫数等于 1，实际落压比 π_e^* 小于可用落压比。

设计时总是使实际落压比等于可用落压比，以获得最大喷气速度，减少推力损失。

对于直升机发动机，由于燃气在动力涡轮中膨胀充分，为使气流顺利的排除发动机，其喷管结构不再是收敛形结构，如图 3-117 所示。发动机的排气速度较其他类型的发动机低得多。

3.5.2 超声速喷管简介

超声速喷管是一个先收敛后扩张形的管道，如图 3-118 所示。收敛段的出口称为喷管喉部。当燃气进入喷管的收敛段时，燃气速度增加，静压相应降低。在可用落压比大于 1.85 的情况下，燃气到达喉部时速度可增加至当地声速，燃气在扩散段时，进一步膨胀加速到超声速。超声速喷管的工作情形如下：

要建立一定马赫数的超声速流动，就必须有一定的管道面积比，但这仅仅是一个必要条件。能否实现超声速流动，还决定于喷管的可用落压比。假定喷管进口总压保持不变，喷管反压的变化对收敛-扩张形喷管流动的影响有以下几种情况，如图 3-119 所示。

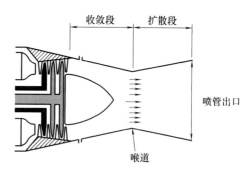

图 3-118 超声速喷管结构示意图

当反压等于总压时，各截面上的压力均相等，喷管内没有气体流动，图 3-119 中曲线①。

当反压小于总压时，在上、下游压差的作用下，喷管内气体流动，但流速较低，质量流量较小。喷管内气流是亚声速流动，图 3-119 中曲线②。

当反压进一步下降，喷管喉部的压比达到临界压比时，喉部气流达到声速。由于反压值大于喉部压力，气流在扩张段压力重新回升。在出口截面，气流压力等于反压，在扩张段仍为亚声速流动，图 3-119 中曲线③。

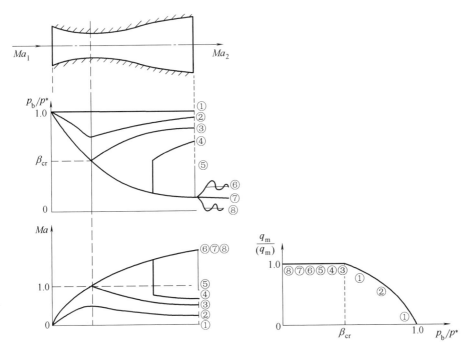

图 3-119　燃气流过收敛-扩散喷管的情形

如继续降低反压，在喉部以后，气流加速到超声速，在扩张段的某个截面形成一道正激波，正激波之后，气流为亚声速，图 3-119 中曲线④。

若反压进一步降低到某一数值时，扩张段内激波位置后移，正激波到喷管出口处时，喷管扩张段全部为超声速流动，出口截面气流压力恰好等于反压，图 3-119 中曲线⑤。

使反压继续降低，激波将移出喷口变成斜激波系，喷管内流动不再随反压变化，图 3-119 中曲线⑥。

反压降到某一数值时，出口截面气流压力恰好等于反压，出口不产生激波，图 3-119 中曲线⑦。

再降低反压，出口截面处气流压力大于反压，喷管外产生膨胀波，图 3-119 中曲线⑧。

因此，收敛-扩张形喷管内气流流动状态可划为 4 种类型：

（a）亚声速流态；

（b）管内产生激波的流态；

（c）管外产生斜激波的流态；

（d）管外产生膨胀波的流态。

3.5.3　喷管中的气流损失

气流在喷管中流动时，就产生推力而言，存在的损失有流动损失、散热损失、喷气速度方向偏斜损失。

3.5.3.1　流动损失

气流在喷管中流动时，存在摩擦、气流分离等损失，对超声速流动还存在激波损失，这些损失会使气体总压减小，气体膨胀加速能力减弱，发动机推力减小。

3.5.3.2　散热损失

由于燃气温度高（一般在 300℃以上），所以必然有部分热量通过喷管散失到大气中，这会降低燃气的总温，排气速度减小，发动机推力减小。

3.5.3.3　喷气速度方向偏斜损失

喷气方向不可能与喷管轴线方向完全一致，因而存在径向速度分量。由于轴向速度才产生向前的推力，所以存在喷气速度方向偏斜将引气发动机推力减小。

3.5.4　消声

燃气涡轮发动机工作时会产生的噪声。发动机的每个部件都会产生噪声，不同噪声源产生噪声的机理不同，其特征、强度及影响也各不相同。由于噪声的能级与喷气流速度的八次方成正比，因此对于涡轮喷气发动机和低涵道比发动机而言，噪声的主要来源是尾喷气流。而对于高涵道比涡扇发动机，外涵的空气流量大，而发动机的涵道比越大，喷气速度越低，因此噪声的主要来源是风扇和涡轮。涡扇发动机的噪声源如图 3-120 所示。

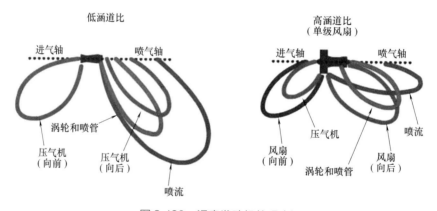

图 3-120　涡扇发动机的噪声源

降低燃气涡轮发动机噪声的方法有：降低喷气流速度、利用吸声材料、改变噪声的频率和改进发动机内部设计。

3.5.4.1　消声器降噪

采用波纹形或花瓣形的消声器，如图 3-121 所示。一方面由于增大了排气流与大气的接触面积，使喷气流与大气快速掺混，降低喷气速度而降低噪声；另一方面消声器变低频振动为高频振动，降低了人对喷气噪声的感觉程度。消声器会使发动机重量增加，推力减小，同时发动机外部阻力增大。因此这种方法只在早期的喷气发动机上使用。

3.5.4.2　利用吸声材料

通过减少发动机内部向外传播的噪声能量，可以降低外部感受到的发动机噪声水平。现代民用涡扇发动机通常在发动机内壁面中，如进气整流罩内壁面、风扇机匣内壁面和尾喷管内壁面安装吸声材料，将声能转变成热，从而有效地降低发动机噪声，如图 3-122 所示。

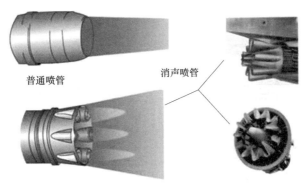

图 3-121　排气消声器

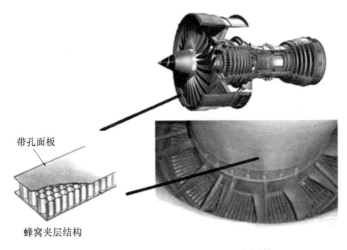

图 3-122　喷管内的蜂窝夹层吸音衬垫

3.5.4.3　改进发动机内部设计

还可以应用声学处理对发动机内部进行设计，降低噪声。主要措施有：采用无进口导流叶片的风扇结构；加大风扇转子叶片与其整流叶片之间的距离；合理选择转子叶片与静子叶片数目。

通过以上措施，目前民用喷气发动机的噪声的总体水平已经从早期的 120dB 逐步地降低到 100dB 以下。

第4章

发动机的性能和特性

本章将介绍发动机的主要性能参数,分析发动机稳定工作状态和过渡工作状态,讨论发动机的性能特性,并在此基础上分析民用机常用发动机——涡轮风扇发动机、涡轮螺旋桨发动机、涡轮轴发动机的工作特点。

4.1 涡喷和涡扇发动机的主要性能参数

发动机的推力和经济性是涡喷和涡扇发动机主要的性能参数。本节将介绍表征发动机推力和经济性的参数。

4.1.1 表征发动机推力的参数

对涡喷和涡扇发动机而言,发动机推力是发动机的最主要性能参数之一。发动机的推力值是在地面发动机试车台架上测出的。飞机上没有推力测量装置,因此使用中是用发动机的某些工作参数来间接地表征发动机的推力大小。表征发动机推力的参数有发动机转速 n 和压力比 EPR。

4.1.1.1 转速 n

发动机转速是影响发动机推力的最主要参数之一。当发动机转速增加时,进入发动机的空气流量增加,发动机推力增大;同时压气机增压比越高,燃气的膨胀能力越强,喷管的排气速度越大,发动机推力越大。因此发动机转速反映了推力的大小。发动机转速越高,推力越大。

由于高涵道比(涵道比 $B \geqslant 4$)涡扇发动机的推力主要由外涵风扇产生,所以常用风扇转速 n_1(即低压转子转速)来表征发动机推力大小,如 CFM56 系列涡扇发动机。

4.1.1.2 发动机压力比 EPR

发动机压力比 EPR 是涡轮出口总压 p_4^* 与压气机进口总压 p_1^* 之比,即:

$$EPR = \frac{p_4^*}{p_1^*}$$

上式所定义的压力比也称为内涵压力比。发动机压力比越高,气体在喷管内膨胀能力就越强,排气速度也就越高;同时燃气密度也越大,意味着发动机燃气流量越大,因而发动机的推力越大,所以发动机压力比反映了发动机推力的大小。

对于高涵道比涡扇发动机，由于高涵道比发动机的推力主要由外涵风扇产生，外涵压力比反映了外涵气流的膨胀能力与流量大小，所以某些发动机用外涵压力比来表征发动机推力。外涵压力比 EPR_{II} 是风扇出口气体总压与风扇进口气体总压之比，即：

$$EPR_{\mathrm{II}} = \frac{p_{2\mathrm{II}}^*}{p_1^*}$$

发动机转速直接反映了发动机承受的机械负荷和热负荷的大小，且发动机转速容易测量，测量精度也较高。转速既是发动机性能参数，同时也是发动机的状态参数。因此早期的发动机都用转速来表征发动机推力。

当发动机转速一定时，其他因素的变化对推力的影响也可以通过 EPR 的值反映出来。如当压气机叶片积污，一方面会使压气机效率降低，增压能力减弱，从而导致 EPR 减小；另一方面发动机空气流量减小，因此发动机推力减小。

发动机工作时，发动机控制系统响应飞行员的推力指令，保持转速/或 EPR 不变来保持发动机推力不变。用转速表征推力的发动机，当发动机性能衰退时，发动机推力下降较多；而用 EPR 表征推力的发动机，控制系统会通过增加供油量，提高发动机转速，来保持发动机 EPR 不变，因而发动机性能衰退对推力的影响较小。这通常表述为保持 EPR 不变可以精确地控制发动机的推力。需要注意的是由于通过提高转速来保持发动机压力比 EPR 不变，因而发动机更容易发生超温和超转。在控制系统设计时应考虑相应的安全保护措施。

用内涵压力比 EPR 来表征推力的有 PW4000、V2500 涡扇发动机等；用外涵道 EPR_{II} 表征发动机推力的有 RB211 涡扇发动机等。

4.1.2　表征发动机经济性的参数

发动机工作时，燃料燃烧后所放出的热能并不能全部转化为有用功，还有很大一部分能量被损失掉了。能量损失的大小可用发动机的效率来描述。效率可以准确反映发动机经济性。反映发动机工作过程中能量损失大小的参数有发动机总效率、热效率、推进效率和单位燃油消耗率。它们的意义及关系描述如下：

4.1.2.1　热效率

从发动机的推力产生的原理可以看出，燃料燃烧释放出的热能，通过发动机各部件的工作，将一部分热能转换成气体的动能，使气体在发动机中获得速度增量，从而产生推力。

热效率 η_e 定义：1kg 气体流过发动机获得的动能增量 $(c_5^2 - c_0^2)/2$ 与加给这部分气体的燃料理论放热量 q_1 之比，即：

$$\eta_e = \frac{(c_5^2 - c_0^2)/2}{q_1}$$

式中：c_5^2——喷管出口气流速度；

　　　c_0^2——发动机进口气流速度，飞行过程中为飞机的飞行速度。

燃料的放热量在转换成气体动能增量的过程中的能量损失主要有：

    a. 高温燃气自喷管喷出时所带走的热量；

    b. 发动机表面的散热损失和滑油冷却所带走的热量；

    c. 燃烧室中不完全燃烧和燃烧产物的离解，而未释放出的热量。

由于燃气排气温度很高（一般在300℃以上），所以高温燃气自喷管喷出时所带走的热量是发动机最主要的能量损失。从布莱顿循环可知减小这部分能量损失的主要措施就是提高发动机增压比，以便将更多的热能转换成气体的动能增量，提高热能的利用率。因此目前发动机的设计增压比越来越高，当然增压比的选择要结合发动机的循环参数，以及制造技术以及制造成本综合考虑。

热效率描述了燃气涡轮发动机作为热机的经济性。目前燃气涡轮发动机的热效率为30%~40%。

4.1.2.2 推进效率

飞机在飞行中，若发动机推力为 F，发动机的空气流量为 $\dot{m}_a$，飞机飞行速度为 c_0，则单位时间内发动机推力对飞机所做的功（习惯上称为推进功）为 Fc_0。

考虑到单位时间内流过发动机的气体动能增量：

$$\frac{\dot{m}_a(c_5^2-c_0^2)}{2}$$

推进效率 η_p 的定义：单位时间内推力所做的推进功与流过发动机气体的动能增量之比，用表示，即：

$$\eta_p = \frac{Fc_0}{\dfrac{\dot{m}_a(c_5^2-c_0^2)}{2}} \tag{4-1}$$

气体流过发动机时所获得的动能增量，只有一部分转换成了飞机的推进功，其余的部分随喷出的气体流失到大气中了，这部分能量损失称为离速损失或动能损失。可以推导出单位时间内流过发动机气体的离速损失大小为：

$$\frac{\dot{m}_a(c_5-c_0)^2}{2}$$

对 1kg 的气体则为：

$$\frac{(c_5-c_0)^2}{2}$$

推进效率描述了发动机由气体动能增量转变成飞机推进功过程中能量损失的大小。评定了燃气涡轮发动机作为推进器的经济性。

将推力公式 $F=\dot{m}_a(c_5-c_0)$ 代入式（4-1）中，可得：

$$\eta_p = \frac{2}{1+\dfrac{c_5}{c_0}}$$

由上式可见，推进效率与飞行速度 c_0 和喷气速度 c_5 有密切关系，即发动机推进效率只取决于飞行速度与喷气速度的比值。图 4-1 通过曲线表示了推进效率随 c_0/c_5 变化的情形。通过此曲线可以得出以下结论：

① 当发动机在地面工作时，发动机推力的功为零，此时推进效率为零。

② 当 c_0/c_5 逐渐增大，飞行速度与喷气速度 c_5 越接近，离速损失越小，发动机推进效率越高。当 c_0/c_5 接近于 1 时，离速损失趋近于零，发动机推进效率也接近于 1。但是，需要注意的是当推进效率趋近于 1 时，意味着气体速度增量接近为零，即推力趋近于零。而要确保一定的飞行速度 c_0，发动机推力必须克服该飞行速度下的阻力，因此使飞行速度等于喷气速度是不可能的，相应的发动机推进效率也不可能为 1。目前燃气涡轮发动机的推进效率一般为 50%～75%。

图 4-2 给出了几种发动机推进效率的比较，由图可见：涡桨发动机在中低速飞行时有较高

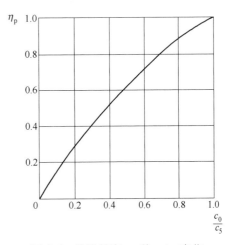

图 4-1　推进效率 η_p 随 c_0/c_5 变化

的推进效率；而涡喷发动机在高速飞行时有相对较高的推进效率；涡扇发动机介于这两者之间。由于涡喷发动机在低速时经济性差，耗油率高，目前战斗机发动机也选用低涵道涡扇发动机作为动力装置。

4.1.2.3　发动机总效率

总效率 η_t 定义为：发动机推力的推进功与加入燃料的理论放热量之比，即：

$$\eta_t = \frac{Fc_0}{q_1}$$

将上式变换，可得：

$$\eta_t = \eta_e \eta_p$$

由上式可见：发动机总效率等于其热效率与推进效率的乘积。无论是提高发动机热效率还是提高推进效率都会使发动机的总效率提高，经济性变好。

总效率描述了发动机将热能转变成推进功的过程中能量损失的大小，它评定了燃气涡轮发动机的经济性。目前燃气涡轮发动机总效率为 20%～32%。

若将燃料的理论放热量定义为 100%，则各部分的能量大致分配比例，如图 4-3 所示。

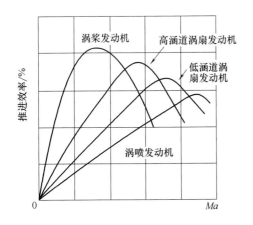

图 4-2　不同类型发动机推进效率的比较

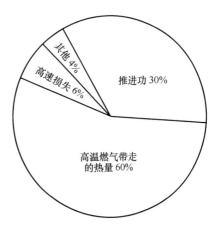

图 4-3　能量分配示意图

4.1.2.4　单位燃油消耗率与发动机总效率的关系

单位燃油消耗率（SFC，Specific Fuel Consumption）也称燃油消耗率，其定义为：发动机产生单位推力 F（对涡桨和涡轴发动机而言是单位功率 N）单位时间内消耗的燃油量 $\dot{m}_f$，单位为 kg/h·N（或 kg/h·kW）。其数学表达式为：

$$SFC = \frac{\dot{m}_f}{F}$$

SFC 是从燃料消耗与发动机推力输出角度来描述发动机的经济性，而发动机总效率是从能量转换的角度描述发动机的经济性，所以两者之间存在一定的联系。由单位燃油消耗率的定义可推导出：

$$SFC = \frac{3600}{H_{LOW}} \frac{c_0}{\eta_t}$$

式中：c_0——飞行速度（m/s）；

　　　H_{LOW}——燃料低热值（J/kg）。

由此可见：当飞行速度一定时，SFC 与总效率成反比。发动机总效率越高，SFC 越小。

4.2　发动机的共同工作和特性

单转子涡喷发动机是最简单的燃气涡轮发动机，其他类型发动机都是在其基础上演变而来的，所以理解单转子涡喷发动机的工作与性能有助于分析其他类型发动机。本节将先介绍单转子发动机的稳态、过渡态的概念，以及稳态和过渡态的实现，然后讨论单转子发动机的特性和双转子发动机的特点。

4.2.1　单转子发动机的共同工作

4.2.1.1　稳态下的共同工作

发动机工作时，可以把发动机的工作分为稳定工作状态和过渡工作状态，分别简称发动机稳态和过渡态。

稳态是指发动机在某一转速下连续工作的状态，即转速不随时间变化的工作状态。

当发动机进气条件不变时，处于稳态下的发动机，具有确定的推力（或功率）。

（1）稳定工作条件

单转子涡喷发动机在稳态下工作具有以下平衡关系，换言之若满足以下平衡关系，发动机必为稳定工作状态。

① 转速相等。压气机的转速 n_C 和涡轮的转速 n_T 是相等的，即：

$$n_C = n_T$$

② 流量连续。当压气机中间级放气装置关闭时，进入压气机的空气流量 $\dot{m}_a$，扣除从压气机引气用于飞机空调、增压及涡轮冷却的空气量 $\dot{m}_{a,bleed}$，再加上喷入燃烧室的燃油量

$\dot{m}_f$，等于流经涡轮的燃气流量 $\dot{m}_g$，即

$$\dot{m}_a - \dot{m}_{a,bleed} + \dot{m}_f = \dot{m}_g$$

上式中（$-\dot{m}_{a,bleed} + \dot{m}_f$）随飞行条件不断变化，其值可能为正、负或零，但与 $\dot{m}_a$ 相比很小，可以忽略不计，则上式可简化为：

$$\dot{m}_a = \dot{m}_g$$

这样流量连续可表述为：流经压气机的空气流量 $\dot{m}_a$ 和流经涡轮的燃气流量 $\dot{m}_g$ 相等。

③ 压力平衡。燃烧室出口燃气总压 p_3^* 等于燃烧室进口气流总压 p_2^* 乘以燃烧室的总压恢复系数，即

$$p_3^* = \sigma_b^* p_2^*$$

④ 功率平衡。燃气涡轮发动机工作时，涡轮发出的功率用来驱动压气机和附件（如滑油泵、燃油泵、液压泵、发电机等）。由于发动机附件消耗的功率占涡轮总功率的比例很小（仅为压气机功率的 $1.5\% \sim 2.0\%$），可以忽略不计，且不考虑机械传动损失，则在稳态时有发动机转子的功率平衡，即涡轮功率等于压气机功率：

$$N_T = N_C$$

如果把涡轮带动附件所消耗的功率看作为损失，并考虑机械传动损失，有：

$$N_C = N_T \eta_m$$

式中：η_m——涡轮功率传送的机械效率。

（2）稳定工作状态的保持

飞行中，影响上述四个平衡条件的因素较多，所以发动机容易偏离稳定工作状态，而引起发动机转速变化，最终引起发动机推力变化。例如：当飞机爬升时，此时若发动机油门位置一定，随着飞行高度的增加，进入发动机的空气流量将不断减少，燃烧室将变富油，引起涡轮前温度升高，涡轮功增加。由于涡轮功大于压气机功，发动机转速将增加。此时如果要保持发动机的转速不变，则必须随飞行高度的增加相应减少供油量，以维持功率的平衡。

因此发动机稳态的保持是由控制器通过感受飞行条件和发动机转速等参数的变化，自动地调节供油量的大小，通过改变无论功率大小来实现的，即转速增大时，减少供油，减小涡轮功率，使转速回落；转速降低时，则反向动作。

4.2.1.2 发动机过渡态工作

在飞行中，不但需要发动机保持在某一稳定状态下工作，提供飞机要求的推力，而且根据飞行的需要（如不同的飞行阶段），要求发动机提供不同的推力，这就要求发动机能够从一个稳态迅速且安全地过渡到另一个稳态。发动机转速随时间变化的过程称为发动机过渡工作状态。其中，转速增大叫加速过程；相反转速减小叫减速过程。有时把发动机的启动过程也作为一种过渡工作状态来处理。

（1）影响过渡状态的因素

通常用过渡过程的时间来衡量发动机的过渡态性能。若过渡过程时间越短，则发动机过渡态性能越好。由于发动机的加速性影响飞机的复飞性能，因此过渡态中最为关注的是发动机的加速性，即加速时间。发动机的加速时间是指发动机从慢车加速到最大状态所用的时间。

如果仅考虑发动机转动惯量和转子上剩余功率的影响，则有：

$$\Delta M = J \frac{\mathrm{d}\omega}{\mathrm{d}t} \tag{4-2}$$

式中：ΔM——转子上的剩余扭矩；

    J——转子的转动惯量；

    ω——转子的角速度，$1/\mathrm{s}$。

转子上的剩余扭矩 ΔM 与转子的剩余功率 ΔN 之间的关系为：

$$\Delta M = \frac{\Delta N}{\omega} = \frac{N_T - N_C}{\omega}$$

将角速度 ω 改用转速 n 表示，式（4-2）变为：

$$\frac{\mathrm{d}n}{\mathrm{d}t} = \frac{N_T - N_C}{\left(\frac{\pi}{30}\right)^2 2Jn}$$

因此，发动机从稳态转速 n_1 过渡稳态转速 n_2 的时间为：

$$t = \left(\frac{\pi}{30}\right)^2 J \int_{n_1}^{n_2} \frac{n}{N_T - N_C} \mathrm{d}n$$

由上式可见影响过渡过程时间的因素有：转子转动惯量、转子上的剩余功率。

转子转动惯量小，发动机过渡过程的时间就越短，过渡状态性能越好，反之过渡过程的时间就越长。对确定的发动机，其转子的转动惯量是不变的。

若发动机转子上的剩余功率 $\Delta N = N_T - N_C$ 大于零，则转子加速；若 ΔN 小于零，则转子减速；若 ΔN 等于零，则转子转速不变，即为发动机稳态。转子上的剩余功率的绝对值越大，过渡过程的时间越短。

（2）加速过程

若发动机稳定工作在状态 A，当前推油门杆时，燃油控制器将增加进入燃烧室的供油量，由于发动机空气流量没有改变，因而燃烧室混合气变富油，涡轮前温度增加，涡轮功率增大，此时涡轮功率大于压气机功率，发动机转速增加。随着发动机转速不断增加，空气流量不断增大，一方面燃烧室混合气富油程度逐渐减小，涡轮前温度逐渐回落，涡轮功率的增加速率变小；另一方面随着空气流量的不断增大，压气机功率增大的速率较涡轮功率的增加更大；此外在加速后期，燃油控制器控制燃油量以较小速率增加。因而发动机转子上的剩余功率逐渐减小，最终转子上剩余功率为零，发动机则稳定在油门杆设定的工作状态 B 下工作。由于空气流动的惯性使得加速时压气机流量的增加较转速的增加慢，因此加速工作线会接近喘振边界。发动机加速过程在压气机特性曲线上的反映，如图 4-4 所示。图 4-4 中曲线 1 为发动机稳态工作线，虚线表示加速工作线。

加速时供油量增加得越多，则涡轮前温度升高更快，涡轮功率增加得更多，此时转子上的剩余功率就越大，转子加速就快，如图 4-4 中曲线 2 所示；但如果加速时供油量增加过多，涡轮前温度升高过高过快，会导致压气机喘振，如图 4-4 曲线 3 所示、涡轮超温或燃烧室富油熄火。另外，加速供油量的控制要避免出现转子超过目标值或超转发生。

所以，加速时供油量的增加要适度，在发动机不喘振、不超温、不超转和富油熄火的情况下，尽可能多地增加供油量，这样发动机加速时间最短，以获得最佳加速性能，此时

的加速曲线称为最佳加速曲线，如图 4-4 中曲线 2
所示。

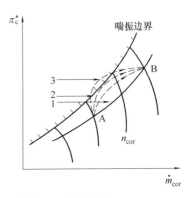

　　影响发动机加速性的因素除了供油量增加的快
慢外，还有空气流量的大小。

　　发动机的空气流量越大，发动机转子上的剩余
功率越大，发动机的加速性越好。因此随着飞行高
度增加，发动机加速性将变差；夏季或高湿度大气
条件下飞行时，发动机加速性也将变差。

　　发动机的加速性影响飞机的复飞性能。为了缩
短发动机达到最大推力的加速时间，有的机型设计
有进近慢车，即在飞机进近过程中，当油门杆位于
慢车位，发动机有比地面时更高的慢车转速，从而
使发动机加速到最大状态的时间更短。

虚线 —— 加速工作线

图 4-4　单转子发动机加速工作线

　　（3）减速过程

　　若发动机稳定工作在状态 A，当后收油门杆，燃油控制器将减少进入燃烧室的供油
量，燃烧室混合气变贫油，涡轮前温度降低，涡轮功率减小，此时涡轮功率小于压气机功
率，发动机转速就降低。随着发动机转速不断降低，一方面压气机功率逐渐减小；另一方
面进入发动机的空气流量也不断减少，混合气贫油程度减小，涡轮功率减小的速率下降，
而压气机功率减小较涡轮的快，最终涡轮功率等于压气机功率时，即转子上剩余功率为
零，发动机则稳定在油门杆设定的工作状态 B 下工作。由于空气流动惯性使得减速时压
气机流量的减少较转子转速的降低慢，因此减速时工作线远离喘振边界。发动机减速过程
在压气机特性曲线的反映，如图 4-5 所示，图中虚线发动机减速工作线。

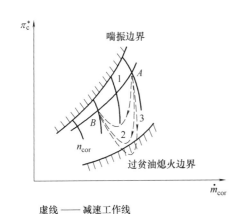

虚线 —— 减速工作线

图 4-5　单转子发动机减速工作线

　　减速时供油量减小得越多，则涡轮功率减
小得越多，转速降低就快，如图 4-5 中曲线 2
所示。但如果供油量减小过多，混合气过贫
油，发动机将出现过贫油熄火，如图 4-5 中曲
线 3 所示。

　　所以，减速时供油量的变化要受到贫油熄
火的限制。即减速时供油量的减小要适度，即
在发动机不熄火情况下，尽可能减小供油量，
使发动机的减速时间最短，此为发动机最佳
减速。

　　为确保发动机减速时不熄火，发动机控制
器都设计有最小燃油流量限制，以防止发动机
减速时燃油流量过小而熄火。

4.2.1.3　单转子发动机的特点

单转子发动机的性能具有以下特点：

　　① 小转速状态工作时，涡轮前温度较高；而中转速状态时，涡轮前温度较低，如图

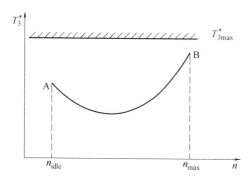

图 4-6　单转子发动机涡轮前温度随转速的变化

4-6 所示。这是由于在小转速状态工作时，发动机工作状态偏离其设计状态较远，部件效率低，所以为保持发动机的稳定工作，必须维持较高的涡轮前温度，才能确保所需的涡轮功率。

② 发动机在小转速状态工作的稳定性较差，压气机容易喘振。这已在双转子发动机防喘机理中分析讨论。

③ 发动机加速时，压气机容易喘振（尤其是从中、小转速段加速时）；加速到大转速段时，容易出现转子超转和/或涡轮超温（导致的涡轮叶片失效）；燃烧室过富油熄火（主要发生在高空加速时）。

④ 发动机减速时，容易出现燃烧室过贫油熄火（尤其是在高空减速时）。

由于单转子发动机的性能存在明显缺陷，现已被双（三）转子发动机所取代。但单转子发动机构造简单，便于制造，因此在小型发动机上，如飞机的辅助动力装置，仍有使用。

4.2.2　单转子涡喷发动机的特性

发动机的推力和单位燃油消耗率 SFC 会随发动机工作状态、飞行条件的变化而变化。把发动机的推力和单位燃油消耗率随发动机转速、飞行速度和飞行高度的变化规律称为发动机的特性。下面分析影响发动机推力的因素和发动机的特性。

4.2.2.1　大气条件对发动机性能的影响

（1）大气温度对推力和 SFC 的影响

大气温度降低时，一方面空气密度增加，发动机空气流量增加；另一方面低温空气易于压缩，发动机增压比增大，因此大气温度降低时，发动机推力增加。发动机增压比的增大，使得发动机总效率增加，单位燃油消耗率降低。

实验表明：在其他参数保持不变条件下，发动机的推力与大气温度（绝对温度）的平方成反比；发动机单位燃油消耗率与大气温度（绝对温度）的平方根成正比。

例如夏季与冬季比较，假设大气温度由 +30℃ 变为 -30℃，在同样的发动机转速下，发动机推力相差约达 45%。

（2）大气压力对推力和 SFC 的影响

大气压力增加时，空气密度增加，空气流量增加，因此发动机推力增大。由于大气压力变化时，发动机增压比、涡轮前温度、压气机和涡轮效率均不变，所以发动机单位燃油消耗率不变。

例如在其他条件不变的情况下，某高原机场的标高为 4334m，在相同的发动机转速下，与另一标高为 495m 的某平原机场比较，发动机推力相差近 40%。

特别地在夏季高原机场，发动机推力降低较多。因而发动机的起飞、复飞性能差。

大气温度和大气压力对推力的影响，如图 4-7 所示。

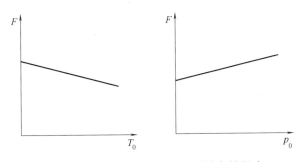

图 4-7 大气温度和大气压力对推力的影响

（3）大气湿度对转速特性的影响

当大气湿度较大时，一方面气体中水的成分增加，气体密度减小，进入发动机的空气流量减小；另一方面大气湿度增加，燃烧速度减慢，涡轮前温度降低，燃气膨胀能力降低，排气速度减小，最终发动机推力减小。若要保持不变的燃烧室出口温度就必须多供油，所以发动机的单位燃油消耗率增大。

4.2.2.2 影响发动机性能的其他因素

（1）压气机引气

为了确保飞机各系统和发动机的工作正常，需要从压气机引出部分压力空气，用于飞机客舱和驾驶舱的空调、增压、涡轮冷却，飞机和发动机防/除冰等。压气机引气使得燃气流量减少，一方面使发动机推力降低；另一方面由于涡轮功降低，为保持发动机转速或 EPR 不变，此时发动机燃油调节器将自动增大供油量，因此引气会使涡轮前温度升高，发动机的经济性变差，发动机加速性也将变差，但引气可以使压气机的稳定工作范围变宽。

所以，在飞机起飞、着陆阶段（尤其在高温、高原机场），应尽量减少压气机引气量，以确保发动机的推力、加速性和延长发动机使用寿命。如 CFM56-3 发动机在无发动机引气（指空调、增压气源）条件下起飞时，发动机 n_1 转速可提高 1%，发动机起飞推力可提高 3%~4%。

（2）环境条件的影响

实际飞行中，空气中的沙尘、盐雾等将随气流进入发动机，会引起进气道、压气机叶片、涡轮、发动机机匣等发动机部件积污、磨蚀和腐蚀。这将引起气流分离加剧，压气机稳定性变差；此外空气流量减小，气流流动损失增大，使得压气机增压能力下降，效率降低，涡轮前温度升高，发动机推力和经济性变差。如 CF6-6D 发动机，若压气机效率或涡轮效率降低 1%，则排气温度将上升 10℃，单位燃油消耗率上升 0.6%。所以，应定期对发动机进行清洗，以恢复发动机的性能，减缓发动机性能衰退。如 CFM56-5 发动机积污时，用清洗剂和热水对发动机进行清洗后，发动机排气温度 $EGTM$ 可恢复 15℃，发动机单位燃油消耗率可降低 0.5%~1%。

4.2.2.3 转速特性

在保持飞行高度和飞行速度不变的情况下，发动机推力和单位燃油消耗率随发动机转速的变化规律称为发动机转速特性，又称为节流特性。

在其他条件不变的情况下，转速增加，发动机推力增大（讨论分析详见本章4.1.1）。

随着转速增加，一方面压气机的增压比增大，发动机循环的热效率提高；另一方面发动机的工作点更接近其设计状态，部件效率更高，损失减小，因而发动机的单位燃油消耗率不断下降，在设计点效率最高，此时单位燃油消耗率最小。此后随着转速继续增大，单位燃油消耗率有所上升。

大气温度和大气压力对推力和 SFC 的影响在转速特性上的反映，如图4-8和图4-9所示。

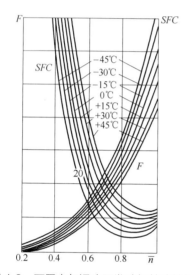

图4-8　不同大气温度下发动机转速特性

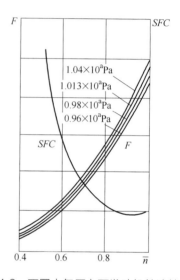

图4-9　不同大气压力下发动机转速特性

4.2.2.4　高度特性

保持发动机的转速和飞行速度不变时，发动机的推力和单位燃油消耗率随飞行高度的变化规律称为高度特性。

在发动机调节规律为 n = 常数，T_3^* = 常数，且气流在喷管中完全膨胀条件下，发动机高度特性，如图4-10所示。

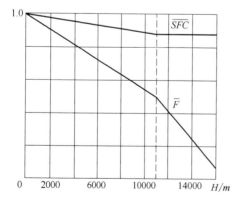

图4-10　发动机的高度特性

随着飞行高度的增加，一方面大气压力 p_0 的降低，使发动机推力减小；另一方面大气温度 T_0 的降低，使推力增大和 SFC 降低。因此随高度增加发动机推力和 SFC 均减小。在11000m以上高度，由于大气温度不再随高度而变化，而大气压力随高度的增加继续下降，因此发动机的推力随高度的增加而下降得更快，而单位燃油消耗率则保持不变

由此可见在11000m处可以获得最佳的发动机巡航经济性，但随着高度的继续增加，经济性不在提高，但推力却下降更快。

4.2.2.5 速度特性

保持发动机的转速和飞行高度不变时，发动机的推力和单位燃油消耗率随飞行速度（马赫数）的变化规律称为速度特性。

飞行速度的变化对发动机推力的影响是冲压比、空气流量和速度增量三个因素的综合结果。当飞行马赫数增加，进气道的冲压作用更强，燃气在喷管内的膨胀能力更强，使排气速度更大，发动机推力更大；此外发动机的空气流量增加，使发动机推力增大；但是发动机内的气流速度增量减小，发动机推力减小。

在发动机调节规律为 $n=$ 常数，$T_3^*=$ 常数，且气流在喷管中完全膨胀条件下，发动机速度特性，如图 4-11 所示。

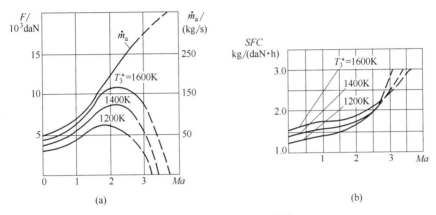

图 4-11 发动机的速度特性

从图 4-11（a）可以看出：随着飞行马赫数的增大，发动机的推力开始缓慢地增加，后增加较快，直到达到最大。马赫数继续增加，推力转为下降，直至推力为零（此时 $\Delta V=0$）。从图 4-11（b）可以看出：单位燃油消耗率随着马赫数的增大而增大，且在高马赫数范围增加得更为急剧。

4.2.3 发动机的工作状态

飞行中，不同的飞行阶段飞机对发动机的推力（或功率）有不同的要求，因而发动机在不同稳态下工作。常用的发动机工作状态有最大状态、最大连续状态、巡航状态和慢车状态。

4.2.3.1 最大状态

发动机以最大转速正常工作，此时发动机推力最大。最大状态用于飞机起飞。飞机复飞时，为了获得最大爬升率，也使用最大状态。

发动机在最大状态下工作时，由于转速和涡轮前温度最高，发动机部件承受的机械负荷和热负荷最大，因此，发动机在最大状态工作时间有限制，一般不超过 5min。使用最大状态，应注意防止发动机超温、超转和超时。

4.2.3.2 最大连续状态

最大连续状态下，发动机推力约为最大推力的 80%，发动机转速约为最大转速的

90%。没有使用设计限制。

最大连续状态常用于飞机爬升和大速度平飞，也可用于非满载起飞。

4.2.3.3　巡航状态

巡航状态用于飞机巡航飞行，使用时间不受限制。为了确保巡航飞行的航程与续航时间，有一个最经济的发动机转速，其值视发动机设计的不同而不同。

4.2.3.4　慢车状态

是发动机能够稳定、连续工作的最小转速状态。此时发动机的推力/功率最小，约为最大状态的 5%；小时燃油消耗量最小，但 SFC 最大，发动机经济性最差。

慢车状态用于飞机着陆、快速下降、地面滑行和发动机的冷/暖机等。

较低的慢车转速，其慢车推力较小，可以改善飞机的着陆及滑行性能。但慢车转速过小，发动机稳定燃烧困难，容易熄火。此外在高空飞行，以及大雨中飞行，发动机更容易熄火；发动机引气量不足，飞机和发动机防/除冰的可靠性变差等。

4.2.4　双转子发动机简介

双转子发动机比单转子发动机有更好的经济性，更宽的稳定工作范围，更大的推力，而得到广泛应用。本节主要介绍双转子发动机的特点。

4.2.4.1　双转子发动机的结构特点

图 4-12 给出了双转子涡喷发动机的结构示意图。双转子发动机有两个转子：低压转子和高压转子。低压转子转速常用 N_1（或 N_L、n_1）表示，而高压转子转速常用表示 N_2（或 N_H、n_2）表示。

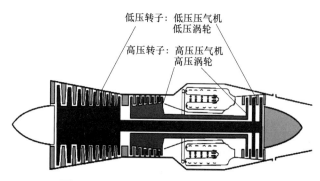

图 4-12　双转子涡喷发动机结构示意图

两转子之间没有机械联系，只有气动联系。发动机工作时两个转子有各自的转速，高压转子转速比低压转子转速高。

双转子发动机结构复杂，制造工艺要求高。

4.2.4.2　双转子发动机的性能特点

（1）大大提高了压气机的工作稳定性

双转子发动机将一个高增压比的压气机分为两个低增压比的压气机。在非设计状态下，两个转子的压气机与涡轮的功率会自动地匹配，改变两个转子的转速而达到自动防喘，从而提高了高增压比的双转子发动机在非设计状态下压气机的工作稳定性。

如图 4-13 所示为压气机设计增压比为 9 时，单转子和双转子发动机的压气机工作稳定性的比较。可以看出：对双转子发动机，无论是低压压气机［图 4-13（b）］，还是高压压气机［图 4-13（c）］的稳定工作范围都比单转子发动机［图 4-13（a）］的更宽。

对于双转子发动机，当换算转速降低时，高压压气机的稳定工作范围变宽（远离喘振边界）而低压压气机却变窄（贴近喘振边界）。这是由于在换算转速降低时，低压涡轮的功率占比较高压涡轮的更多，因此低压压气机能够提供高压压气机足够的空气流量，而高压压气机对低压压气机形成阻塞作用，而使低压压气机的流量减少。

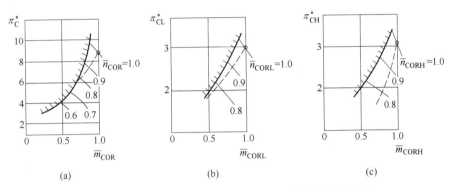

图 4-13　单转子和双转子发动机压气机工作稳定性的比较

（a）单转子　（b）双转子低压压气机　（c）双转子高压压气机

（2）更高的设计增压比和压气机效率，改善发动机经济性

双转子发动机，当偏离设计状态工作时，气流流过压气机叶片的分离大大减弱（详见 3.2 压气机部分），使得气流流动损失减小。因此，双转子发动机在非设计状态工作时，压气机效率的下降比单转子的小，如图 4-14 所示。

此外，由于双转子发动机的压气机稳定工作范围较宽，压气机增压比可以设计得更高，这使得发动机有较高的循环热效率，从而大大地改善了发动机的经济性。

在大、中型民航机上的双转子涡轮风扇发动机，还设计有压气机可调静子叶片 VSV 和可调的压气机放气活门 VBV，这些措施都是消除气流分离，除了提高压气机工作稳定性外，还降低气流损失，因此压气机有更高的效率，发动机经济性更好。

（3）在低转速时，涡轮前温度较低

由于双转子发动机在低转速工作时，压气机效率较单转子的高，所以可有效降低涡轮前温度。双转子发动机涡轮前温度，随发动机转速的变化，如图 4-15 所示。因而，目前双转子发动机都采用慢车状态进行发动机的冷机和暖机。

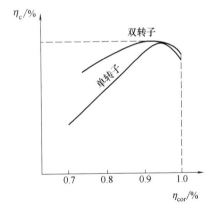

图 4-14　压气机效率的比较

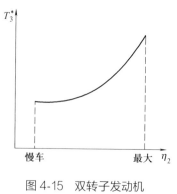

图 4-15　双转子发动机
T_3^* 随转速的变化

由于在低转速状态时，涡轮前温度较低，设计时可以选择较低的发动机慢车转速值。

（4）发动机启动性能更好

双转子发动机启动时，通过启动机带动发动机高压转子，与同参数的单转子发动机比较，转子的转动惯量大大减小，转子加速更快。另一方面设计可以采用功率较小的启动机，而减轻启动机重量。此外，由于压气机工作稳定性提高了，启动时供油量可更快的增加。因此双转子发动机有更好的启动性能。

（5）发动机加速性好

双转子发动机加速时，高温高压的燃气首先冲击高压涡轮，使高压转子迅速加速，高压压气机对气流的抽吸作用使低压转子转速也很快上升，最终使整个发动机的加速性改善。此外由于双转子发动机压气机稳定工作范围较宽，低转速时涡轮前温度较低，所以加速时，加速供油量可以更多，转子上的剩余功率更大，因而加速性更好。例如：单转子发动机的加速时间一般为 10～15s，而双转子发动机的加速时间一般为 5～10s。

双转子结构也应用于涡桨、涡轴及桨扇发动机，改善了发动机的性能。

4.2.4.3　双转子发动机的过渡过程特性

（1）加速过程

高压转子加速过程与单转子发动机类似，如图 4-16 所示。若发动机从状态 A 开始加速，当燃油流量增大时，燃烧室出口温度升高。高压涡轮功率大于高压压气机功率，高压转子转速增加。随着高压转子转速的增加，空气流量的增加，同时供油量增加缓慢，使得高压转子上的剩余功率不断减小。

对低压转子而言，加速过程较为复杂，如图 4-17 所示。在加速的初期，由于涡轮前温度的突增，同高压涡轮一样低压转子转速也有一个突然的增加，空气流量不能快速增加，此时低压转子加速工作线也是靠近喘振边界。此后由于燃气首先经过高压涡轮膨胀，使得高压涡轮功率增大较低压涡轮更多，因此高压转子加速较低压转子加速更快，高压压

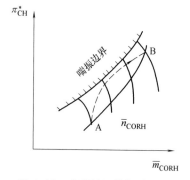

图 4-16　高压转子的加速过程

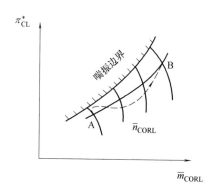

图 4-17　低压转子的加速过程

气机对气流产生较强的抽吸作用，使得低压压气机流量快速增加，使得低压压气机加速工作线很快沿端振边界远离。随着低压转子转速增加，空气流量逐步增加，同时供油量增加缓慢，同样低压转子上的剩余功率也不断减小。

最后，当高压涡轮功等于高压压气机功，低压涡轮功等于低压压气机功时，发动机加速过程结束，发动机在状态 B 稳定的工作。

双转子发动机加速时，加速供油量主要受到以下限制：a. 高压压气机喘振；b. 涡轮前温度超温；c. 发动机超转；d. 燃烧室过富油熄火。

（2）减速过程

对高压转子而言，减速过程也与单转子发动机类似，如图 4-18 所示。若发动机从状态 A 开始减速，当供油量减小时，涡轮前温度降低。高压涡轮功率小于高压压气机功率，高压转子转速降低。随着高压转子转速降低，空气流量的减小，同时供油量减小缓慢，使得高压转子上的剩余功率不断减小。

对于低压转子而言，减速过程也较为复杂，如图 4-19 所示。在减速初期时，由于涡轮前温度的突减，同高压涡轮一样低压转子转速也有一个突然的减小，此时低压转子减速工作线也是远离端振边界。此后由于高压转子转速较低压转子减小得更多，高压压气机对低压压气机形成堵塞作用，因而低压压气机的减速工作线接近喘振边界。随着低压转子转速降低，空气流量减小，同时供油量减小缓慢，使得低压转子上的剩余功率不断减小。

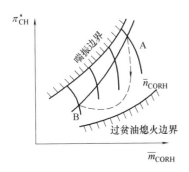

图 4-18　高压转子的减速过程

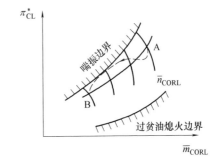

图 4-19　低压转子的减速过程

最后，当高压涡轮功等于高压压气机功，低压涡轮功等于低压压气机功时，发动机减速过程结束，发动机在状态 B 稳定的工作。

双转子发动机减速时，减速供油量受到以下限制：a. 低压压气机喘振限制；b. 燃烧室过贫油熄火限制。

4.3　涡轮风扇发动机

涡轮风扇发动机自 20 世纪 60 年代问世以来，由于在性能上具有独特的优越性，因此得到了迅速地发展和广泛应用。目前，高涵道涡轮风扇发动机常用于高亚声速的大/中型民航机和军用运输机；中涵道的涡扇发动机用于支线客机和公务机；低涵道的加力涡扇发动机则用在超声速战斗机上。

4.3.1 涡扇发动机的特点

涡扇发动机按排气方式分为：混合排气（图2-6）和分别排气（也称分开排气）（图2-5）。

在涡扇发动机的风扇出口，气流被分成两路。一路称为外涵；一路称为内涵。把外涵的空气流量 $\dot{m}_{a\,\text{II}}$ 与内涵空气流量 $\dot{m}_{a\,\text{I}}$ 之比称为涡扇发动机涵道比，也称为流量比，用 B 表示，即：

$$B = \frac{\dot{m}_{a\,\text{II}}}{\dot{m}_{a\,\text{I}}}$$

涵道比是涡扇发动机的一个重要参数。不同的涵道比发动机表现出的性能有较大的差异。按涵道比的不同涡扇发动机分为：高涵道涡轮风扇发动机（$B \geqslant 4$）、中涵道的涡扇发动机（$0.6 \leqslant B < 4$）和低涵道涡扇发动机 $B < 0.6$，低涵道涡扇发动机也称为小涵道涡扇发动机。目前在民航飞机上广泛使用的是高涵道比涡扇发动机。表4-1给出了三种涡扇发动机的主要性能参数。

表 4-1   B777 的三种涡扇发动机的主要参数

型号	起飞推力/daN	涵道比	总增压比	涡轮前温度/℃	风扇直径/m
GE90	38660~44500	9	45	1362	3.12
PW4080	37200~40000	7	36	1295	2.884
TRENT-800	37580	6	39.3	1325	2.749

分开排气的涡扇发动机的内涵可以看作成为一个涡喷发动机。工作时，流入内涵的空气经过压缩、加热和膨胀过程，从喷口高速喷出，产生内涵推力。由于涡扇发动机的涡轮不仅要带动压气机，还要带动外涵的风扇，所以与同参数的涡喷发动机相比，有一部分能量通过风扇（低压）涡轮传递给了外涵气流，因而涡扇发动机的内涵喷气速度较涡喷发动机的小。同时外涵的空气，经风扇叶片加压后，在外涵喷管中膨胀加速，最后喷出发动机，而产生外涵推力。

经理论推导和试验表明：当涵道比一定时，传递给外涵风扇的能量多少对发动机性能有直接影响。对分路排气的涡扇发动机，若传递的能量过少，则内涵喷气速度过高，内涵气体动能损失增大，发动机总的推进效率将减小；若传递的能量过多，则外涵喷气速度过高，外涵气体动能损失增大，发动机总的推进效率也将减小。只有当传递的能量使内、外涵喷气速度相等时，发动机总的推进效率最高。

对混合排气的涡扇发动机，当内、外涵的气体在混合处总压相等时，发动机的总压损失最小，发动机推进效率最高。

需要特别指出的是：对高涵道涡扇发动机而言，由于外涵空气流量很大和涡轮前温度的限制，要使内、外涵喷气速度相等或使内、外涵气体总压相等较难实现。

4.3.1.1　涡扇发动机的结构特点

涡扇发动机的风扇构造具有以下特点。

（1）取消风扇进口的导向器

目前涡扇发动机取消了风扇进口的导向器。这虽使风扇性能稍有降低，但简化了结构，减轻了发动机质量，并降低了发动机噪声，发动机的整体性能得以优化。

（2）采用高强度宽弦叶片，风扇压比更高，叶片数目更少

为提高发动机涵道比，需提高外涵空气流量和风扇增压比，风扇叶片直径和弦长需增大。所以高涵道比涡扇发动机都采用了高强度的宽弦叶片，叶片数目也相应减少。为了减轻叶片重量和提高可靠性，采用了蜂窝夹心结构的钛合金风扇叶片。目前随着复合材料的发展，已开始应用三维编织成型的碳纤维树脂基复合材料风扇叶片，使得风扇的质量更轻，性能更优异，维护简单且寿命长。

4.3.1.2　涡扇发动机的性能特点

（1）参与产生推力的空气流量大，发动机推力大

涡扇发动机是通过涡轮将部分燃气热能转换机械功并传递给外涵气流，从而提高了发动机的空气流量，使更多的空气参与产生推力，因此发动机推力大。

例如：JT8D-9 涡扇发动机，涵道比为 1.05，地面起飞时外涵空气流量为 74.11kg/s，内涵流量为 70.58kg/s；CF6-6D 涡扇发动机，涵道比为 5.88，地面起飞时，外涵空气流量为 499.72kg/s，内涵流量为 85.00kg/s。

对混合排气的涡扇发动机，在完全膨胀条件下的推力为：

$$F = \dot{m}_a(c_5 - c_0)$$

对分路排气的涡扇发动机，在完全膨胀条件下的推力为：

$$F = \dot{m}_{a\mathrm{II}}(c_{5\mathrm{II}} - c_0) + \dot{m}_{a\mathrm{I}}(c_{5\mathrm{I}} - c_0)$$

随着涵道比的增加，外涵空气流量 $\dot{m}_{a\mathrm{II}}$ 所占的比例增加，发动机总推力中外涵空气所产生的推力的比例也增大。几种不同涵道比涡扇发动机外涵推力占总推力的比例，如表 4-2 所示。

因此对高涵道涡扇发动机而言，风扇是发动机产生正推力的主要部件，风扇将直接影响到发动机的推力。

表 4-2　　　　　　　　不同涵道比发动机外涵推力占总推力的比例

发动机 工作状态	JT8D （$B=1.05$）	JT5D （$B=2.6$）	RB211-22B （$B=5.0$）	CFM56 （$B=6.0$）
地面起飞/%	39	61	76.2	80
高空巡航/%	30	44.4	60	67.4

（2）发动机热效率高

首先，由于涡扇发动机为双或三转子发动机结构，压气机防喘性能较好，所以压气机设计增压比较高，发动机热效率较高；其次，涡扇发动机由于压气机中间级防喘放气工作时，内涵高压空气可释放到发动机外涵，可继续膨胀产生推力；第三，外涵空气可吸收内涵部件散热热量，提高了外涵空气温度，有助于提高外涵推力，减小了推力损失。因而涡

扇发动机的热效率较高。

（3）发动机推进效率较高

由于涡扇发动机内涵的部分燃气热能通过涡轮传递给风扇，增大了发动机的空气流量，使得内、外涵喷气速度远比涡喷发动机的小，因此发动机离速损失减小，推进效率提高。

（4）起飞、复飞推力大

由于涡扇发动机增大了空气流量，所以发动机起飞推力较大。这正满足了大型、重型民航机起飞、复飞时对发动机高推力的需求。

（5）对环境的噪声污染小

对涡扇发动机，尤其高涵道涡扇，由于发动机内、外涵的喷气速度大大降低，喷气产生的噪声较低，所以发动机总的噪声水平也较低。

涡扇发动机结构较为复杂；此外随着涵道比的增加，发动机的迎面阻力也相应增大等。

4.3.2 三转子发动机简介

大量的涡扇发动机采用双转子结构，但也有少量采用三转子结构，如图 4-20 所示。三转子发动机的压气机被分成低压压气机、中压压气机和高压压气机，分别由低压涡轮、中压涡轮和高压涡轮驱动，它们分别构成低压、中压和高压三个转子。三个转子由各自的转速，相应地用 N_1（或 n_1）、N_2（或 n_2）和 N_3（或 n_3）来表示。三个转子之间没有机械联系，只有气动联系。工作时每个转子的转速各不相同。为了确保压气机的性能，设计使高压转子的转速最高，而低压转子的转速最低。

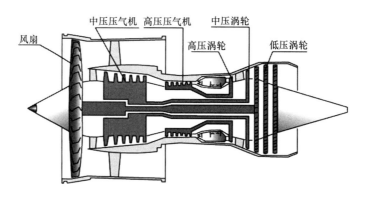

图 4-20 三转子发动机结构示意图

三转子发动机的特点主要有：

4.3.2.1 三转子发动机压气机的稳定工作范围更宽

由于压气机总增压比等于低、中、高压压气机增压比的乘积，所以当压气机总增压比相同时，三转子发动机中单个压气机的增压比更低，因而各个压气机的稳定工作范围更宽，压气机总的工作范围也就更宽。

4.3.2.2　发动机的效率更高，经济性更好

当发动机状态偏离设计状态时，由于三转子自动协调各自的转速，使气流在压气机叶片上的气流分离更小，损失更小。因此，三转子发动机在非设计状态下工作时，压气机效率更高。同时，由于三转子发动机压气机稳定工作范围更宽，一方面压气机总的增压比可以设计得更高，发动机循环的热效率更高。所以三转子发动机的效率更高，经济性更好。

4.3.2.3　发动机抗外来物能力增强

三转子涡扇发动机的风扇转速较低，使外来物对风扇的破坏力被削弱，因此发动机抗外来物的能力大大增强。

三转子发动机较之双转子发动机，虽具有上述优点，但缺点也较为明显：a. 三转子发动机结构更为复杂，制造工艺要求更高，发动机成本较高。b. 发动机加速性逊色于双转子发动机。

所以，三转子发动机目前并不普遍，英国罗-罗公司生产的 TRENT 系列高涵道涡扇发动机等采用了三转子结构。

4.3.3　质量附加原理

质量附加原理：在一定的飞行速度下，当工质获得的可用能量（即可转变成气体动能增量的能量）一定时，如果工质的质量越大，即参加产生推力的质量越多，则发动机的推力越大，经济性越好。

为了更好地说明质量附加原理，下面我们在"同参数"条件下，比较涡喷和涡扇发动机的推力和经济性。"同参数"是指在一定的飞行速度下，两台发动机具有相同的压气机增压比、涡轮前温度和发动机供油量，即两台发动机气体获得的可用能量一样，如图 4-21 所示。

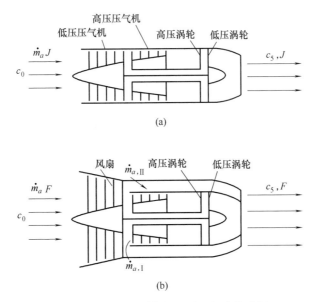

图 4-21　"同参数"的涡喷和涡扇发动机

涡扇发动机的总空气流量：

$$\dot{m}_{a,F} = \dot{m}_{a\,\mathrm{II}} + \dot{m}_{a\,\mathrm{I}}$$

涡喷发动机的空气流量：$\dot{m}_{a,J}$

在"同参数"条件下，有：

$$\dot{m}_{a\,\mathrm{I}} = \dot{m}_{a,J}$$

则

$$\dot{m}_{a,F} = \dot{m}_{a,J}(1+B)$$

涡喷发动机的气体动能增量为：

$$\Delta E_{k,J} = \frac{1}{2}\dot{m}_{a,J}(c_{5,J}^2 - c_0^2)$$

假定涡扇发动机内、外涵喷气速度相等，则总的气体动能增量为：

$$\Delta E_{k,F} = \frac{1}{2}\dot{m}_{a,F}(c_{5,F}^2 - c_0^2)$$

在"同参数"条件下，有：

$$\Delta E_{k,J} = \Delta E_{k,F}$$

经整理得：

$$(1+B)(c_{5,F}^2 - c_0^2) = (c_{5,J}^2 - c_0^2) \tag{4-3}$$

由上式可见：涡扇发动机的喷气速度 $c_{5,F}^2$ 小于涡喷发动机的喷气速度 $c_{5,J}^2$，并且随着涵道比的增大，涡扇发动机的喷气速度将进一步减小。

下面比较两台发动机的推进效率和推力。

发动机推进效率的定义，涡喷发动机的推进效率为：

$$\eta_{p,J} = \frac{F_J \cdot c_0}{\Delta E_{k,J}} = \frac{2c_0}{c_{5,J} + c_0} \tag{4-4}$$

涡扇发动机的推进效率为：

$$\eta_{p,F} = \frac{F_F \cdot c_0}{\Delta E_{k,F}} = \frac{2c_0}{c_{5,F} + c_0} \tag{4-5}$$

则有：

$$\frac{\eta_{p,F}}{\eta_{p,J}} = \frac{c_{5,J} + c_0}{c_{5,F} + c_0}$$

前述已经证明：$c_{5,WS}^2 < c_{5,WP}^2$，因此有：

$$\frac{\eta_{p,F}}{\eta_{p,J}} > 1$$

即：

$$\eta_{p,F} > \eta_{p,J} \tag{4-6}$$

由此可见：涡扇发动机的推进效率高于涡喷发动机。由于在"同参数"条件下，可认为发动机热效率相同，因而涡扇发动机的总效率比涡喷高，所以涡扇发动机的经济性比涡喷的好。

由式（4-4）和式（4-5）可得发动机推力之比：

$$\frac{F_F}{F_J} = \frac{\eta_{p,F}}{\eta_{p,J}}$$

由式（4-6）可得：

$$\frac{F_F}{F_J}>1$$

即：

$$F_F>F_J$$

所以，涡扇发动机的推力大于涡喷发动机的。

当发动机在地面工作时，$c_0=0$。由 4-3 式，可得：

$$\frac{c_{5,F}}{c_{5,J}}=\frac{1}{\sqrt{1+B}}$$

由式（4-4）和式（4-5）可得：

$$\frac{F_F}{F_J}=\frac{c_{5,J}+c_0}{c_{5,F}+c_0}=\frac{c_{5,J}}{c_{5,F}}=\sqrt{1+B}$$

由此可见，在"同参数"条件下，涡扇发动机的经济性和推力都优于涡喷发动机。并且随着涵道比的增加，涡扇发动机的推进效率更高，发动机经济性更好，推力更大。但随着涵道比的增加，涡扇发动机的迎风面积将增加，发动机的外部阻力将增加，发动机的速度性能变差。

因此高涵道涡扇发动机适宜作高亚声速飞机动力装置；对加力的低涵道涡扇发动机，不仅可明显提高亚声速飞行时发动机的推进效率，改善亚声速飞行时的经济性。而且由于涵道比小，在超声速（$Ma=2$ 左右）飞行时，涡扇发动机的性能与涡喷发动机相当。所以超声速战斗机也广泛采用涡扇发动机。

当飞行条件及发动机工作状态变化时，内、外涵空气流量的变化并不完全一致，因而涡扇发动机的涵道比会随着飞行条件及发动机工作状态的变化而变化。当发动机转速增加时，内涵压气机的增压比较外涵风扇的增压比增加得快，所以，内涵空气流量的增加较外涵的更多，因此涵道比减小；当飞行马赫数增加时，内涵空气流量增加较外涵的少，因此发动机涵道比增加。涵道比随转速和飞行速度的变化，如图 4-22 所示。

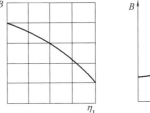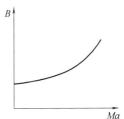

图 4-22 涵道比随转速和飞行速度的变化

4.3.4 涡扇发动机的特性

涡扇发动机的特性指其推力和单位燃油消耗率随发动机转速、飞行速度和飞行高度的变化规律。涡扇发动机与涡喷发动机同为喷气推进，因而它们的特性具有相似的变化趋势。

大气条件（大气温度、大气压力和大气湿度）对涡扇发动机转速特性的影响与涡喷发动机类似，如图 4-7 所示。

4.3.4.1 转速特性

在飞行速度和飞行高度保持不变的条件下，涡扇发动机的推力和单位燃油消耗率随发动机转速的变化规律称为转速特性，如图 4-8 和图 4-9 所示。

4.3.4.2 高度特性

在飞行速度和发动机转速保持不变的条件下，涡扇发动机的推力和单位燃油消耗率随飞行高度的变化规律，称为涡扇发动机的高度特性，如图 4-10 所示。

4.3.4.3 速度特性

在飞行高度和发动机转速保持不变的条件下，涡扇发动机的推力和单位燃油消耗率随飞行速度的变化规律，称为涡扇发动机的速度特性。

与涡喷发动机类似，飞行速度的变化会影响进气道的冲压比、空气流量和速度增量，因此推力和 SFC 随速度的变化是这三个因素综合的结果。

图 4-23 给出了不同涵道比的发动机推力随飞行速度的变化。

① 涡喷发动机（相当于涵道比为零）和低涵道比（涵道比在 0.6 以下）的涡扇发动机在一定速度范围（$Ma = 0.5 \sim 2.0$），发动机推力随飞行马赫数增加而增加，速度性能较好，所以这种发动机适宜做超声速飞行。

② 涵道比较高的涡扇发动机，当飞行马赫数增加时，由于空气速度增量减小更多，因此发动机推力下降很快。涵道比越大，速度性能越差，所以高涵道涡扇发动机不适宜做超声速飞行。

图 4-24 给出了不同涵道比的发动机经济性随飞行速度的变化。

① 低速飞行时，飞行速度增加，进气道的冲压作用会提高发动机总增压比，发动机热效率会提高，但低速飞行时冲压作用较弱；此外涵道比越大，离速损失越小。后者起主要作用，所以以低速飞行时涵道比越大，经济性越好。

② 高速飞行时，一方面进气道冲压作用较强，发动机热效率越高；另一方面涵道比越大，飞行阻力越大，所以高速飞行时涵道比越小，经济性越好。

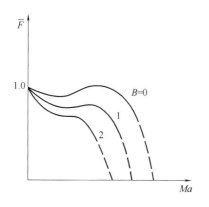

图 4-23 飞行马赫数对推力的影响

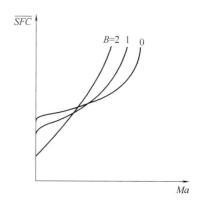

图 4-24 飞行马赫数对单位燃油消耗率的影响

4.3.5 涡扇发动机的使用性能

4.3.5.1 起飞推力特性

目前高涵道比涡扇发动机设计上有较大的起飞推力裕度，发动机的起飞推力特性如图

4-25 所示。在一定的大气压力下，在某
一外界大气温度 OAT（Outside Ambient
Temperature）以下发动机均可以提供全
额定起飞推力，这一温度称为拐点温度
（Corner Point）或平功率（Flat Rate）
温度。

当发动机进气温度在拐点温度以
下，随着外界大气温度的增加，功率管
理控制会不断增加风扇转速，来保持不
变的推力，相应的排气温度 EGT 也不断
地增加。在拐点温度之后，控制器将保
持 EGT 不变，此时随着外界大气温度的
增加，燃烧室温升将不断降低，N_1 转速
不断下降，因而发动机推力也不断地减
小。飞机性能也相应调整。

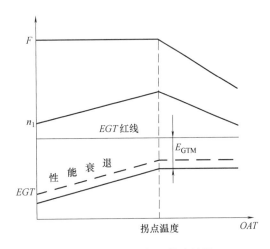

图 4-25　发动机起飞推力特性

EGT 红线是最大的 EGT 值，发动机超过该值，需要进行特定的维护工作。排气温度裕度 EGTM 是 EGT 红线与实际 EGT 换算到海平面以全功率起飞时的 EGT 之差，用于评估发动机性能。当发动机性能衰退时，排气温度裕度 EGTM 将减小。如图 4-25 虚线所示。

4.3.5.2　起飞推力设置

不同的高涵道比涡扇发动机的起飞推力设置基本相似。下面以 B737-300 的 CFM56-3 发动机说明起飞推力的设置。

CHM56-3 发动机是由低压转子转速 N_1 来表征发动机推力。起飞推力设置就是确定起飞的 N_1 值。有两种方法可以使机组获得起飞的 N_1 值。一是飞机起飞前，根据机场标高和塔台提供的当时外界大气温度，根据《飞行手册》中发动机性能图表（表 4-3），查出发动机的起飞 N_1 值。二是机组在飞行管理计算机 FMC 的 "起飞基准" 页面 "OAT" 栏中输入当时的外界大气温度（机场标高无须输入，飞机自动测量），FMC 将自动计算出发动机的起飞 N_1 值，如图 4-26 所示。

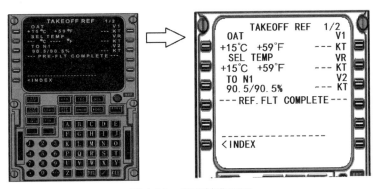

图 4-26　起飞基准页面

表 4-3   B737-300 最大起飞 N_1 值

外界大气温度		机场气压高度/ft									
℃	°F	−1000	0	1000	2000	3000	4000	5000	6000	7000	8000
55	131	89.9	90.5								
50	122	90.6	91.1	91.6	92.3	93.1					
45	113	91.2	91.6	92.1	92.6	93.9	94.9	94.7	94.2		
40	104	91.7	92.1	92.6	93.0	94.3	95.3	95.3	95.3	95.0	94.3
35	95	92.0	92.5	93.0	93.4	94.7	95.9	95.8	95.8	95.1	94.5
30	86	91.8	92.8	93.2	93.6	95.0	96.5	96.4	96.4	95.7	95.0
25	77	91.0	92.1	92.9	93.6	94.5	95.9	96.3	96.7	96.2	95.6
20	68	90.3	91.3	92.1	92.8	93.8	95.1	95.5	95.9	95.9	95.9
15	59	89.5	90.5	91.3	92.0	93.0	94.3	94.7	95.1	95.3	95.3
10 5 0	50 41	88.7 87.9	89.7 88.9	90.5 89.7	91.2 90.4	92.1 91.3	93.4 92.6	93.9 93.0	94.3 93.4	94.4 93.6	94.6 93.7
0	32	87.1	88.1	88.9	89.6	90.5	91.8	92.2	92.6	92.7	92.9
−10	14	85.5	86.5	87.2	87.9	88.8	90.1	90.5	90.9	91.0	91.2
−20	−4	83.9	84.8	85.6	86.2	87.1	88.3	88.7	89.1	89.2	89.4
−30	−22	82.2	83.1	83.9	84.5	85.4	86.6	87.0	87.4	87.5	87.6
−40	−40	80.5	81.4	82.1	82.7	83.6	84.4	85.1	85.5	85.7	85.8
−50	−58	78.8	79.6	80.3	81.0	81.8	82.9	83.3	83.7	83.8	84.0

起飞 N_1 得出后，起飞时飞行员前推油门将发动机 N_1 转速设置到此值，PMC 接通工作。在飞机起飞过程中，发动机燃油控制器将自动保持设定的 N_1 转速不变。

例如，当飞机在海平面机场起飞，若外界大气温度为 0℃时，经查发动机性能图表，此时发动机起飞 N_1 为 88.1%；若外界大气温度为 15℃时，发动机起飞 N_1 为 90.5%。

从表 4-3 可知，CFM56-3 发动机在机场标高为 0～5000ft 范围时，拐点温度为 30℃。随着机场标高的升高，大气压力降低，为了保持发动机的起飞推力不变，发动机的起飞 N_1 将增加，相应的 N_2 和 EGT 也将随之增加。可见在同样的外界大气温度下，机场标高越高，发动机所需的起飞 N_1 越大。当机场标高在 5000ft 以上时，拐点温度将降低。

例如，B737-300 飞机起飞时在场温相同情况下，在北京和昆明起飞时，发动机的 N_1 和 EGT 实测值，如表 4-4 所示。

表 4-4   不同场压下发动机起飞 N_1 和 EGT 的比较

起飞机场	场压/mmHg	场温/℃	N_1/%		EGT/℃	
			左发	右发	左发	右发
昆明	603	14	94.2	95.2	897	906
北京	761	14	89.3	89.2	802	789

由此可见，由于昆明机场场压比北京机场低 20% 左右，在场温相同的情况下，为确保发动机起飞推力，在昆明起飞时，N_1 要比在北京起飞时高 5%～7%，EGT 高 95～120℃，

所以执飞高原机场的发动机起飞 *EGT* 温度高且容易出现超温，因而寿命消耗更快，在发动机使用和维护管理中应合理安排与处置。

4.3.6　齿轮传动风扇（GTF）发动机

增加涵道比可提高推进效率。增加风扇直径可以提高涵道比，但风扇的转速必须降低，以限制风扇叶尖速度，从而使气流损失和风扇噪声最小。

双转子高涵道比涡扇发动机随着涵道比的增大，风扇直径越来越大，受风扇叶片叶尖切线速度的限制，风扇转子只能工作于相对较低的转速下。由于风扇由低压涡轮直接驱动，这就使得同轴的低压压气机（也称为增压压气机）和低压涡轮的转速会大大低于它们的最佳工作转速。为满足涡轮功率与增压压气机增压比的设计要求，只得增加低压压气机及低压涡轮的级数，必然增加发动机的重量。目前双转子高涵道比涡扇发动机设计时，低压转子转速通常选为风扇和低压涡轮最佳工作转速之间的一个折中转速，这就使得风扇和低压涡轮都不能在最佳工作转速下工作。

为解决这一矛盾，PW 公司设计了齿轮传动风扇发动机，即在低压压气机和风扇之间加入一个减速器，如图 4-27 所示。这可以使风扇、低压涡轮和增压压气机都可在各自的最佳转速下工作，从而优化发动机性能。

GTF 发动机采用了较低的风扇叶尖切线速度，$u = 324\text{m/s}$，低于目前使用中的涡扇发动机（如 PW4084 发动机，$u = 413.3\text{m/s}$；TRENT800 发动机，$u = 478.4\text{m/s}$；GE9O 发动机，$u = 376.3\text{m/s}$），有利于减小噪声。但在叶尖处对空气的做功不利，为此 PW 公司采用先进的计算流体动力学，对叶尖进行了处理，使其具有较先进的性能。

图 4-27　GTF 发动机及其齿轮减速器

GTF 发动机的涵道比达到了 10~12，为 CFM56 与 V2500 发动机的两倍左右，油耗比目前涡扇发动机降低了 12%。

在这种结构中，低压涡轮和风扇轴之间的齿轮传动系统采用柔性连接。驱动风扇的减速器由下列主要构件组成：一个由发动机低压涡轮驱动的中心齿轮，5 个星型齿轮，一个与风扇连接的外环齿轮。

非齿轮传动涡扇发动机有 22~24 片风扇叶片，而 GTF 发动机只有 18 片后掠式风扇叶片，风扇系统的质量减轻了。一般的发动机具有 3500 片低压压气机和低压涡轮叶片，而 GTF 发动机仅有约 2000 片，可与增加的减速器的质量相抵消；与相应的非齿轮传动发动机相比，GTF 发动机的维护成本预计可省 40%。

4.4　涡轮螺旋桨发动机

涡轮喷气发动机是通过使相对少量的空气获得大的加速来产生飞机推进力，而涡轮螺旋桨发动机（简称涡桨发动机）是对相对大量的空气施加较少的加速来产生飞机推进力，因此涡桨发动机在中、低飞行速度下的经济性优于其他类型的燃气涡轮发动机。涡桨发动机广泛用于中、低速的运输机等。

4.4.1　涡桨发动机的特点

4.4.1.1　涡桨发动机的结构特点

典型的涡桨发动机的主要部件有：螺旋桨、减速器、进气装置、燃气发生器、动力（自由）涡轮和排气装置，如图 4-28 所示。

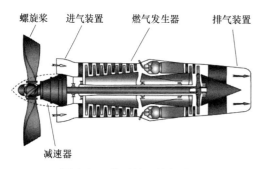

螺旋桨　进气装置　燃气发生器　排气装置

减速器

图 4-28　典型的涡桨发动机

进气装置的作用是确保空气顺利进入发动机。有的发动机进气装置中还安装有防尘、防冰装置。

减速器位于螺旋桨与发动机的功率输出轴之间，作用是使发动机功率输出轴的转速降低后驱动螺旋桨，以满足螺旋桨工作转速要求，保证螺旋桨有较高的效率。

燃气发生器，包括压气机、燃烧室、高压涡轮部件，作用是产生一定流量的、高温、高压的燃气。

动力涡轮将燃气绝大部分的可用能量转换为机械功输出，以驱动螺旋桨。

排气装置的功用是使燃气顺利排出发动机，同时也产生少量推力。有的发动机排气装置中还装有消音器和热交换器，以提高热能利用率。

根据发动机转子的数量，涡桨发动机可分为单轴式和双轴式涡桨发动机，如图 4-29 所示。单轴式涡桨发动机的螺旋桨与发动机共为一个轴，这种结构较为简单，燃气发生器与螺旋桨工作的协调性不好，整体性能较差，常用在早期的涡桨发动机上，如 WJ5AI 发动机。双轴式涡桨发动机又可分为自由涡轮式和非自由涡轮式。自由涡轮式涡桨发动机的高压涡轮用来带动压气机，也叫燃气发生器涡轮；低压涡轮通过减速器带动螺旋桨，所以也叫动力涡轮或自由涡轮。非自由涡轮式涡桨发动机的低压涡轮除带动低压压气机外，还经减速器带动螺旋桨。双轴式涡桨发动机除具有双转子发动机通用的优点外，还可减轻减速器负荷，这是由于低压涡轮转速较低，减速比减小的缘故；同时自由涡轮式涡桨发动机便于调节，便于启动。目前民航机上的涡桨发动机多为自由涡轮式。有些大功率的涡桨发动机如 PW127J，其压气机设计有较高的增压比，燃气发生器采用双转子结构，如图 4-30 所示。

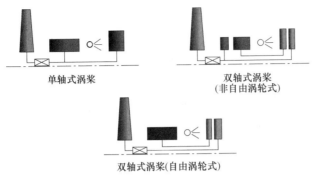

单轴式涡桨

双轴式涡桨
(非自由涡轮式)

双轴式涡桨(自由涡轮式)

图 4-29 涡桨发动机结构类型

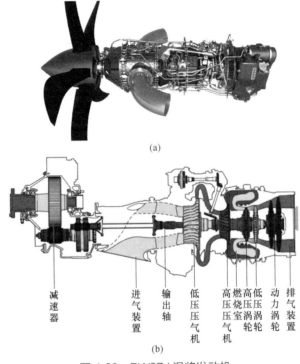

(a)

减速器　进气装置　输出轴　低压压气机　高压压气机　燃烧室　高压涡轮　低压涡轮　动力涡轮　排气装置

(b)

图 4-30 PW27J 涡桨发动机

(a) 发动机外形 (b) 发动机剖面图

PT6 涡桨发动机结构形式是空气和燃气的流动方向是从后向前的。这样的结构在设计上不需要动力涡轮轴从燃气发生器轴中穿过，使得结构实现容易。发动机有两个独立对转的轴流式涡轮。一个涡轮驱动压气机；一个通过减速器驱动螺旋桨，可产生 600～1000 轴马力。其燃气发生器包括：3 级轴流式压气机和 1 级离心式压气机、回流环形燃烧室和一个单级轴流式涡轮，如图 4-31 所示。

涡桨发动机工作系统除具有与一般燃气涡轮发动机类似的系统外，还有螺旋桨转速调节系统，以及螺旋桨顺桨、回桨和负拉力控制装置。早期的涡桨发动机的螺旋桨调速器是液压机械式的，目前多为数字电子控制器。

涡桨和涡扇的一个主要差别是：流过涡扇发动机风扇的气流，由设计成扩张形的进气

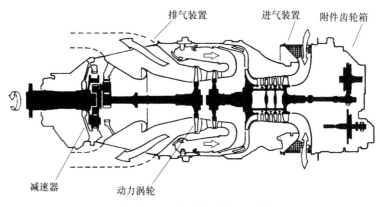

图 4-31　PT6 涡桨发动机结构

道所控制，流过风扇的气体流速基本不受飞机空速的影响，这就消除了类似螺旋桨在高飞行速度下风扇叶片工作效率的损失，因而高飞行速度能力是涡桨发动机螺旋桨的使用限制。对同参数的涡扇和涡桨而言，通过风扇的总空气流量比通过涡桨螺旋桨的要少。

4.4.1.2　涡桨发动机的工作特点

涡桨发动机工作时，螺旋桨后的部分空气从进气装置进入发动机，在压气机中被压缩，空气压力和温度提高；在燃烧室中燃油与空气混合燃烧，形成高温、高压燃气；然后燃气在涡轮中膨胀，涡轮将大部分可用的燃气能量转换成机械功，用来带动压气机和螺旋桨，通过螺旋桨产生推进力；最后燃气从排气装置中排出，而产生少量推力。

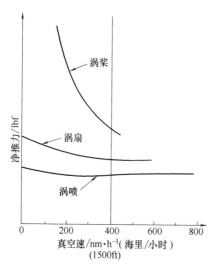

图 4-32　中低速飞行时发动机推力的比较

相比于同参数条件下的涡喷和涡扇发动机，涡桨发动机在直到中高亚声速飞行速度范围内，其产生的推力（拉力）相对较大，且其推力（拉力）随空速增加而快速减小，如图 4-32 所示。在中低速飞行速度范围，涡桨发动机的推进效率较涡喷、涡扇发动机的高，如图 4-2 所示，因此涡桨发动机的燃油消耗率更低。

涡桨发动机的特点总结归纳如下：

（1）发动机推进力主要来自螺旋桨拉力

为充分发挥螺旋桨在中、低速飞行时推进效率高的优点，涡桨发动机将绝大部分（约90%）的可用燃气热能转变成涡轮机械功用以带动螺旋桨，只有少量的（约10%）可用能量在喷管内增加气体动能而产生喷气推力。因此涡桨发动机喷气速度大大降低了，提高了发动机推进效率。

（2）起飞推进力大，飞机起飞性能好

当发动机传递给螺旋桨的功率一定时，随着飞行速度的降低，螺旋桨拉力增大。由于发动机推进力主要来自螺旋桨，所以飞机起飞时涡桨发动机的推进力大。这可有效缩短起飞滑跑距离，改善飞机的起飞性能。

（3）改善飞机着陆和中止起飞性能

当减小螺旋桨桨叶角到桨叶迎角为负时，螺旋桨将产生负拉力。所以当飞机着陆（或中止起飞）时，螺旋桨可为飞机提供负拉力，使飞机快速减速，从而有效缩短飞机滑跑距离，改善飞机着陆和中止起飞性能。

（4）发动机中、低速经济性好

当飞机中、低速飞行时，由于螺旋桨的工作效率高；所以涡桨发动机总的推进效率高，经济性好。

当飞行速度过高时，螺旋桨将产生较大的激波阻力，而导致螺旋桨效率急剧下降，发动机性能迅速变差，所以涡桨发动机只适宜做中、低速飞行飞机的动力装置。

（5）发动机功率的输出受到减速器的限制

涡桨发动机工作时，由于发动机绝大部分的推进力是由动力涡轮经减速器传递给螺旋桨，减速器的减速比可高达 1∶15，减速器齿轮承受巨大的扭矩，负荷较重，所以涡桨发动机的功率输出受到减速器重量和尺寸的限制。目前涡桨发动机减速器的质量已相当于压气机和涡轮的总和，减速器的寿命直接影响发动机的工作寿命。所以，在使用中，应特别防止发动机超负荷使用（尤其在冬季飞行时）。

由于螺旋桨的噪声较大，对飞机的舒适性具有一定影响。

4.4.2　涡桨发动机的主要性能参数

涡桨发动机的性能参数较多，这里只介绍两个重要的参数：当量轴功率和当量燃油消耗率。

4.4.2.1　当量轴功率 N_{eq}

在介绍当量轴功率前，先介绍以下几个基本概念。

（1）涡桨发动机的有效功率 N_e

涡桨发动机有效功率 N_e 是指发动机功率输出轴上的功率。

（2）螺旋桨的轴功率 N_s

螺旋桨轴功率 N_s 是经减速器后传递给螺旋桨的功率，有关系式：

$$N_s = N_e \cdot \eta_m$$

式中：η_m——减速器的机械效率，一般为 0.97~0.98。

涡桨发动机螺旋桨的轴功率可以通过下面的公式来计算：

$$N_s = KMn_p \tag{4-7}$$

式中：M——减速器传递的扭矩；

　　　n_p——螺旋桨转速；

　　　K——与发动机结构相关的常数。

所以，当螺旋桨轴功率一定时，螺旋桨转速越低，减速器传递的扭矩越高，因此必须对发动机扭矩进行限制，以保护减速器。飞行中不允许超过扭矩限制值。如 PT6A-61 发动机，发动机最大扭矩限制在 2230lb·ft 以下。

（3）螺旋桨的推进功率 N_{pB}

它是指螺旋桨的拉力在单位时间对飞机所做的功，即

$$N_p = pV_0$$

式中：p——螺旋桨拉力；

V_0——飞行速度。

（4）螺旋桨效率 η_p

它是指螺旋桨推进功率与螺旋桨轴功率之比，即：

$$\eta_p = \frac{N_p}{N_s}$$

螺旋桨在将轴功率转换为推进功率的过程中，存在一定的损失。这些损失有：桨叶的摩擦损失、激波损失（在一定条件下存在）和离速损失，所以发动机提供给螺旋桨的轴功率并不能全部用来产生推进功率。在飞行中，这些损失的大小主要随桨叶迎角的变化而变化。

由于涡桨发动机的推进力来自螺旋桨拉力和少量的喷气推力，为了全面描述涡桨发动机输出的功率，假设喷气的推进功率是由螺旋桨产生的，将其折合为螺旋桨的轴功率，此折合轴功率与螺旋桨轴功率之和就定义为当量轴功率（简称当量功率），即：

$$N_{eq} = N_s + \frac{FV_0}{\eta_p}$$

式中：η_p——螺旋桨效率；

F——喷气推力。

当发动机在地面工作时，飞行速度为零，发动机推进功率为零，所以此时无法利用上式来计算发动机当量轴功率大小。由实验得知：发动机在地面工作时，螺旋桨产生 1kgf 的拉力，螺旋桨需要 0.83~0.91hp 的轴功率，利用此换算系数，就可以得出飞行速度为零时发动机的当量功率为：

$$N_{eq0} = N_{s0} + kF_0$$

式中：N_{eq0}——飞行速度为零时的当量功率；

N_{s0}——飞行速度为零时螺旋桨轴功率；

F_0——飞行速度为零时的喷气推力；

k——折合系数，与螺旋桨型别有关，取值 0.83~0.91。

4.4.2.2　当量燃油消耗率 SFC_{eq}

发动机每产生单位当量轴功率，在 1h 内所消耗的燃油量，称当量燃油消耗率。它在一定条件下描述了涡桨发动机的经济性。

目前涡桨发动机起飞当量燃油消耗率为：0.20~0.28kg/hp[*]·h，已接近航空活塞发动机的经济性。

---

[*] hp——是英制功率单位马力，也称匹，1hp=745.7W。

4.4.3 涡桨发动机控制

4.4.3.1 螺旋桨发动机控制基本概念

自由涡轮式涡桨发动机在结构上燃气发生器与输出功率的自由涡轮没有机械联系。工作时燃气发生器和螺旋桨有各自不同的转速，以使燃气发生器工作最佳和螺旋桨效率最高。发动机输出功率的大小取决于燃气发生器的工作状态。螺旋桨的效率取决于螺旋桨的桨叶迎角。当飞行速度或发动机功率变化时，需要改变螺旋桨的桨叶角，以使螺旋桨在最佳的桨叶迎角下工作，因此涡桨发动机的控制系统包括燃气发生器控制器和螺旋桨控制器（也称为螺旋桨调速器）。

燃气发生器控制器（也称燃油控制器）接受功率杆信号，并感受发动机工作状态和飞行条件，控制进入燃烧室的燃油流量使得发动机产生飞行员要求的功率输出，有的机型还包含压气机防喘控制，同时保证发动机安全工作（即不超温、不超转、不超扭、不熄火……）。

现代涡桨发动机的螺旋桨采用恒速螺旋桨设计。保持螺旋桨恒速是由螺旋桨调速器实现的。它感受变距杆的位置和螺旋桨（或自由涡轮转速），通过改变螺旋桨的桨叶角，即变距，来改变螺旋桨的负荷（即螺旋桨旋转阻力力矩），从而使螺旋桨转速恒定在要求值。

控制器实现方式，早期为液压机械式，燃气发生器控制器和螺旋桨控制器相互独立的；现代为数字电子式，由电子控制器完成控制计算和管理，液压执行结构相应电子控制器的指令。

螺旋桨的负拉力（反桨）控制。正常飞行中，螺旋桨产生使飞机前进的拉力，即螺旋桨处在正拉力状态。当减小螺旋桨的桨叶角，桨叶迎角为负时，螺旋桨产生负拉力，这称为螺旋桨反桨。

飞行时负拉力会危及飞行安全。由于在一定飞行条件下，螺旋桨会出现负桨叶迎角，而产生负拉力，所以变距螺旋桨都有空中小距限制功能，通过限制最小桨叶角，以避免空中出现负拉力。如：WJ5AI 发动机，空中最小桨叶角为 20°；PT6A-61 发动机，空中最小桨叶角为 21°。同时，为了防止空中产生负拉力，还应防止空中油门过小。当飞机着陆时，为缩短飞机的着陆滑跑距离，在油门收到慢车的同时，应立即解除螺旋桨小距限制，使螺旋桨桨叶角能够产生负拉力。

螺旋桨的顺桨和回桨。对装备多发的飞机，在空中当出现一台发动机停车时，应迅速对停车的发动机实施顺桨，即将螺旋桨桨叶角变到最大桨叶角位置，如 WJ5AI 发动机为92.5°；PT6A-61 发动机为 87°，从而使螺旋桨的飞行阻力最小，以确保飞机的操纵性及飞行安全。将螺旋桨变大距到最大桨叶角位置称为顺桨。

停车的发动机要实施启动，应使之退出顺桨位置，以减小螺旋桨的旋转阻力。对已顺桨的发动机螺旋桨变回到小距位称为回桨。

4.4.3.2 涡桨发动机控制系统

涡桨发动机的控制是基本相似的。下面以 PT6 系列涡桨发动机的操纵与控制说明涡桨发动机的控制系统。PT6 发动机和螺旋桨控制系统，如图 4-33 所示。

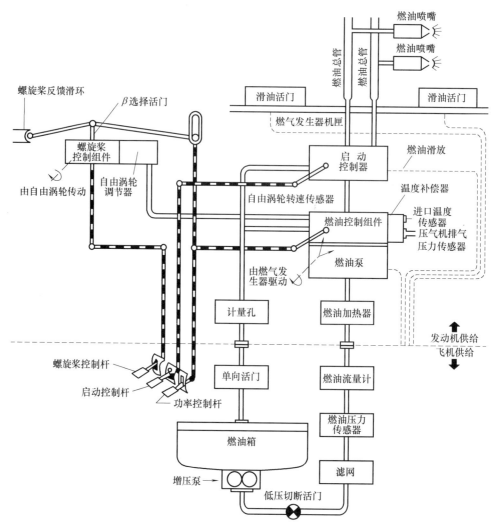

图 4-33　PT6 发动机和螺旋桨控制系统

　　PT6 发动机控制系统由燃油控制组件和螺旋桨控制组件组成。燃油控制组件是液压气动系统，功能上可划分成气动计算部分和液压计量部分。燃油控制系统中还包含有最大转速限制器、排气温度限制器以及扭矩限制器，以保证发动机的安全。

　　发动机的操纵。在驾驶舱内有功率杆（也称油门杆）、螺旋桨控制杆（也称变距杆）和启动控制杆。功率杆用来设定燃气发生器的工作状态，可以在最大起飞功率至反桨功率之间设置发动机的功率输出；螺旋桨控制杆用来设定螺旋桨的工作转速；启动杆用于发动机启动、停车和选择发动机高/低慢车转速。

　　当功率控制杆处于 α 控制范围，燃气发生器和螺旋桨分别由燃油控制组件和螺旋桨控制组件控制。燃油控制组件接受功率控制杆位置信号，并感受压气机出口压力、燃气发生器转速和压气机进口温度等参数，调节进入燃烧室的燃油流量，保持燃气发生器为给定状态；螺旋桨控制组件作为恒速调节装置，感受螺旋桨控制杆的位置和螺旋桨转速，通过改变桨叶角，以使螺旋桨的旋转阻力力矩与发动机动力涡轮的驱动力矩相匹配（详见第 13 章螺旋桨），从而保持螺旋桨（即动力涡轮）转速不变。

当低速飞行而后收功率杆或飞机在地面时，功率杆进入 β 控制范围，则功率控制杆和螺旋桨控制组件互连。此时功率杆控制发动机功率输出，同时控制螺旋桨桨叶角。当功率控制杆放在负拉力位时也是如此。在 β 范围和反推方式，燃气发生器转速按照预定计划随螺旋桨桨叶角的减小而增加。

当螺旋桨超转、燃气发生器超转、EGT 超温或扭矩超限时，限制器指令燃油控制组件减少燃烧室供油量，使发动机从超限状态退出，以保证发动机的安全。

4.5　涡轮轴发动机

早期的直升机装备的是航空活塞动力装置。燃气涡轮发动机问世以后，由于燃气涡轮发动机的涡轮具有强大的功率输出，20 世纪 50 年代成功研制出了用于直升机的涡轮轴发动机（简称涡轴发动机）。涡轴发动机相对于其他类型的燃气涡轮发动机，在低速飞行时有更好的经济性好；由于输出功率大且功重比大，目前大中型直升机都采用涡轴发动机作为动力装置，仅有小型的直升机仍采用活塞动力装置。

涡轴发动机已经演变为热机，喷气不再产生推进力，因此它还用作为舰船、机车、坦克等的动力装置，以及地面发电设备。

发动机在直升机上的安装。通常发动机安装在飞机主减速器（MGB，Main Gearbox）后面，如图 4-34 所示。发动机通过自由轮（free wheel）驱动主减速器。

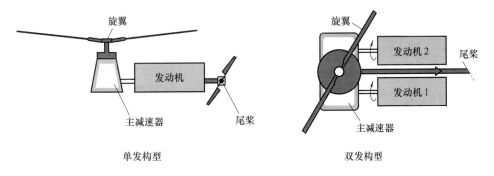

图 4-34　涡轴发动机在飞机上的安装

4.5.1　涡轴发动机的结构

目前使用中的涡轴发动机采用的结构是自由涡轮式，即输出功率的涡轮（即动力涡轮）与燃气发生器没有机械联系，它们之间只有气动联系，因此动力涡轮也称为自由涡轮，相应地把发动机称为自由涡轮式涡轴发动机。

飞行中，控制器保持旋翼转速（即自由涡轮转速）不变，通过改变燃气发生器的工作状态来控制发动机的输出功率大小。

　　组成涡轴发动机的主要部件有：进气装置、燃气发生器、动力涡轮、排气装置和减速器，如图 4-35 和图 4-36 所示。涡轴发动机还有各种系统保证发动机的正常工作。它们是：燃油及控制系统、滑油系统、空气系统、测量与指示系统、启动与点火系统、电气系统等。

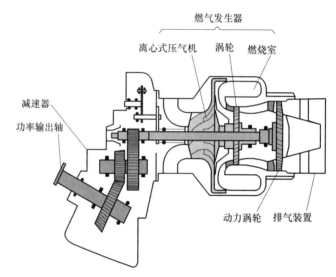

图 4-35　涡轴发动机结构示意图 1

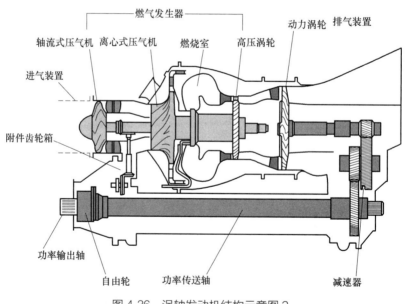

图 4-36　涡轴发动机结构示意图 2

　　进气装置的作用是确保将清洁的空气顺利引入发动机，进气装置中设有防尘、防冰装置。

　　燃气发生器是涡轴发动机的核心部件，其功用是产生高温、高压的燃气，并使燃气在燃气发生器涡轮（也称高压涡轮）中膨胀，将一部分可用的燃气热能转换为机械功，用于带动压气机及飞机和发动机附件；此外向动力涡轮提供能量。因此燃气发生器决定了发动机功率输出的大小。燃气发生器的主要部件有：压气机、燃烧室和高压涡轮。由于离心式压气机具有单级增压比高的特点，因此涡轴发动机设计中，对总增压比要求不高的压气机多采用单级离心式压气机（图 4-35），而对增压比要求更高的压气机，在设计中会采用轴流–离心混合式压气机结构（图 4-36）。燃烧室常用的结构有环形折流式以及环形回流式等。主供油喷嘴有甩油盘和蒸发管式。

动力涡轮的功用是使燃气在涡轮中进一步膨胀，将来自燃气发生器的燃气的几乎全部可用热能转换成机械功，用于带动旋翼、尾桨和飞机附件。

减速器的功用是以较低的发动机输出轴转速输出功率，以满足飞机的要求。为了使涡轴发动机有输出较大功率，动力涡轮的设计转速通常很高，可达近 40000r/min，而直升机的旋翼转速很低（一般最高只有 400r/min 左右），所以需经多级减速才能满足旋翼的工作要求，如艾利森 250-C20B 涡轴发动机总的减速比高达 1∶84.5。通常分为发动机减速器（也称为机内减速器）和主减速器（简称主减）。其中，发动机减速器是发动机内的一个部件；主减作为直升机的一个部件，它将发动机与旋翼连接起来。因此结构上动力涡轮（自由涡轮）经减速器与主减相连。

排气装置是使膨胀后的燃气顺利地排出发动机。为了将燃气顺利地排出发动机，排气装置设计为扩张型通道。排气仅产生很小的残余推力。有的发动机排气装置中还装有热交换器和消音器，以提高热利用率和降低排气噪声。

4.5.2　涡轴发动机的工作

涡轴发动机工作时，外界的空气从进气装置进入发动机；在压气机中受到压缩，空气的压力提高，同时温度升高；然后在燃烧室中与燃油混合、燃烧，形成高温、高压的燃气；燃气在燃气发生器涡轮和动力涡轮中膨胀，将几乎全部的可用燃气热能转换成机械功。燃气发生器涡轮带动压气机和发动机附件，而动力涡轮输出机械功给飞机。为了提高发动机的热效率，设计上燃气在涡轮中已充分膨胀，涡轮出口燃气静压较低。燃气在排气管中减速扩压，使燃气在排气装置出口处静压等于外界大气压力，燃气排出发动机的速度较低，它几乎不产生推力。发动机工作时气流参数的变化，如图 4-37 所示。

4.5.3　涡轴发动机的特点

4.5.3.1　发动机通过涡轮将几乎所有燃气可用能量转换为机械功

燃气在涡轴发动机涡轮中充分膨胀，将几乎全部的可用能量通过涡轮转换为机械功，发动机排气几乎不产生推力，所以涡轴发动机已演变成热机。

4.5.3.2　发动机经济性好

由于发动机的排气速度较低，离速损失小，所以推进效率高，经济性好。目前涡轴发动机的经济性已与航空活塞发动机相当。

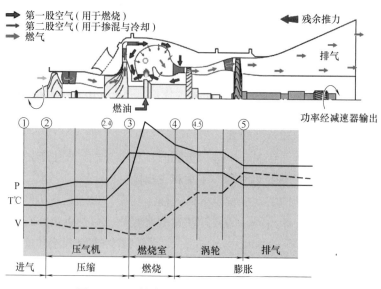

图 4-37　涡轴发动机工作时气流参数的变化

4.5.3.3　发动机的工作环境较为恶劣

直升机一般执行低空、短程飞行任务。一方面是当直升机在起飞、爬高和悬停时，发动机经常处在大功率状态，且状态多变，使发动机热循环次数增加，机件寿命消耗快；另一方面是直升机飞行高度较低，发动机容易受到外来物（如：鸟类、雨水和砂石等）的侵袭，以及气象条件多变（如雷雨、冰雹等）的影响。

为了确保涡轴发动机工作的可靠性，涡轴发动机对机件的设计寿命有更高要求，另外要求压气机有较强的抗外来物和抗侵蚀能力。

4.5.3.4　应用广泛

由于涡轴发动机已演变成了热机，因此动力涡轮轴输出的功率可以用来驱动其他载运工具或地面装置，如作为舰船、坦克、机车的动力装置，发电、石油及天然气输送设备等。

涡轴发动机相对于活塞发动机而言也存在一些缺点：如制造成本较高；小功率发动机经济性不好等。

4.5.4　涡轴发动机的燃油及控制系统

4.5.4.1　燃油与控制系统概述

与其他类型的燃气涡轮发动机一样，涡轴发动机燃油与控制系统经历了从早期的液压机械控制器到目前的全权限数字电子控制（FADEC，Full Authority Digital Electronic Control）的发展过程，技术在不断地进步。FADEC 实现的功能越来越多，控制的精度也越来越高，使得发动机的性能得到了充分发挥，同时控制系统的可靠性也不断提高。图 4-38 给出了一种带电子自动备份的全权限数字电子控制系统的组成示意图。系统由电子控制器（ECU，Electronic Control Unit）、传感器、自动备份装置、油箱（含启动油泵）、泵和计量装置组件（也称为液压机械装置 HMU，Hydro-Mechanical Unit）、燃油活门组件以及燃油喷油系统所组成。

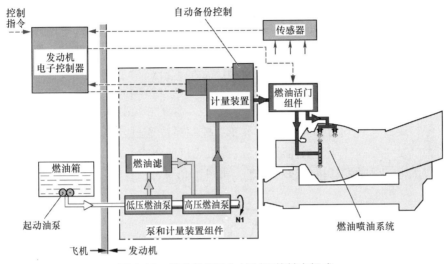

图 4-38　发动机燃油与控制系统基本组成

电子控制器设计目前采用双通道结构，大大地提高了控制器的可靠性。电子控制器包含输入、计算、输出、存储等模块。电子控制器接受控制指令（即飞行员指令）和传感器信号。控制器实现的功能有：发动机的启动/停车控制、稳态控制、加/减速控制、安全保护、发动机状态监视与故障诊断，并提供维护信息等。

泵和计量装置组件包含低压油泵、油滤、燃/滑油热交换器、高压油泵和计量装置。计量装置响应电子控制器的指令，改变计量活门的开度，向发动机提供适量的燃油。

燃油活门组件实现启动喷嘴和主供油之间的燃油分配。保证发动机启动供油和正常工作供油。

传感器向电子控制器提供测量参数信号。

自动备份装置是一模拟电子装置，它独立于电子控制器（EEC）。当 FADEC 失效时，电子控制器将计量活门"冻结"在故障前位置，并启动自动备份装置。自动备份装置感受旋翼转速（即动力涡轮转速）来改变供油量，以保持旋翼转速不变，实现对发动机的控制。

备份控制模式下，发动机没有自动保护，以及发动机状态监视与故障诊断功能，飞行员应监视发动机的工作，避免发动机超转、超扭和超温。

4.5.4.2　发动机的操纵

直升机驾驶舱中对发动机操纵与运输机的有所不同，例如 AS350 B3e 直升机，它有总距杆、飞行/慢车状态选择转动环（位于总距杆上）、启动/停车选择开关。

总距杆给出发动机的功率要求；飞行/慢车状态选择转动环进行发动机飞行状态和慢车状态间转换；启动/停车选择开关实施发动机启动或停车。发动机的操纵杆/开关，如图4-39所示。

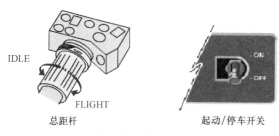

IDLE

FLIGHT

总距杆　　　　　　　　　　起动/停车开关

图4-39　涡轴发动机的操纵

4.5.4.3　控制的基本原则

直升机对发动机的基本要求：在所有工作状况下保持旋翼的转速 N_R 不变，并对发动机提供安全保护，如最大扭矩限制，最大/最小燃气发生器转速限制，涡轮前温度 TET 限制，多发构型的发动机还有动力涡轮超转保护和负载匹配等。

为了保持旋翼（即动力涡轮）转速不变，控制系统通过控制供入燃烧室的燃油的流量来控制燃气发生器的转速，从而使发动机提供飞机所要求的功率，同时使发动机工作在安全限制范围内。涡轴发动机的控制原理，如图4-40所示。

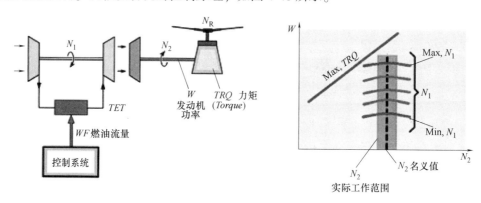

图4-40　涡轴发动机的控制原理

（1）旋翼恒速的保持

控制系统工作原理框图，如图4-41所示。系统包含有：N_2 转速控制器、N_1 预置器、N_1 转速控制器、N_1 限制器、燃油流量 WF 限制器、计量活门、对多发飞机系统还设有功率匹配。

N_2 控制器接受要求的 N_2^* 值和实际的 N_2 转速值（即旋翼转速 N_R），并将实际的 N_2 与要求的 N_2^* 进行比较。当实际 N_2 转速与要求的 N_2^* 转速不一致时，N_2 控制器输出要求的 N_1^* 值，即发出改变发动机功率的指令。例如，飞行过程中，当上提总距杆时，旋翼的总距将增大。由于燃气发生器工作状态没有改变，此时发动机的输出功率小于旋翼要求的功率，旋翼的转速 N_R（即 N_2）会下降，即 N_2 小于 N_2^*，N_2 控制器将给出一个要求的、比原来更大的 N_1^* 值，发动机输出功率增大，旋翼转速回升。当发动机输出功率与飞机要求的功率相等时，旋翼的转速恢复到既定值，即保持不变。若总距杆下放，过程则完全相反。

N_1^* 限制器判断要求的 N_1^* 是否在安全限制范围内，即保证 N_1^* 在规定的最大和最小值之间。N_1 控制器将实际的 N_1 与要求的 N_1^* 进行比较，计算要求的燃油流量值 WF^*。例如，前例上提总距杆后，实际的 N_1 就小于要求的 N_1^*，N_1 控制器将给出更大的燃油流量要求 WF^*。反之减少燃油流量。

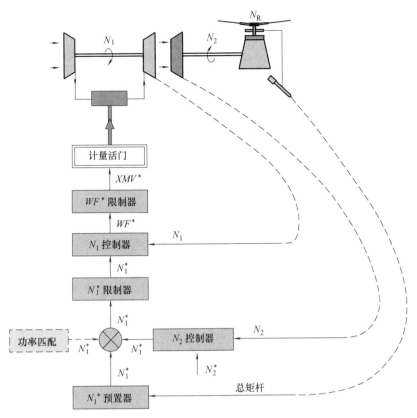

图 4-41　控制系统工作原理图

WF^* 限制器保证要求的燃油流量 WF^* 在规定的范围内，以确保发动机的安全。然后控制器根据要求的 WF^* 确定计量活门位置，改变向燃烧室供油。

N_1 预置器感受总距杆的位置，当移动总距杆时，快速地给出一个粗略的 N_1^* 要求值，以缩短系统调节的过渡过程时间，以确保发动机功率的快速反应，避免旋翼转速的波动。

（2）功率匹配/负载分配

对于多发飞机，如果每台发动机的功率输出不等，这对输出功率大的发动机的强度与寿命消耗是不利的，为此希望每台发动机的输出功率相同，这就是所谓的功率匹配。功率匹配的原理：由发动机控制系统比较多台发动机功率输出，当它们输出功率不一致时，通过增大功率输出小的发动机的 N_1^* 要求值，即增加其功率输出，最后使每台发动机的功率输出相同，这也称为匹配最大原理。在功率匹配过程中，若总功率不变，那么原来输出功率大的发动机的燃气发生器转速将略有降低。

（3）发动机的安全保护装置

控制系统还提供发动机安全保护，如：超温保护、超扭保护和超转保护等功能。一旦发动机临近或出现超限，控制系统发出减少供油量指令，以防止发动机超限或从超限状态退出。

对于多发直升机，发动机控制系统还设有自由涡轮（动力涡轮）超转保护器，防止由于自由涡轮轴断裂而导致自由涡轮超转。一旦出现自由涡轮转速超过规定值，控制系统将使该发动机自动停车。

第 5 章

轴承、封严和附件传动

转子支承结构是发动机总体结构设计的重要内容，本章主要分析发动机的转子支承结构，包括轴承和封严。本章最后介绍发动机的附件传动。

5.1　转子联轴器

转子联轴器将压气机转子和涡轮转子连接形成发动机转子。联轴器分为：刚性联轴器和柔性联轴器两大类。允许涡轮转子轴线相对压气机转子轴线有一定的偏斜角，即两个转子间可以有相对的偏斜，这种联轴器称为"柔性联轴器"。将涡轮转子和压气机转子刚性地联成一体，这种联轴器称为"刚性联轴器"。刚性联轴器在制造上要求涡轮转子轴线与压气机转子轴线严格一致。

压气机转子和涡轮转子之间传递的负荷有扭矩、轴向力和径向力。联轴器传递的负荷取决于转子支承方案。

5.1.1　刚性联轴器

刚性联轴器将涡轮轴和压气机轴刚性地联成一体，它能够传递扭矩、轴向力和径向力。对压气机和涡轮两个转子轴的同心度要求十分严格，严格地说不允许涡轮转子轴线和压气机轴线有任何的偏斜，因此加工要求较高。刚性联轴器有套齿式和端齿式和短螺栓连接式等形式。

5.1.1.1　圆柱面定心，短螺栓连接

在 RB211、CFM56 等发动机的高压转子上，压气机后轴与涡轮轴间，采用了圆柱面定心，短螺栓连接的刚性联轴器。图 5-1 所示为 CFM56 系列发动机高压转子的刚性联轴器结构图。压气机后轴与涡轮轴分别与封严盘的前后端面接触，以轴的外圆柱面与封严盘的突缘配合定心，三者之间用短螺栓连接。为便于拆装，螺栓先固定于压气机后轴上，当涡轮转子装上后，

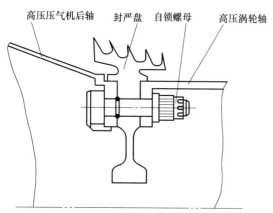

图 5-1　CFM56 发动机高压转子联轴器结构图

用工具穿过涡轮盘中心处将自锁螺母拧紧即可。

5.1.1.2　套齿式联轴器

套齿式刚性联轴器通过套齿传递扭矩，靠圆柱面定心，在压气机后轴内套齿的前端装有定位衬环，用定位衬环的内圆柱面与涡轮轴外套齿前端的外圆柱面紧配合。图 5-2 所示为 PW4000 低压转子联轴器。联轴器由 A、B 两个圆柱面定心，套齿传递力矩，用大螺母将压气机后轴与涡轮轴刚性地连接成一体。大螺母传递轴向力。

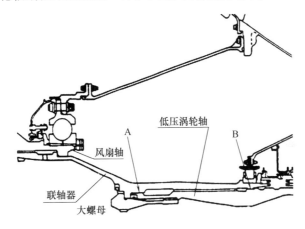

图 5-2　PW4000 发动机低压转子联轴器结构图

5.1.1.3　圆弧端齿联轴器

ARRIEL2、RB199 发动机高压转子采用了端齿联轴器。如图 5-3 所示为 RB199 发动机高压转子联轴器。在压气机后轴的后端面上与涡轮轴前端面上分别铣出带圆弧形的端面齿，用短螺栓将相互啮合的端齿连接起来，成为刚性很好的联轴器。利用圆弧端齿传扭、定心（包括工作定心），螺栓传递轴向力。为便于拆装，在压气机后轴上固定有自锁螺母。装配时，只需将短螺栓从涡轮盘中心处伸入拧紧即可。在 RB211 等发动机上也采用这种圆弧端齿联轴器。

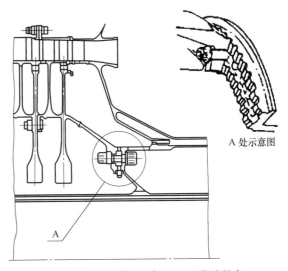

图 5-3　端齿联轴器（RB199 发动机）

5.1.2　柔性联轴器

柔性联轴器在压气机与涡轮转子的轴线不同心时，仍能保证良好的工作。即允许涡轮转子轴线相对于压气机轴线有一定的偏斜角，如图 5-4 所示。该结构加工、装配较容易。

如图 5-5 所示为带球形接头的套齿联轴器。联轴器传递扭矩和轴向力。它采用了两个

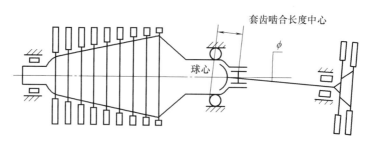

图 5-4　柔性联轴器允许两轴线有一定的偏斜

半径不同的球面，后球面承受涡轮转子向后的轴向力，由于此轴向力较大，所以采用了较大的半径；前球面仅承受涡轮转子在某些过渡状态下短时间向前的较小轴向力，因而采用小半径。前、后两球面的球心在同一点上，且位于传扭矩的传动套齿的中分线上。这种安排能适应两轴间有较大的偏斜角。在两轴不共轴心工作时，球形接头在球面间和传动套齿啮合间均产生相对滑动。

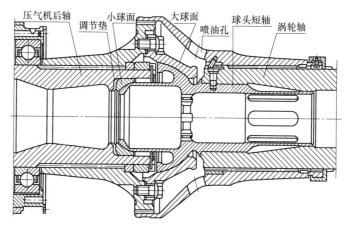

图 5-5　带球形接头的套齿联轴器

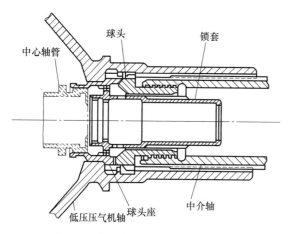

图 5-6　斯贝发动机低压转子联轴器

发动机工作时，涡轮轴的扭矩通过主动套齿前端的内套齿传给装于压气机后轴颈上的从动套齿后端的外套齿；涡轮轴向后的轴向力，通过用螺纹连到涡轮轴轴头的带有球头的短轴，传至用螺钉固定到从动套齿上的球头盖上；向前的轴向力则通过短轴前端的小球面传至置于压气机后轴颈内的球形座上。涡轮轴前端的径向力也是通过短轴上的球面传至压气机后轴颈的。因此，球形接头不仅传递轴向力，而且也是作为涡轮转子的前支点。该联轴器工作条件好，但构造复杂、装拆不便。

如图 5-6 所示为斯贝发动机低压

转子联轴器。斯贝发动机低压转子很长，中间设有一中介轴，其前端与低压压气机的后轴颈相连，后端与低压涡轮轴相连。联轴器除传递扭矩外，还承受转子的径向力和轴向力。低压涡轮轴的扭矩用左螺旋渐开线套齿传至中介轴，再由中介轴经过同样的螺旋套齿传至低压压气机轴。在中介轴前端用梯形螺纹与球头相连接。而球头座用套齿安装在压气机后轴内。

5.2　转子支承与转子支承方案

5.2.1　转子支承

发动机的转子通过支承结构支承于发动机承力构件上，并将转子的各种负荷传递到承力机匣上。支承结构包括轴承、对轴承进行润滑与冷却的滑油供油及回油结构、防止回油漏入气流通道以及防止高温气体漏入轴承腔的封严装置等。

航空发动机中使用轴承将发动机转子和静子部件连接到一起。装于发动机转子上的轴承一般称为发动机主轴承，以与附件传动中采用的轴承相区别。

根据摩擦力的性质，轴承可以分为滑动轴承和滚动轴承，如图 5-7 所示。滑动轴承是在滑动摩擦下工作的轴承，工作平稳、可靠、噪声小，但启动摩擦较大。滑动轴承一般用在低速重载工况下，或维护保养及加注润滑油困难的运转部位。滚动轴承摩擦系数小，轴向尺寸小，需要用的滑油量小，低温下易于启动，且能在短时间内无滑油的条件下工作，因此航空燃气涡轮发动机主轴承使用滚动轴承。

外圈
内圈
滚动体
保持架

滑动轴承　　　　　　　　滚动轴承

图 5-7　轴承的类型

滚动轴承由内圈、外圈、一组滚动体（滚珠或滚棒）和保持架组成。内圈通常装在轴上与轴紧配合，并与轴一起旋转。内圈外表面上有供滚珠或滚棒滚动的沟槽称内沟或内滚道。外圈通常安装在轴承座或机械壳体上，与轴承座孔过渡配合，起支撑滚动体的作用。外圈内表面上也有供滚珠或滚棒滚动的沟槽，称外沟或外滚道。滚动体在内圈和外圈的滚道之间滚动，滚动体的大小和数量决定着轴承的承载能力，保持架把轴承的滚动体均匀地相互隔开，以避免碰撞和摩擦，并使每个滚动体均匀和轮流地承受相等的载荷。有些轴承是外圈旋转，内圈固定起支撑作用。

滚动轴承的分类方法很多。按照滚动体种类的不同，可分为滚珠轴承和滚棒轴承。滚棒轴承又可分为圆柱滚棒轴承、圆锥滚棒轴承和滚针轴承等，如图 5-8 所示。

滚珠轴承　　　　　　　　　　　滚棒轴承

图 5-8　滚动轴承的类型

　　按照承受载荷的方向不同，轴承可分为向心型轴承和推力型轴承两大类。向心轴承只能承受径向载荷，有的向心轴承在承受径向载荷的同时，还能承受不大的轴向载荷，而推力轴承只能用来承受轴向载荷。向心球轴承和推力球轴承的结构，如图 5-9 所示。

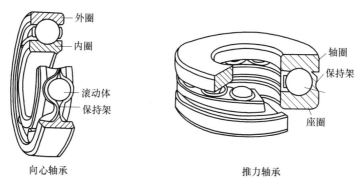

向心轴承　　　　　　　　　　　推力轴承

图 5-9　向心轴承与推力轴承

　　发动机主轴承采用滚棒轴承与止推的滚珠轴承。前者仅承受径向载荷；后者可承受径向载荷与轴向载荷。

　　发动机主轴承工作条件比较恶劣，工作于高速、高温和高负荷，且工作温度和负荷变化大，因此需要进行润滑和冷却。有两种方法供应每个轴承必要的润滑油：直接润滑法和间接润滑法。直接润滑法是通过一个标定喷嘴供应一定温度和压力的滑油。喷嘴的尺寸、供油压力和油温确定供油量。间接润滑是滚道下润滑方法。滑油供入空心转子轴的内壁，由于离心力滑油滞留在壁上，然后滑油通过轴和轴承内滚道上的孔向外流动，在保持架离开轴承。这种方法可比直接润滑带走较多热量。

　　轴承也有应用润滑脂和固体润滑剂润滑的。固体润滑剂用在高温、高速、重载的情况下。

　　润滑、冷却的滑油，不能漏入气流通道中。因为一方面滑油向气流通道的泄漏不仅会加大滑油消耗量，而且也会造成滑油蒸气进入客舱。另一方面，高温气体也不能向轴承腔泄漏，以避免对轴承加温。因此通过设计密封装置将轴承的工作腔与气流通道隔开。被封严装置与气流通道隔开的轴承工作腔一般称为轴承腔或收油池。此外为了保证轴承腔的滑油不外泄，轴承腔应通过滑油系统的通气系统与大气相通。

为了尽量减少旋转组件传向轴承座的振动负荷，在某些发动机上，采用了"挤压油膜"结构。即在轴承外圈和轴承座之间留有很小的间隙，在间隙中充满了压力滑油。该油膜阻尼了旋转组件的径向运动及传向轴承座的动力载荷，因此减小了发动机的振动及疲劳损坏的可能性。图 5-10 所示为一种挤压油膜结构的轴承。

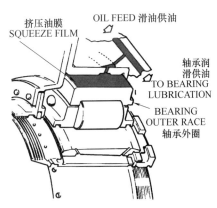

图 5-10　挤压油膜轴承

5.2.2　转子支承方案

发动机转子工作于高速和高负荷下，因此必须得到足够的支承。发动机主轴承支承发动机转子，保持转子在位，并向外传递转子载荷。转子上承受的各种负荷由支承结构承受并传至发动机机匣上，最后由机匣通过安装节传递到飞机构件上。

作用在转子上的力主要有转子的重力、空/燃气流的作用力，飞机改变方向产生的陀螺力，转子部件的不平衡力等等，如图 5-11 所示。所有作用在轴承上的力均可以分解为轴向的和径向的。径向力在任何方向传递，轴向力在前后方向传递。

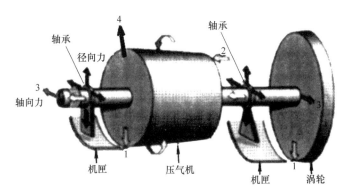

图 5-11　转子上的各种载荷
1—重力　2—燃气力　3—陀螺力　4—不平衡力

发动机中，支承转子的轴承数目由转子轴的长度、重量以及轴承的安装位置所决定。转子支承方案的设计遵循以下原则：每个转子最少有两个支点；每个转子有且仅有一个止推支点。止推支点承受转子轴向力，实现转子的轴向定位。转子采用几个支点，安排于何处称为转子支承方案。

转子上的止推支点除承受转子的轴向负荷、还承受径向负荷，因此止推支点的负荷较大，一般应位于温度较低且传力路径较短的地方。例如，在两支点的转子上，止推支点应该是转子的前支点；在三支点的结构中，一般是中间支点；这种安排不仅轴承温度较低，也使转子相对机匣的膨胀量分配在压气机和涡轮两端，使得每一端的轴向位移量都较小。涡轮盘前后环境温度较高，止推支点一般不设在该处。

在研究转子支承方案时，将复杂的转子支承简化成能表征其特点的简图。在简图中用小圆圈表示滚珠轴承，小方块表示滚柱轴承。所有支点从前到后用数字顺序编号。转子支承方案的表示：用两条前后排列的横线分别代表压气机转子和涡轮转子，两条横线前、后及中间的数字表示支点数目。

如图 5-12 所示发动机转子支承方案可表示为 1-3-0，表示压气机转子前有一个支点，压气机与涡轮转子间有 3 个支点，涡轮转子后无支点，整个转子共支承于 4 个支点上。压气机转子前、后各有一个支点，止推支点置于前端。由于压气机向前的气体轴向力较大，止推支点处用一个滚珠轴承承受不了，故采用了并列的三个滚珠轴承。涡轮转子的涡轮盘悬臂地支承在两个支点上，由于邻近涡轮盘处的温度较高，因此将仅承受径向负荷的滚棒轴承置于此处，而将承受轴向负荷和径向负荷的滚珠轴承置于涡轮轴的前端，涡轮向后的负荷较小，所以只用了一个滚珠轴承。两转子间采用浮动套齿传递扭矩。

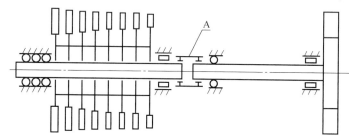

图 5-12　1-3-0 转子支承方案

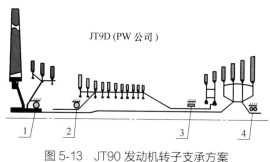

图 5-13　JT90 发动机转子支承方案

目前民航发动机多为双转子或三转子发动机，转子数目多，支承数目多，而且低压转子轴要从高压转子中心穿过，使得结构甚为复杂。描述发动机转子支承方案时，是将发动机的各转子（低、中、高压转子）分割开来，分别对每个转子进行分析讨论。

图 5-13 为 JT9D 发动机支承方案。低高压转子分别支承于两个支点上，1 号轴承是低压转子的推支点；高压转子为 1-1-0 方案，2 号轴承是高压转子的推支点。4 个支点支承于 3 个承力机匣上，结构简单，但低压转子轴很长，加工困难；另外使用中发现低压转子支点距离太大，转子刚性较差，易变形造成转子与机匣相碰，使发动机性能衰退。因此，在后来发展的 PW2037、PW4000 发动机中，在低压转子上增加了一个支点，即在风扇主轴承后面增加一个滚棒轴承，如图 5-14 所示。在 V2500 发动机上，采用

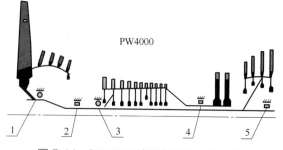

图 5-14　PW4000 发动机转子支承方案

了这种支承方案。

　　多转子发动机中，有些支点不是直接安装在承力机匣上，而是装在另外一个转子上，通过另外一个转子的支点将负荷外传。由于这个支点是介于两个转子之间的，所以称为中介支点。中介支点的轴承，则称为中介轴承或轴间轴承。采用中介支点可以减少承力框架、滑油腔数量，使发动机长度缩小，发动机结构简单，重量轻。但轴间轴承的工作条件较差，润滑冷却较为困难。

　　CFM56-3 发动机的两个转子支承于 5 个支点上，通过两个承力构件将轴承负荷外传，发动机转子支承方案如图 5-15 所示。它的低压转子的支承方案为 0-2-1，1 号轴承是低压转子的止推支点；高压转子的支承方案为 1-0-1，3 号轴承是高压转子的止推支点，高压涡轮后轴通过 4 号中介支点支承于低压涡轮轴上。

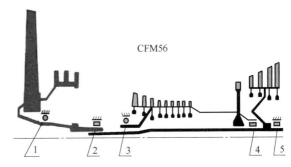

图 5-15　CFM56-3 发动机转子支承方案

　　在三转子发动机中，转子数目又多了一个，增加了支承件的复杂程度。图 5-16 所示为 RB211 发动机支承结构简图。它的 3 个转子共有 8 个支点，通过 4 个承力构件外传转子载荷。低压、中压、高压转子的支承方案分别为 0-2-1、1-2-0、1-0-1。低压转子的止推支点（即 3 号止推轴承）为中介支点，将低压轴支承于中压压气机后轴内。中压和高压转子的止推支点分别是 4 号和 5 号轴承。

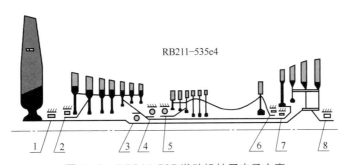

图 5-16　RB211-535 发动机转子支承方案

5.3　封严的作用和形式

　　燃气涡轮发动机上封严装置的作用：防止滑油从发动机轴承腔漏出；控制冷却气流流动，以及防止燃气进入发动机内部；封严用于压气机级间，避免漏气损失。

　　在燃气涡轮发动机上的封严结构有：篦齿封严、涨圈封严、石墨封严（也称碳封严）、浮动环封严等。封严方法的选择取决于封严件的温度、压力、可磨蚀性、发热量、重量、可用的空间、制造、安装及拆卸等因素。几种常见的封严方式的原理图，如图 5-17 所示。

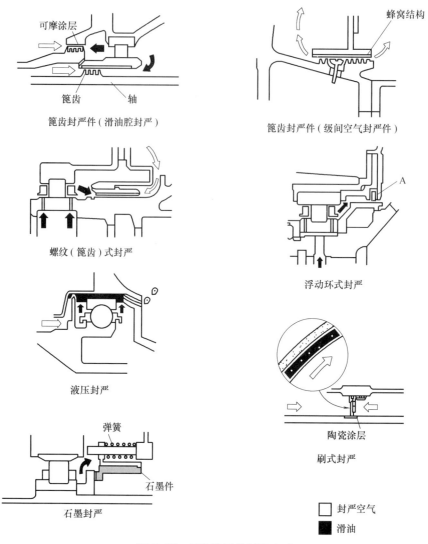

图 5-17　几种常见的封严方式

5.3.1　篦齿封严件

它属于非接触式的封严装置。这种封严件除广泛用于轴承腔的封严外，还用作控制发动机内部空气流。篦齿封严件包括一个带篦齿的旋转件和一个静止的座孔。座孔嵌衬有一层可磨材料衬带（用于轴承腔封严）或装上一个耐高温的蜂窝结构（用于级间封严）。装配时可以使封严篦齿与可磨涂层间的间隙很小。在发动机开始运转时，由于封严篦齿会切入这个衬带。

由于篦齿尖端和衬套存在间隙，一方面工作不受转速和温度的限制；另一方面需要引压力空气到轴承腔外部，以避免滑油泄漏。工作时会有少量空气进入轴承腔。

篦齿封严的效果不如接触式封严，轴向尺寸也较大。

5.3.2　浮动环封严件

它有一个金属环，安装在静止机匣的槽中。工作时在油腔的内外压差的作用下，浮动环紧贴在槽座的端面 A 上，形成了径向间隙式和端面接触式的混合封严装置。该环和旋转轴之间的正常运转间隙比篦齿式封严件所能达到的间隙为小。但这种环形封严件不适用于高温区，由于高温会使滑油结焦，导致环形件卡在机匣中。

5.3.3　液压封严件

液压封严常用于两个旋转件之间，用来封严轴承腔。它与篦齿式或环形封严件的不同之处在于不允许受控的空气流穿过封严件。液压封严件由一个封严齿浸在一个滑油环带中形成，这个滑油环带是由离心力造成的。轴承腔内外的空气压差由齿两侧的滑油油面差补偿。

5.3.4　石墨封严件

石墨封严件包含有一个静止的石墨件，它与旋转轴的套环相接触，利用弹簧的弹性力或者磁铁的磁力使石墨与套环保持良好的接触，以避免任何滑油或空气漏过。

5.3.5　刷制式封严件

刷制式封严件有一个由许多细的弹性钢丝制成的刷组成的静止环，它与旋转轴上硬的陶瓷涂层相接触，其优点是可以承受径向摩擦，且封严效果较好。

5.4　附件传动装置

在发动机上有一些保证发动机正常工作的附件，如滑油泵、燃油泵、液压泵和发电机等，需要由发动机来驱动。不同的附件有一定的转速、转向和功率要求。由于这些附件大部分只能装在发动机机匣外面，因此需要通过齿轮系和传动轴将发动机的功率按照一定的转速和转向传给各附件，这些齿轮和传动轴就组成了发动机附件传动装置（或附件传动系统）。附件通常由发动机的高压转子驱动。

附件传动装置包括：内部齿轮箱（也称中央齿轮箱）和外部齿轮箱（也称附件齿轮箱），有的机型在两者之间还有转换齿轮箱（也称角齿轮箱或中间齿轮箱），如图 5-18 所示。

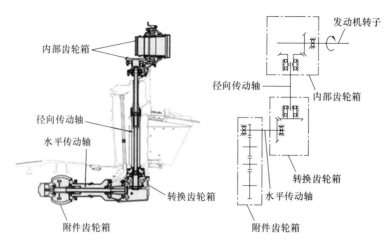

图 5-18　附件传动装置

内部齿轮箱位于发动机内部，其位置安排有一定的困难，既要让一根径向传动轴能径向外伸，又要在发动机内取得可用空间。在多轴发动机上，由于燃气发生器工作后才能完成发动机启动，因此选定启动机带动高压转子。发动机内部齿轮箱，如图 5-19 所示。

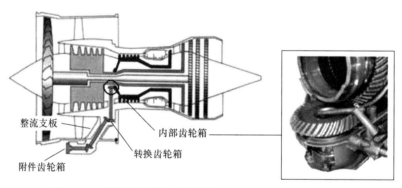

图 5-19　某发动机的中央齿轮箱和转换齿轮箱结构示意图

径向传动轴的作用是将功率从内部齿轮箱传到外部齿轮箱。它分为短轴传动和直接传动两种形式。在不可能将径向传动轴与附件齿轮箱直接连接时，设计时就要采用转换齿轮箱，通过伞齿轮将径向传动改变成外部齿轮箱要求的方向，如图 5-19 所示。

根据附件的转速、转向要求，外部齿轮箱分配相应的齿轮传动机构，如图 5-20 所示。附件齿轮箱机匣由轻质合金铸造或机加而成，为各个附件，如燃油泵、滑油泵、启动机、液压泵、整体驱动发电机、发动机电子控制器的专用发电机等，提供安装座。有的附件安装在它的前面；有的安装在后面。此外在附件齿轮箱上还设有转动高压转子的手摇（或电动/或气动）传动座等，如图 5-21 所示。

由于发动机的附件（如燃油滤、滑油滤、磁堵以及各种管路接头等）要定期或不定期地拆卸和检查，因此要求附件拆装方便，并具有良好的可达性。有三种方式将附件安装在附件机匣上：通过 V 形夹、快卸环和螺栓连接。使用 V 形夹和快卸环可以方便地拆卸和安装附件。良好的可达性是指打开发动机短舱后能触它们并能进行维护以及拆装操作，

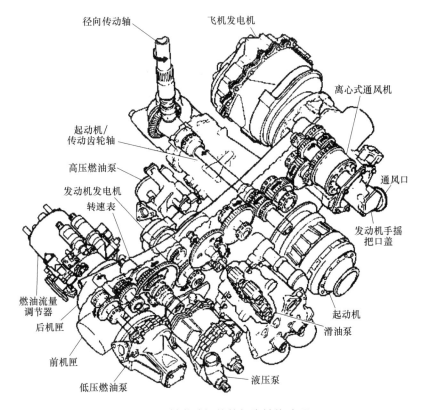

图 5-20　某发动机的外部齿轮传动系

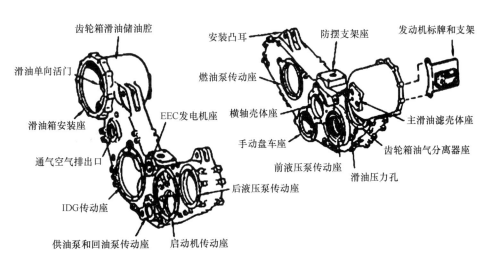

图 5-21　某发动机附件齿轮箱机匣

所以，在新型高涵道比涡扇发动机中，附件齿轮箱一般都位于发动机下部或者下侧。对于风扇直径较小的发动机，附件齿轮箱装在风扇机匣上，如 CFM56、RB211-535E4、PW2037 等；而风扇直径较大的发动机，附件齿轮箱是装在核心机部位，如 CF6-80C2、PW4000 等。前一种情况，附件处于温度较低的工作环境，但是发动机短舱的外廓尺寸有所增大；后一种情况则是附件将在较高温度的环境下工作，因而在发动机机匣和附件机匣之间装有隔热防护套，并有冷却空气进行冷却。有的机型上有两个附件齿轮箱，一个称为高速齿轮箱，连接到高压压气机转子，所有的发动机附件，如启动机、滑油泵、燃油泵和燃油控制组件装在这个齿轮箱；另外一个称为低速齿轮箱，连接到低压压气机，所有的飞机附件装在这个齿轮箱。两个齿轮箱结构可以改善发动机的启动性能，但是增加了发动机重量，所以不常见。各齿轮箱的轴承、齿轮由滑油润滑。为防止滑油流失，附件驱动系统的封严通常采用石墨封严或胶圈封严等方式。

第6章

燃油及控制系统

燃油及控制系统的功用是根据飞行员的要求以及飞行条件控制发动机的推力或功率，以满足飞行的需要，并保证发动机安全工作。具体地说，燃油与控制系统实现发动机的稳态控制、过渡态控制和安全限制。

稳态控制即保持要求的发动机推力或功率；过渡态控制，保证发动机安全且快速地从一个稳态过渡到另一个稳态。发动机过渡态控制包括：发动机的启动、加速与减速控制；安全限制，即在任何状态下防止发动机超温、超转、超扭（对涡桨和涡轴发动机而言）、喘振以及熄火等。

通过油门杆（或功率杆）设定发动机转速（或压力比）来获得要求的推力（或功率）。为了使发动机保持设定的转速（或压力比），燃油控制器根据外界条件和发动机状态对燃油流量进行自动控制。发动机燃油流量的控制，如图6-1所示。

燃油的供油过程：储存在飞机油箱里的燃油，由油箱增压泵和发动机燃油泵抽出、加压，燃油控制器进行计算并计量供入燃烧室的燃油流量，燃油喷嘴将燃油雾化、汽化，最后与空气混合进行燃烧。向发动机供油的过程，如图6-2所示。

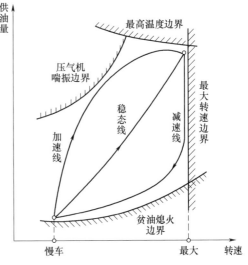

图6-1　发动机燃油流量的控制

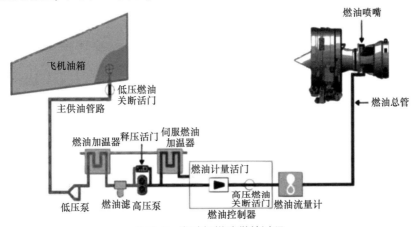

图6-2　发动机燃油供给过程

燃油及控制系统包括燃油分配子系统和燃油控制子系统两部分。燃油分配系统保证从飞机供油系统获得燃油并对其增压，同时向发动机控制附件系统提供所需的、具有一定压力的伺服燃油以驱动发动机控制附件，如 VBV 作动器、VSV 作动器等。燃油控制系统根据飞行员的请求、飞行条件以及发动机工作状态，并考虑发动机的安全限制计算并计量供往燃烧室的燃油量。

本章将介绍燃油知识，讨论燃油分配系统以及燃油控制系统。

6.1　燃油知识

6.1.1　燃油规格

燃气涡轮发动机使用的燃料为航空煤油。对燃油的基本要求是：有较高的热值；燃油中硫的含量低，以避免燃烧产物对发动机零件（主要是涡轮）的腐蚀；低的凝固点，如 $-40 \sim -53\,℃$；燃烧后的气流中固体颗粒物在流过涡轮导向器和涡轮转子叶片时会造成物理损伤或导致涡轮叶片冷却孔堵塞，进而造成叶片或导向器因冷却不足而烧坏，因此保持燃烧后的气流中固体颗粒物含量最低是燃料的另一个要求；此外，由于燃油系统中零（部）件的润滑是采用燃油来实现的，因此燃油还需具有一定的润滑性。

尽管单位质量航空汽油的热值稍高于同等质量的航空煤油的热值，但煤油比重大，因此每加仑航空煤油比同等体积的航空汽油具有更多的热能。航空煤油的密度为 $6.4 \sim 6.8\mathrm{lb/gal}^{*}$。

在商用和通用航空中，最常用的燃料有：

① Jet-A：重煤油基燃料。闪点 $38\,℃$，凝固点 $-40\,℃$，18600Btu/lb（英制热量单位/磅）。该燃油类似海军 JP-5 燃油。

② Jet-A1：除了凝固点为 $-47\,℃$ 外，其余参数同 Jet-A 一样。该燃油类似于北约带添加剂的 JP-8 燃油。

③ Jet-B：重汽油基燃料。闪点 $-18\,℃$，凝固点 $-50\,℃$，18400Btu/lb。该燃油类似于军用 JP-4 燃油。大约为 30% 煤油和 70% 汽油的混合。

Jet-A、Jet-A1 和 Jet-B 是主要的商用燃油，对于大多数燃气涡轮发动机使用时是可互换的。军用 JP-4 和 JP-5 常作备用燃料。

航空煤油的黏度比较大，因此对污染更敏感。水或其他污染物更容易悬于燃油中，不易沉入油箱沉淀槽里。特定情况下可掺入少量汽油以减少煤油在高空条件下的黏度。

6.1.2　燃油添加剂

燃油添加剂是燃油中加入的一种化合物。其含量虽少，但它能大大改进和提高燃油品

---

* 1b/gal（1 磅/美加仑）= 119.826kg/m³（千克/米³）。

1b/gal（1 磅/英加仑）= 99.776kg/m³（千克/米³）。

质。主要的燃油添加剂种类有：防冰添加剂、改善燃油热稳定性添加剂、抗氧化添加剂和防微生物添加剂。

燃油中的微生物、细菌或真菌会以燃油中碳水化合物为食而不断繁殖。这些趋于形成黏状的微生物体不断累积，会堵塞油滤和燃油管路，并腐蚀燃油系统零（部）件，如油箱、管道和燃油控制器。

当燃油温度下降至冰点以下时，油液中含有的水可能会出现结冰，会堵塞油滤，影响发动机的供油，严重时导致供油中断。若燃油温度低于-20℃，使用防冰添加剂是极其重要的。

防微生物添加剂可杀死在燃油中的微生物、真菌和细菌。防冰添加剂可阻止燃油中夹带的水结冰。燃油添加剂在飞机加油时由勤务人员适量添加。PRISTm 是通常使用的包含除冰和除微生物的燃油添加剂。

需要说明的，为了更好地预防燃油中的水分结冰，在发动机燃油系统中设有燃油/滑油热交换器对燃油进行加温。有的发动机还增加一个空气燃油加温器，从发动机压气机引热空气对燃油进行加温；有的发动机还将部分经过热交换器加热后的燃油送回飞机油箱中以提高油箱燃油的温度，如 CFM56-5B 发动机；有的机型在油箱中设有温度传感器来监控燃油的温度。

发动机制造商在维护手册中会列出可用燃油，以及允许加入的添加剂类型和数量。

6.2　燃油分配系统

6.2.1　燃油分配系统的组成与工作

不同的发动机型号，其燃油分配系统存在一定的差异。典型的燃油分配系统包括以下功用：向燃烧室提供燃油用于燃烧；对滑油进行冷却；向发动机控制附件提供所需的伺服油；冷却整体驱动发电机（IDG）的滑油等。

发动机燃油分配系统可以分为低压部分和高压部分。低压部分通常包括低压燃油泵、燃油滤和燃/滑油热交换器，有的机型还设有空气燃油加热器。高压部分包括燃油流量计算与计量装置、燃油流量计、燃油总管和燃油喷嘴等部件。图 6-3 给出了某发动机燃油分配系统的组成。某发动机燃油分配系统的低压部分，如图 6-4 所示。

发动机工作时，燃油从飞机供油系统供往发动机燃油分配系统。在燃油分配系统燃油首先流入燃油泵组件。燃油泵组件包括低压燃油泵、主燃油滤和高压燃油泵。燃油流经低压泵增压后，进入整体驱动发电机滑油冷却器，在这里燃油对整体驱动交流发电机的滑油进行冷却，同时燃油得到加温；燃油再流经发动机燃油/滑油热交换器，对发动机滑油系统中润滑后的滑油进行冷却；接着燃油进入空气燃油加温器（如果系统有）。空气加温器引压气机空气对燃油加温，温度传感器用于控制加温器是否工作，以避免燃油温度过高。然后燃油重新流回燃油泵组件，进入燃油滤，过滤后的燃油经高压泵进行增压，使燃油压

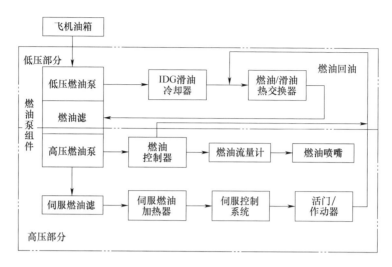

图6-3 典型发动机燃油分配系统组成示意图

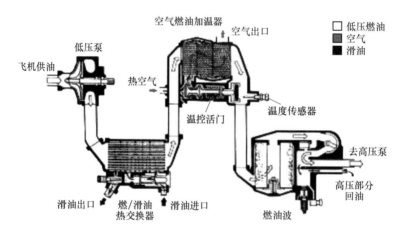

图6-4 某发动机燃油分配系统低压部分

力达到所需的工作压力。从高压泵流出的燃油被分为两路。其中大部分燃油流经燃油控制器、燃油计量装置，经计量后的适量燃油再流经燃油流量传感器。燃油流量传感器将燃油流量信号提供给驾驶舱显示和记录；随后燃油通过燃油总管分配给各燃油喷嘴，燃油由喷嘴喷入燃烧室，雾化后与空气混合进行燃烧。从高压泵流出的另一路燃油用作伺服燃油。由于伺服系统要求更高的燃油清洁度，因此伺服燃油首先流经伺服燃油滤，过滤后再流经伺服燃油加热器，以防止任何时候伺服油结冰。经加热后的伺服油流向各伺服控制系统，以推动活门或作动器。

由于燃油泵组件提供的燃油量比发动机实际需要的燃油量要大很多，因此燃油计量装置将多余的燃油返回到发动机燃油/滑油热交换器的进口。工作后的伺服燃油也被返回到发动机燃油/滑油热交换器的进口。

6.2.2　燃油分配系统附件

6.2.2.1　燃油泵

燃油泵实现对燃油增压。燃油泵组件包括增压级（也称低压级）和主级（也称高压级）。增压级将油从油箱抽出并加压，以保证高压级供油稳定和避免高压油泵出现气隙现象，延长燃油泵寿命。燃油压力的提高主要由主级完成。图 6-5、图 6-6 所示为某型发动机的燃油泵组件。

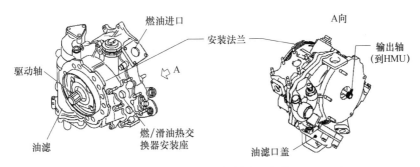

图 6-5　典型发动机燃油泵组件

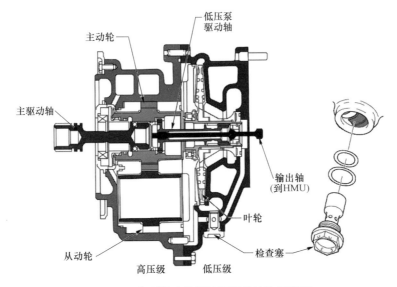

图 6-6　典型发动机燃油泵组件结构示意图

根据油泵的增压原理，油泵可分为两大类：容积式泵和叶轮式泵。容积式泵工作时依靠泵的抽吸元件的运动，交替改变元件所形成的自由容积的大小，实现吸油、和排油。容积式泵的供油量取决于元件一次循环运动中自由容积变化量的大小。油泵的供油压力是由油泵出口处液体流动阻力来建立的。因此容积式油泵的特点：供油量独立于供油压力。在航空发动机上应用最广的柱塞泵、齿轮泵、旋板泵（也称为叶片泵）均为容积式油泵。

叶轮式泵是依靠油泵的叶轮做旋转运动，使流经叶轮的液体的动能和压力能增加，在叶轮后的扩压器中再将液体的部分动能转化为压力能。这类泵有离心泵、汽心泵和螺旋泵。

目前民航发动机上用得最多的是渐开线直齿外啮合齿轮泵、轴向倾斜式柱塞泵、旋板泵和离心泵。

如图6-7所示渐开线直齿外啮合齿轮泵的结构示意图。在齿轮泵中，其工作容积是由两个齿轮及壳体与端盖的相关表面形成容腔。主动齿轮和从动齿轮的齿面接触线两侧的壳体上开有进油口和出油口。工作时主动轮由发动机带动旋转，从动轮通过啮合由主动轮带动旋转。在进油区，由于两齿轮脱开啮合，使吸油腔容积增大，低压油便被吸入，进入齿间容积内。随着齿轮的转动，油被齿轮带到出油口。在出油口处，由于两个齿轮重新啮合，使排油腔容积减小，便将油从齿间挤出，再排往出口管路。齿轮连续不断地旋转，油便被不断地从进口带到出油口，并排出。油液的流动受阻塞而被挤压形成压力。

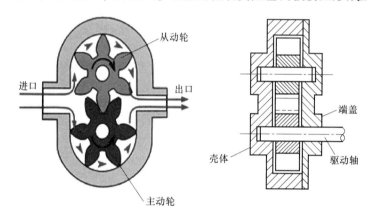

图6-7　齿轮泵结构示意图

齿轮泵具有结构简单、体积小、重量轻、制造容易，对工作液体的清洁度敏感性小，以及工作可靠等优点。齿轮泵是定量泵，工作容积不可调，流量随转速的变化而发生改变。当转速不变时供油量的调节是通过改变旁通回油量来实现，即齿轮泵的供油量始终高于需油量，多余的油量将返回到油泵进口，这不但消耗了功率，而且还会引起整个燃油系统温度升高。此外，工作时作用于齿轮上的不平衡径向力大、噪声大、供油量和压力脉动都比较大。但由于齿轮泵所具有的优点，目前在航空发动机上被广泛用作燃油系统的主燃油泵。

图6-8给出了轴向倾斜式柱塞泵的结构示意图。柱塞泵工作时，由于柱塞腔内弹簧力及油压力的作用，使柱塞始终顶靠在斜盘的工作面上，同时使转子小端（右端）面和分油盘工作表面紧密贴合。转子旋转时，柱塞随之转动。若斜盘有一倾斜角，则柱塞在旋转的同时在柱塞腔内相对转子作往复直线运动。

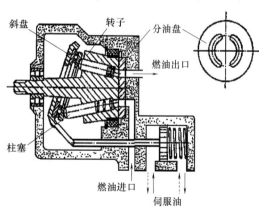

图6-8　柱塞泵的结构示意图

当柱塞向转子外（向左）运动时，柱塞腔的容积不断增大，此时柱塞腔刚好和分油盘的吸油窗相通，而将燃油吸进柱塞腔；当柱塞反向（向右）运动时，柱塞腔容积不断减小，此时柱塞腔和分油盘的排油窗相通，燃油就被柱塞挤往出口处。转子每转过一周，每个柱塞都完成一次吸油和排油。因此在转子连续运转中，泵出口便形成连续的油流，同时由于油液的流动受阻而形成压力。

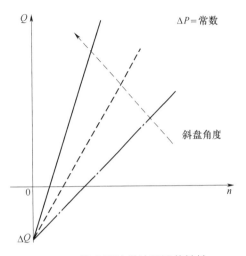

图 6-9　柱塞泵的供油量调节特性

柱塞泵的供油量不仅取决于转速还取决于斜盘角度。当转速不变时，通过改变斜盘角度就改变了柱塞的行程大小，也就改变了供油量的大小，因此柱塞泵是变量泵。柱塞泵的流量调节特性，如图 6-9 所示。柱塞泵的调节特性好是其主要优点，不过由于其结构复杂，工艺要求高，寿命短，重量大，目前少有用着燃油系统主供油泵。

当斜盘角度较小时，通过出口节流，柱塞泵可以实现小流量下获得高的供油压力，因此目前多用作液压泵。

为防止燃油系统过压而损坏部件或造成系统漏油。燃油系统高压部分设有释压活门。释压活门通常在高压泵内，如图 6-10 所示。当泵后压力达到设定值后，释压活门打开，将泵后的部分燃油返回到高压泵进口，以避免系统过压。

离心泵的结构如图 6-11 所示。工作时，工作轮高速旋转，进入的油液被叶片推动随同工作轮一起高速旋转，而获得动能，流体速度提高，同时油液受离心力的作用被抛向工作轮外缘，液体压力提高。液体再沿着出口装置流向排油口，在出口装置液体的流速降低，将大部分动能转化成为压力能，形成供油压力。

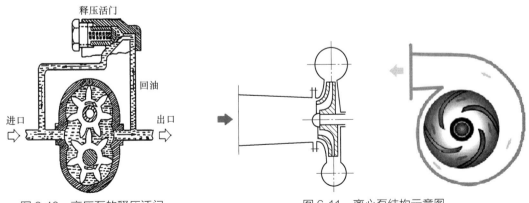

图 6-10　高压泵的释压活门　　　　　　图 6-11　离心泵结构示意图

离心泵的主要特点：工作转速高、流量大；供油稳定、没有脉动现象；间隙较大，对工质清洁度要求不像容积式泵那样苛刻；运动部件少，结构简单，尺寸小，比重量小；零件受力简单，寿命长，工作可靠；由于间隙较大，泵的工作效率低；转速低时供油压力也低；流量调节特性差；气穴问题比容积式泵突出，因而对抗汽蚀性要求高。

在民航发动机上，离心泵一般用作低压泵（增压泵）。

6.2.2.2　燃油滤

燃油滤过滤燃油，保证向燃烧室燃油喷嘴和发动机附件提供清洁的燃油。燃油系统油路中通常包括多个油滤，如 CFM56-7B 发动机燃油系统有主油滤、伺服油滤（又称冲洗油滤，或自洁式油滤）和喷嘴前油滤（有的是在燃油喷嘴内部）。通常情况下，油路中第一个油滤为主油滤，后面的油滤则作为备用油滤，其过滤能力稍差。主油滤设有旁通活门，当油滤堵塞后，旁通活门打开，保证不中断向发动机的燃油供给。

为了提高控制的精确度，燃油调节器或液压机械组件内的伺服控制机构的零件配合均较为精密。如果燃油中一定尺寸的杂质进入伺服油路，会导致伺服零件磨损或卡阻，而使控制机构失效，因此伺服油滤有更高的过滤精细度。

燃油滤组件（主油滤）结构如图 6-12 所示，由滤芯、旁通活门、堵塞指示器和（或）压差电门所组成。油滤设计让燃油从滤芯外向里流动，以方便油滤的检查。旁通活门用于燃油滤堵塞后保证向发动机供油不中断。当油滤开始堵塞或完全堵塞（不同系统设计各异）时，油滤堵塞指示器弹出或压差电门向座舱指示系统发出告警。

有的油滤滤芯是不可清洗的，有的是可清洗。油滤的日常维护中，前者需定期更换，后者需定期清洗。任何时候油滤滤芯拆下时都应检查滤芯上是否有杂质存在。若有，应按维护手册实施相应的维护工作。

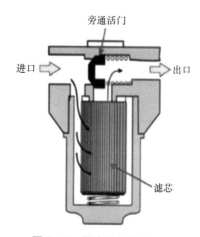

图 6-12　燃油滤组件结构图

6.2.2.3　燃油加热器

燃油加热器既是对滑油冷却，也是对燃油加温。燃油加温可以防止低温条件下燃油中的水结冰堵塞油滤/路而导致供油中断。加温由燃/滑油热交换器来实现，如图 6-13 所示。有的机型除燃/滑油热交换器外，还有空气燃油加温器。热空气引自压气机。燃油温度过高会发生气塞，而导致供油过少或中断，控制器会根据燃油温度控制空气燃油加温器是否工作。

6.2.2.4　燃油流量传感器

燃油流量传感器将供往燃烧室的燃油流量转换为电信号，用于计算燃油消耗并由显示系统在座舱仪表板上显示，此外它还是发动机性能监视参数，用于分析发动机健康状态。

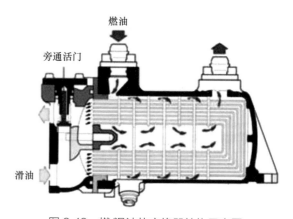

图 6-13　燃/滑油热交换器结构示意图

图 6-14 给出了一种常用的燃油流量传感器。当燃油流过传感器时，导向器引导燃油流过涡旋发生器，使燃油产生旋转运动，燃油的动量驱动涡轮转子转动，然后燃油流过叶轮，由于叶轮受弹簧约束，因此叶轮只能偏转一定角度，其大小决定于燃油的流速。在涡轮转子与叶轮上均安装有磁铁，在传感器壳体上则安装有起始线圈和停止线圈。当涡轮转子磁铁转至起始线圈处时则会在线圈中产生一电脉冲信号，称为起始脉冲。由于叶轮偏转，当涡轮转子的磁铁转至叶轮上磁体处，在停止线圈内产生一电脉冲信号，称为停止脉冲。两个感应线圈产生的电脉冲存在相位差，通过测量两脉冲电信号的相位差，则可计算出燃油流量的大小。

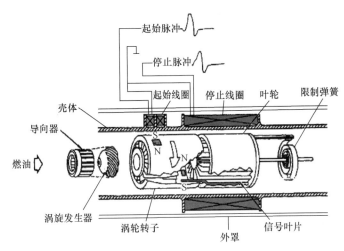

图 6-14　燃油流量传感器结构示意图

6.3　燃油控制器

6.3.1　发动机控制的基本概念

图 6-15 是单转子涡轮喷气发动机转速自动控制系统简图。系统主要由油门杆、导杆、杠杆、随动活塞、分油活门、回油针、燃油泵、离心飞重、弹簧和发动机所组成。系统的功用：一是在各种飞行条件下保持给定的发动机转速不变；二是通过油门杆设定发动机的工作状态。

例如，当油门杆位置保持不变，发动机有确定的转速。此时若飞行高度增加，发动机转速将增大，控制器的离心飞重的离心力将增大，导杆上原有的力平衡被破坏。其合力通过导杆、杠杆带动分油活门离开中立位置向下移动。这时高压油进入随动活塞的下腔，而随动活塞上腔通回油。随动活塞就向上移动，带动回油针上移，增大燃油泵出口的回油，相应供入燃烧室的燃油量减少，从而使发动机转速下降。相应的离心飞重的离心力减小，弹簧的弹力使分油活门向上运动。当离心飞重的离心力减小到与弹簧力平衡时，分油活门

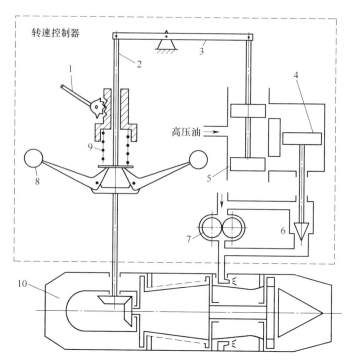

图 6-15　单转子涡轮喷气发动机转速自动控制系统

1—油门杆　2—导杆　3—杠杆　4—随动活塞　5—分油活门
6—回油针　7—燃油泵　8—离心飞重　9—弹簧　10—发动机

又回到中立位，此时随动活塞停止移动，供油量保持不变，转速稳定在给定值。同理，若飞行条件的变化导致发动机转速降低，系统的控制过程则相反。

当改变油门杆位置，如前推油门杆时，导杆上的弹簧力大于离心飞重的离心力，分油活门会向上移动，使得随动活塞向下移动，以关小回油针的开度，而增大燃烧室的供油量，发动机转速就增加。随着转速的增加，离心飞重的离心力不断增大，使分油活门反向运动。当分油活门回到中立位，随动活塞则停止移动，供油量保持不变，此时发动机的供油量较操作前更大，发动机也就在新的、更大的转速下工作。

现就上述简单的控制系统，对自动控制的基本概念和一些术语加以说明。

被控对象——被控制的物体或过程，即控制器所服务的对象，本例中为发动机。

控制装置——用以完成既定控制任务的机构总和，又称控制器，本例中的转速控制器。

控制系统——被控对象与控制装置的总称。

被控参数——能表征被控对象的工作状态而又被控制的参数，此处为发动机的转速 n。

可控变量——能影响被控对象的工作过程，用来改变被控参数大小的因素称为可控变量，此处为供往发动机燃烧室的燃油流量 W_f。

干扰作用量 f——作用在被控对象和控制器上，能引起被控参数发生变化的外部作用量，如飞机的飞行高度 H，飞行速度 V 等。

给定值——用来设定被控对象工作状态的指令值。

偏离量——给定值与被控参数的差，也称偏差。

过渡过程——当作用于被控对象上的干扰量或控制作用量变化时，被控参数即偏离给定值，控制器便开始动作，直到被控参数恢复（或达）到给定值，控制器便停止动作。从被控参数开始偏离到偏离量消失，这一变化过程称为过渡过程。

稳定状态——在过渡过程之前或之后，被控参数不随时间变化或仅作微小幅度的振荡（这种振荡导致的参数波动是在控制系统的控制精度范围内）的状态，则称为稳定状态，在稳定状态下被控参数所具有的值称为稳态值。

闭环控制——图 6-16 是图 6-15 所示转速控制系统的框图。从图中可知：控制器接受油门杆位置信号 y_0，离心飞重感受发动机转速 n。控制装置将被控参数的实际值 y 与给定值（指令值）y_0 进行比较。当被控参数与给定值（指令值）存在偏差（即 $\Delta y \neq 0$），控制器就改变可控变量（发动机供油量 W_f），消除偏差（即使 $\Delta y = 0$），使得被控参数等于给定值。由于系统是按被控参数的偏离信号而工作的，故称为偏离原理控制。

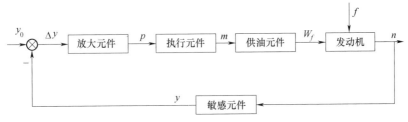

图 6-16　闭环控制系统简图

上述系统中，被控对象的输出量 n 即为控制装置的输入量，而控制装置的输出量 W_f 即为被控对象的输入量。整个控制系统构成一个闭合回路，故称为闭环控制。

闭环控制系统感受的是所要控制的被控参数本身。系统工作中不管由于什么原因（外界干扰或内部因素的变化）引起被控参数偏离，控制器都要进行控制，直至被控参数恢复为给定值，即消除被控参数的偏离后，控制装置才会停止动作。因此，这种系统控制精确高；但它总是要等到被控参数产生偏离后，才开始动作，因而存在控制不够及时。如果干扰量连续改变（如飞行高度和速度的变化范围较大）时，就会连续产生偏离，易使系统振荡，工作不稳定。但由于它的精度较高，因此在现代控制上被广泛应用。

开环控制——图 6-17 为一开环转速控制系统简图。控制器主要包含：膜盒、喷嘴挡板、随动活塞和柱塞泵。膜盒为敏感元件，用来感受引起转速 n 变化的外界干扰量（此例为外界大气总压 p_0^*）。喷嘴挡板与随动活塞构成液压放大器。敏感元件的输出信号经过放大后推动油泵斜盘改变角度。发动机工作

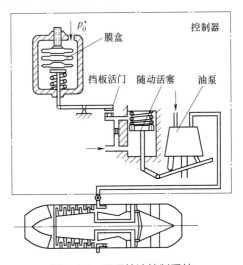

图 6-17　开环转速控制系统

时，当 p_0^* 变化时，进入发动机的空气流量会改变，这将引起发动机转速发生变化。同时，控制装置也感受到这一干扰量 p_0^* 的变化，就改变供油量，使之与空气流量的变化相适应，从而保持转速不变。

例如，当 p_0^* 减小时，一方面进入发动机的空气流量减少，将导致发动机转速增大。另一方面控制器的膜盒膨胀，压杠杆左端向下，使右端喷嘴挡板活门的开度增大，由于随动活塞上腔的进油受节流嘴的限制，不能及时补充，而使得随动活塞上腔油压降低，破坏了随动活塞上力的平衡，故随动活塞上移并带动柱塞泵的斜盘倾角变小，使燃烧室供油量的减少，最后结果发动机转速不变。

在此系统中，控制装置感受发动机的外界干扰量。只要干扰量发生变化，控制装置就会相应地改变可控变量 W_f，以补偿干扰量所引起的被控参数 n 的变化，从而保持被控参数不变，故这种控制称为补偿原理控制。

图 6-18 为开环转速控制系统框图。由图可见控制装置与发动机的关系以及各元件的输入和输出信号。整个控制系统构成一个开启的回路，所以称为开环控制。开环控制也称为前馈控制或前馈补偿。

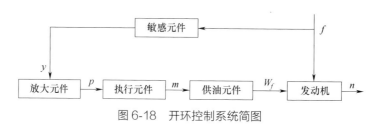

图 6-18   开环控制系统简图

在开环控制中，因为控制装置与发动机同时感受外界干扰量的变化，控制装置在干扰量引起被控参数偏离的同时开始动作，及时地防止了偏离的产生，因而控制的滞后较小，被控参数变化平稳，系统稳定性好，尤其是在干扰量连续变化时（如飞机连续爬高），这一优点更为突出。

它的缺点是控制精度差。这是因为设计时首先需要知道干扰量对被控参数的影响规律，而这在实际中是很难准确地获得；此外从制造成本考虑补偿器设计时可能需要做一定的简化，因此补偿可能是近似的。开环补偿的另一个缺点是每一个补偿控制器只能感受一个干扰量，因而设计上只能对有限的干扰量进行补偿。

复合控制——复合控制是开环控制和闭环控制的组合。其结构框图如图 6-19 所示。在这种控制系统中，采用开环环节对主要的干扰量进行补偿，以提高系统对干扰作用量变化的快速响应；采用闭环环节来消除次要干扰量的影响，并弥补开环控制精度的不足。因此，复合控制系统兼有开环和闭环控制的优点。尽管控制器结构比较复杂，它仍被现代发动机控制所广泛采用。

6.3.2   燃油控制系统的工作

燃油控制器根据飞行员的请求、飞行条件以及发动机工作状态，并考虑发动机的安全

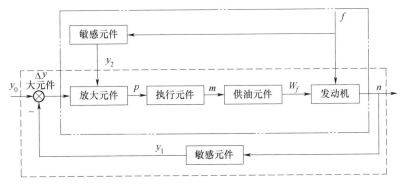

图 6-19　复合控制系统简图

限制，计算并计量供往燃烧室的燃油量，即向发动机燃烧室提供适量的燃油。发动机燃油与控制系统结构框图，如图 6-20 所示。

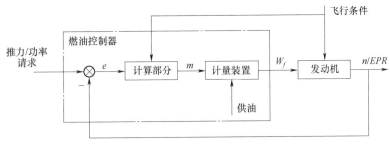

图 6-20　发动机燃油控制系统框图

油门杆（也称为功率杆）给定发动机的推力或功率请求，即要求的转速或 *EPR* 值。下面以转速控制为例进行分析讨论。

6.3.2.1　稳态控制

当油门杆保持不变，外界干扰量（即飞行条件）发生变化时，燃油控制器保持既定的发动机稳态工作点，即保持发动机的转速不变。若外界条件导致发动机转速增加，此时发动机转速大于油门杆给定值，控制器就减少供入燃烧室的燃油流量，发动机的转速就会回落，当发动机的转速等于给定值时，供油量则保持不变，发动机状态也不变。若外界条件导致转速减小，则控制过程相反。

6.3.2.2　过渡态控制

过渡态控制实现发动机能够快速、稳定、可靠且安全地从一个稳态过渡到另一个稳态。

当改变油门杆位置，如前推油门，此时发动机的实际转速低于给定值，控制器就增加供油量，发动机转速就增加，当发动机的实际转速等于给定值时，供油量则保持不变，发动机在新的转速下稳定工作。若后收油门，则控制过程相反。

在加速控制中，供油量的增加要考虑外界条件、发动机的转速以及加速率等因素的影响，以保证发动机不喘振、不超温、不超转/扭和不熄火。在减速控制中，供油量的计算主要考虑避免燃烧室贫油熄火，对多转子发动机同样要考虑避免喘振发生。

6.3.2.3　安全限制

保证发动机在所有工作条件下都不超出安全限制值，即发动机工作期间不超温、不超转、压气机不喘振、燃烧室不熄火和不超扭（对涡桨和涡轴而言）等。

发动机在稳态时，由于外界条件的变化可能导致发动机出现超温、超转。例如对双转子发动机，若控制低压转速时，在某些条件下可能出现高压转速超转；又如控制 *EPR* 的发动机，在某些条件下，可能出现超温或/和超转。

发动机在过渡过程中，供油流量是不断变化的，因此容易出现超限、喘振和熄火。

一旦发动机出现超限情况，控制器立即减少供油量，使发动机从超限状态退出。

6.3.3　燃油控制器的类型

6.3.3.1　燃油控制器的基本组成

控制器的基本部件有：燃油计算部分、燃油计量部分、重要参数限制器、增压与关断活门、油泵释压活门等。增压活门也称为最小压力活。

计算部分根据驾驶员的请求、飞行条件、发动机工作状态，并考虑安全限制，计算发动机的稳态和过渡态供油量。对重要参数另设有参数限制器，实现发动机的多重保护。

计量部分由燃油计量活门和定压差活门构成。计量部分接受计算部分的指令，改变计量活门的位置或计量活门两端的压差，实现对燃油流量的计量。

由于流过计量活门的流量 Q（L/h）为：

$$Q = \mu A \sqrt{\Delta P}$$

式中：μ——流量系数，与节流口的形状及流体黏度有关，近似计算时取为常数；

　　　A——节流口流通面积；

　　　ΔP——节流口两端的压差。

从上式可以看出：流过计量活门的流量与其两端的压差为非线性关系。因此目前设计是保持计量活门两端的压差不变，这样流量就仅与流通面积成正比。由定压差活门来保持计量活门两端的压差不变。定压差活门也称压力调节活门或压降溢流活门。定压差活门工作原理，如图 6-21 所示。定压差活门左边是计量活门前油压，活门右边是计量活门后油压和弹簧力。当计量活门前油压增加或活门后油压减小，即压差增大，该压差将推动定压差活门右移，而开大到低压的回油口开度，压差就回落。直到定压差活门两端的力重新达到平衡。若压差减小则活门左移，减少回油。

增压活门与关断活门的功用：一是发动机启动时，当计量燃油的压力增加到高于最小压力活门设定值时，活门打开，燃油才能供往喷嘴，从而保证伺服燃油压力足够和燃油喷嘴雾化燃油所需的压力。二是发动机停车时，接受驾驶舱指令，活门关闭，切断供往燃烧室的燃油，实现发动机停车。

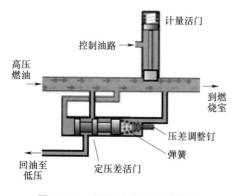

图 6-21　计量活门与定压差活门

在发动机处于停车过程或风车状态时，此时燃油关断活门已关闭，但发动机转子在仍然处于转动中，停车放油活门（在一些控制器中设有风车旁路活门）打开使燃油泵供给控制器的燃油返回到油泵进口。

6.3.3.2 燃油控制器的类型

随着技术的进步，燃油控制器经历了从液压机械控制器，到监控型的电子控制器，再到全权限数字电子控制 FADEC 系统的发展过程。由于全权限数字电子控制系统具有无以能比的优越性，目前新发展的机型都采用全权限数字电子控制系统。

6.3.4 液压机械控制器

液压机械式燃油控制器具有丰富的使用经验和较高的可靠性。控制器中的转速调节器通常是带比例反馈的复合式转速控制。

控制器上设有燃油比重调整钉、慢车调整钉和部分功率调整钉。在改变燃油时，维护人员需要调整燃油比重调整钉。通过慢车调整钉和部分功率调整钉维护人员可调整发动机慢车转速高低和发动机功率大小。在设置有低慢车和高慢车（或进近慢车）的发动机上，控制器响应无线电高度信号，通过接通/断开慢车电磁活门进行高/低慢车转换。

液压机械控制器内设有燃油温度补偿装置，可修正燃油温度变化导致的供油量偏差。

图 6-22 是 JT8D-17A 涡扇发动机燃油控制器结构简图。它是带双环前馈的闭环转速控制系统。进气总温的补偿是通过压气机进口温度 CIT（T_2^*）来体现的；进口总压的补偿是通过压气机出口压力 CDP（p_4）来体现。系统方块图如图 6-23 所示。

CIT 温度补偿由测温球 11、工作膜盒 9、补偿膜盒 10、反馈杆 7、操纵活门 12、随动活塞 6、输出杆 5、传动齿条 13 等机构实现。测温球感受压气机进口温度 T_2^*。若温度增加时，测温球内充填液体体积膨胀，由毛细管连通到工作膜盒 9，膜盒伸长，杠杆 8 偏转带动操纵活门 12 左移，使随动活塞 6 向下移动，并通过输出杆 5 使与三维凸轮啮合的传动齿条 13 向右移动，三维凸轮逆时针转动（从下向上看）。与此同时齿条右移带动操纵活门 12 回到中立位（即反馈）。由于三维凸轮的转动，通过连杆 22、滚轮、乘积杆 20 使操纵活门 21 改变供油量，实现温度的前馈补偿。若温度降低时，控制机构则反向动作。

CDP 压力补偿由工作膜盒 1，真空膜盒 4 和输出杆 23 等机构实现。工作膜盒 1 外部感受高压压气机出口压力 p_4，内部感受大气压力 p_{atm}。如 CDP 增加，工作膜盒受压收缩带动输出杆 23 逆时针偏转。真空膜盒的作用是用于补偿大气压力 p_{atm} 的影响，使输出杆的位置仅反映压气机出口压力的变化。输出杆 23 的偏转使位于输出杆 23 和乘积杆 20 之间的滚轮向上移动。滚轮通过乘积杆 20 使操纵活门 21 离开中立位置向下移动。这使计量活门的活动套筒 19 向下移动，计量活门开度增大，供油量增加。而活动套筒 19 的下移通过反馈弹簧力、乘积杆 20 使操纵活门 21 向上恢复到平衡位置。若 CDP 减小，控制机构则反向动作。

转速主反馈回路由离心飞重 15（即转速传感器）及带比例反馈的分油活门式液压放大器等组成。转速的变化将导致三维凸轮 14 平动。通过连杆 22、滚轮、乘积杆 20 使操纵活门 21 改变供油量。

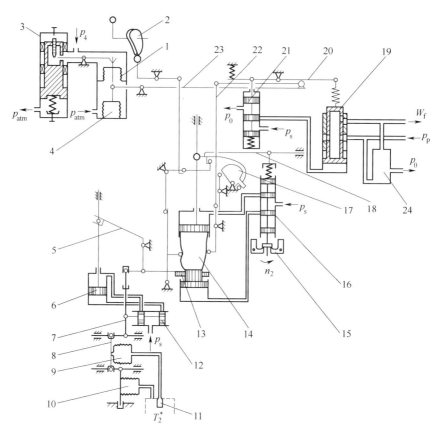

图 6-22　JT8D-I7A 涡扇发动机燃油控制器简图

1、9—工作膜盒　2—凸轮　3—高压压气机　4—真空膜盒　5—输出杆　6—随动活塞　7—反馈杆　8—杠杆
10—补偿膜盒　11—测温球　12、16、21—操纵活门　13—传动齿条　14—三维凸轮　15—离心飞重
17—给定凸轮　18—轴　19—活动套筒　20—乘积杆　22—连杆　23—输出杆　24—定压差活门

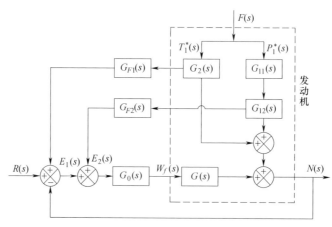

图 6-23　JT8D-17A 发动机燃油控制器框图

　　液压机械式控制器的计算是由凸轮、杠杆、滚轮、弹簧、活门等液压机械/或气动元件组合实现的。控制器感受的参数有限，计算功能有限，控制精度低。后来一些机型的燃

油控制器的计算元件中采用了三维凸轮。凸轮既转动又平动，这增加了控制器的感受参数，使得发动机的加速性得到改善，但三维凸轮设计与加工难度很大，控制器结构复杂。

机械液压控制器的控制功能单一，如燃油控制器仅能控制燃油流量，用于发动机防喘的可调放气活门 VBV 的控制，可调静止叶片 VSV 的控制均需要另外设计相应的控制器，这使得整个控制系统的质量增大。此外由于发动机是一个复杂的非线性系统，工作时需要各控制器互相协调，而液压机械控制器难以实现各系统间的相互协调。因此液压机械控制器不能使发动机的性能潜力得到充分发挥。

6.3.5　监控型电子控制器

为了增加液压机械控制器的功能和提高控制的精度，后来在液压机械式调节器基础上，增加一个电子控制器，这种机械+电子组合的控制器被称为监控型电子控制器，如 RB211-535E4、CFM56-3 高涵道涡扇发动机的控制器。

电子控制器有模拟电子式，也有数字电子式。由于早期的电子装置，无论是模拟式还是电子式，其可靠性较低，因而设计时只能赋予电子控制器有限的控制功能。因此在监控型电子控制系统中，液压机械式发动机控制器为主，电子控制器为辅，共同实现发动机的控制。即液压机械控制器能够完成所有的基本控制功能，能够独立控制发动机。而电子控制器则不能独立控制发动机，它通过力矩马达/或电液伺服阀/或电磁阀将电信号转换为机械/液压信号，作用于液压机械控制器，来实现对发动机的控制。设计上可以人工选择电子控制器工作或不工作。电子控制器工作时，实现推力的精确控制和发动机安全保护，因而发动机的性能更优。

为了保证发动机可靠地启动和稳定的发动机慢车转速，液压机械控制器通过改变供油量控制发动机高压转子转速。相应的发动机的加速、减速，以及稳态的控制也感受高压转子转速。而对于高涵道涡扇发动机，推力主要是由风扇产生的，当保持高压转速不变时，风扇转速或发动机压力比会随外界条件的变化而变化，因此要实现发动机推力的精确控制，应该控制风扇转速或发动机压力比 EPR（内涵或外涵压力比），这由电子控制器来实现。电子控制器接受油门杆位置信号，感受风扇转速或发动机压力比以及发动机相关参数，对液压机械控制器确定的燃油流量进行修正（通常称为下调 down trim），以保持风扇转速或发动机压力比不变，从而实现发动机推力的精确控制。

由于某些参数采用电传感器测量容易实现，因此电子控制器可以方便地实现发动机的某些安全保护功能，如排气温度 EGT 限制。此外，由于电子控制器具有较强的信息处理能力，它可以容易地与飞机系统交换信息，储存信息，实现发动机的状态监视与故障诊断，以及提供维护辅助。

图 6-24 是 CFM56-3 发动机控制系统框图。系统主要包括：主发动机控制（MEC，Main Engine Control）、功率管理控制（PMC，Power Management Control）、PMC 工作选择电门以及 PMC 不工作指示等。主发动机控制 MEC 是液压机械式控制器，PMC 是模拟式电子控制器。当 PMC 选择电门断开时，则 PMC 与 MEC 的连接断开，PMC 不参与控制，相应的 PMC 不工作指示灯 PMC INOP 亮，此时 MEC 控制发动机的高压转子转速 N_2，实

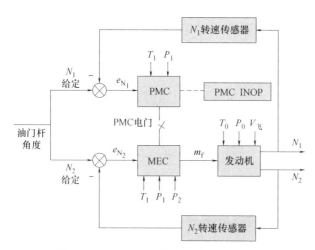

图 6-24　CFM56-3 发动机燃油系统框图

现所有的控制功能（发动机的启动、加速、减速和稳态控制）。当 PMC 选择电门闭合，PMC 工作时，PMC 对 MEC 确定的供油量进行修正，以保持油门杆给定的 N_1 转速，从而实现推力的精确控制。

图 6-25 为某发动机监控型电子控制系统结构示意图。系统主要包括：燃油控制器（FCU，Fuel Control Unit）、发动机电子控制器（EEC，Engine Electronic Control）、EEC 发电机、相关参数测量传感器、座舱操纵与显示，以及与飞机的通信等。

燃油控制器 FCU 是液压机械控制器，发动机电子控制器 EEC 是数字电子式。

正常工作时 EEC 由 EEC 发电机供电，飞机电源作为备用，从而保证 EEC 供电的可靠性。EEC 还从发电机获取 N_2 转速信号。电子控制器接收油门杆角度（TLA，Throttle Lever Angle）、发动机进气总压 p_{t2} 和总温 T_{t2}、涡轮出口总压 p_{t7} 和总温 T_{t7}（即 *EGT*）传感器信号、飞机引气状态信息，以及通过串行总线接收来自飞机大气数据计算机的高度、大气温度和飞行马赫数信息。EEC 通过控制发动机压力比实现发动机推力的控制，EEC 还实现发动机排气温度限制、涡轮间隙控制，并向发动机指示及机组告警系统（EICAS，Engine Indication and Crew Alarm System）提供 *EPR*、N_2 和 *EGT* 等信息。EEC 通过力矩马达与 FCU 连接。同样座舱有 EEC 工作选择开关和 EEC 不工作指示。

6.3.6　全权限数字式发动机控制系统（FADEC）

6.3.6.1　FADEC 系统概述

监控型电子控制器可以方便地从高压转子转速控制转换到风扇转速控制或 *EPR* 控制，从而实现发动机推力的精确控制，此外电子控制器可以实现测量更多的发动机参数，来提高控制的精度，有的机型还扩展了控制系统的功能，但由于电子控制器只是对液压机械控制器性能的改良，因而无法实现发动机的最优控制，控制系统的质量也较大。

随着电子技术以及计算机技术的迅猛发展，电子装置的工作稳定性和可靠性得到大大提高，以及计算机的数据处理速度、存储能力，使其运用于发动机控制成为可能和现实。所有的发动机控制功能都由电子控制器实现，因而称为全权限数字电子控制（也称为全功能数字电子控制系统 FADEC，Full Authority Digital Electronic Control，也有作 Full Authority Digital Engine Control）。FADEC 是当今动力装置控制的发展方向，它将航空发动机控制技术，以及发动机的使用维护提高到了一个新的水平。

FADEC 实现的功能包括：推力或功率控制；发动机的启动、加速、减速控制；发动机

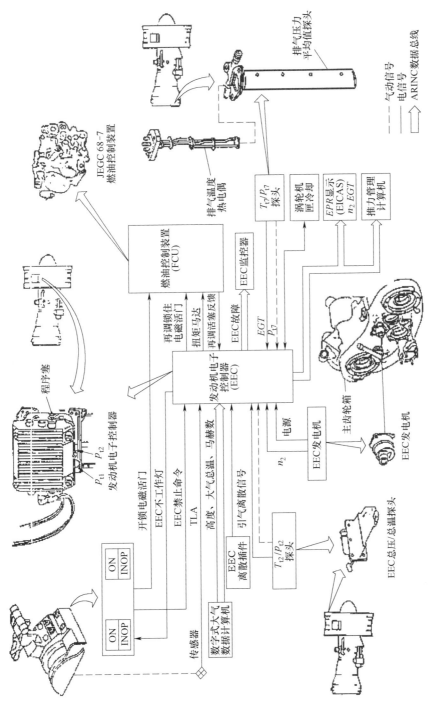

图 6-25　某发动机监控型电子控制系统框图

空气流量控制，即压气机可调静子叶片（VSV）控制、可调放气活门（VBV）控制和瞬时放气活门控制（TBV）；涡轮间隙主动控制（TACC）；高压压气机冷却空气流量控制；发动机滑油和燃油的温度管理；发动机安全保护；以及点火控制；反推控制；发动机状态监视与故障诊断、维护辅助等。图 6-26 示出了某发动机的 FADEC 系统功能图。

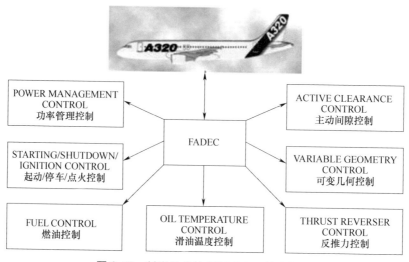

图 6-26　某发动机的 FADEC 系统功能图

　　FADEC 是基于计算机的发动机控制系统，它感受飞行员的指令、通过传感器将发动机参数及外界参数（如转速、温度、压力等）等信息转换成数字信号，由中央处理计算机进行综合和处理，然后计算机给出控制指令，经电液转换后操纵各执行机构，从而实现发动机的控制。

　　电子发动机控制器（EEC）或电子控制器（ECU）是 FADEC 系统的核心，完成所有的信息处理、计算、控制管理、信息存储和通信管理。液压机械装置不再具有计算功能，仅是系统的执行机构，它响应电子控制器的指令。图 6-27 所示为某发动机的 FADEC 系统组成。

　　对发动机的重要参数 FADEC 系统设置有多重保护，如超转保护除有软件保护还有独立的硬件保护。若 EEC 检测到转速超过安全限制时，将通过减少燃油供油降低发动机转速，此为软件保护。另外在系统中还有硬件超转保护。以便当软件超限保护失效时，由硬件装置减少发动机供油量，实现发动机的安全保护。硬件转速限制器的实现可以是机械式的，它组合在液压机械装置中，如 CF6-80C2、GE-90、CFM56-7 发动机；也可以是电子式的，设计有转速超转检测电路，如 PW4000 发动机。

　　FADEC 系统的使用使发动机的性能潜力得到充分发挥，由于感受的参数多，计算功能强，因此它能够实现发动机的最优控制。例如对于以控制 EPR 的高涵道比涡扇发动机，当 EPR 无法计算时，系统可以自动转换到以控制发动机风扇转速来控制推力。大大地降低了燃油消耗、减轻了驾驶员负担、提高了系统可靠性、改善了发动机维护性。此外控制器不再需要调准装置，即液压机械装置上不再有慢车、部分功率、燃油比重等调整钉。这些调整均由软件实现。

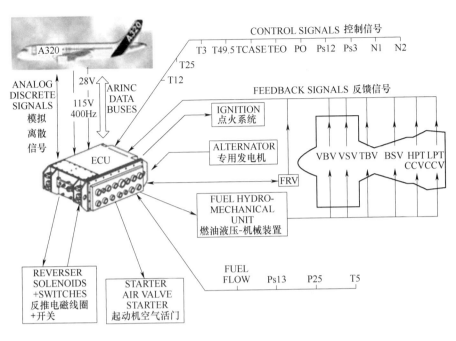

图 6-27　某发动机的 FADEC 系统

6.3.6.2　FAEDC 系统基本组成

全权限数字电子控制系统主要包括：电子发动机控制器 EEC（也称电子控制器 ECU）、液压机械装置（HMU，Hydro-Mechanical Unit）、传感器、执行机构（作动器/电磁活门）、专用发电机和互连电缆等，如图 6-28 所示。

（1）电子控制器 ECU（或 EEC）

电子控制器 ECU 包括：信号输入处理、数据计算与存储、信号输出处理三部分，如图 6-29 所示。

EEC 输入信号的类型有模拟量（如 *EGT*、油门杆角度等）、频率量（如转速）和离散量（如引气接通/断开、防冰系统接通/断开等操作或状态信号）。模拟量处理模块将来自传感器的信号进行放大，滤波，再经模/数转换器变换为数字量；频率量处理模块将来自传感器的信号进行隔离、整形、滤波后，由计数器转换为数字量，有的机型空气压力传感器安装在 EEC 中，由管路将被测空气引到 EEC，传感器输出是频率量，然后转换为数字量；离散量处理模块将外部输入信号进行隔离、电平转换便得到其信号的数字量。EEC 的输入信号中有些既用于控制计算，也用于发动机状态监视与故障诊断，有的信号只用于后者。

中央处理器对各种信号进行有效性检查、控制计算、数据存储、输出控制指令、与飞机系统通信，向飞机指示系统发送显示和告警信息。

EEC 还通过串行连接总线，通常为 ARINC429 或 ARINC629，经 EDIU（发动机数据接口组件）同飞机其他系统通信，如发动机指示和机组告警系统（EICAS）或电子中央飞机监控系统（EACM），中央维护计算机（CMC），大气数据计算机（ADC），自动油门系统（ATS）等等。EEC 一方面接受来自飞机的信息，如大气数据计算管理计算机（TMC）等

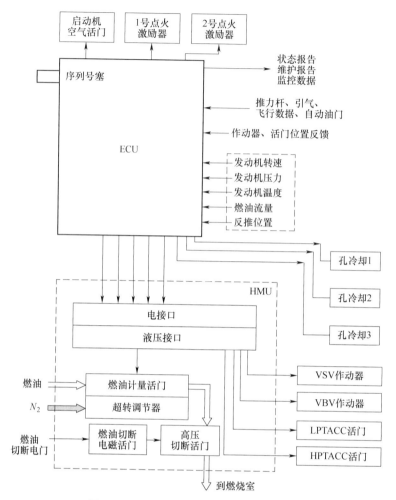

图 6-28　某发动机的 FADEC 系统的组成

飞行高度、大气总温、马赫数、自动油门等信息；另一方面也向飞机发送发动机控制数据、状态信息、故障信息、指示与告警信息。EEC 同 FMC（飞行管理计算机）之间的接口允许机组选择由自动油门计算机控制发动机的推力大小。

输出信号处理模块，将控制指令信号进行功率放大，以执行机构要求的信号模式（电流、电压、频率量、开关量）输出控制指令，驱动执行机构。EEC 驱动的执行机构的类型有力矩马达、电液伺服阀、步进电机、电磁活门等。

设计中通过采用了位置自主闭环控制、容错设计、EEC 的自检 BITE（Built-In Test Equipment）等措施来提高 FADEC 系统的可靠性和检测系统故障。

EEC 在位置控制，如计量活门位置、可调静子叶片位置、可调放气活门位置等均采用自主闭环控制，如图 6-30 所示。EEC 处理机计算被控对象的需求位置与反馈的实际位置的偏差，按控制规律发出控制信号给液压机械组件作动被控对象，直至两者趋于一致，即偏差为零。

电子发动机控制器采用双通道设计，大大地提高了系统的可靠性。EEC 的两个通道 A

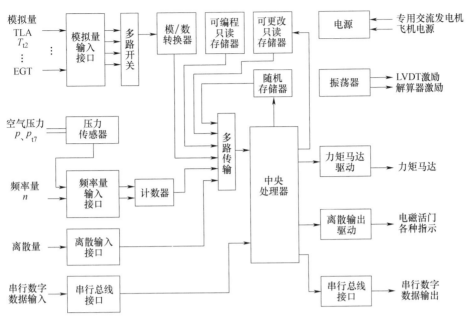

图 6-29　某发动机的 FADEC 系统 EEC 框图

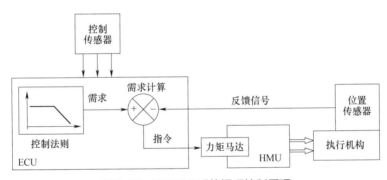

图 6-30　FADEC 系统闭环控制原理

和 B 是相同的且相互独立的。工作时，两个通道均接收和处理输入信号，并进行计算。通道选择器根据每个通道的健康状况决定最健康的通道输出控制指令，该通道被称之为活动通道（Active Channel），而另一通道称之为备用通道（Stand-by Channel）。若两个通道具有相同的健康状况，则根据发动机循环过程，在两个通道中交替选择活动通道。例如在上次运行中若 N_2 高于某值，则活动/备用通道在发动机启动时进行转换。任何情况下只有一个通道处于控制状态，另一通道处于备用状态。当控制器的两个通道都不能控制发动机时，系统自动转换为失效安全模式。

　　EEC 的两个通道间通过交互通信数据链（CCDL，Cross Channel Date Link）进行通道间数据交换，如共享传感器信息、飞机指令和 FADEC 状态信息等。

　　对于重要的参数测量如转速、*EGT* 等，采用多传感器。当某一传感器发生故障时 EEC 将另一传感器的测量信号用于控制。而对于监视信号如燃油温度，燃油压力等不采用余度结构。

类似地，对于重要的执行机构也采用双通道模式，如双线圈的电液转换部件，两个线圈分别与 A、B 通道相连。当一个线圈出现故障后，可以切换到另一通道，从而保证系统正常工作。对于安全性特别重要的关键执行机构回路，如主燃油控制回路，通常采用双-双余度电液转换的余度设计，即采用两个双线圈的电液转换部件，只有当四个余度均出现故障时，系统才会丧失控制能力。

目前可实现当系统中部分单元故障时，自动进行通道间控制单元重构，如图 6-31 所示。因此 FADEC 系统有非常强的容错能力。

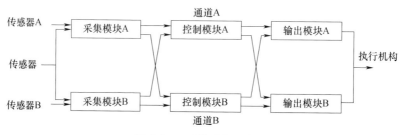

图 6-31   系统重构示意图

EEC 具有自检功能，称为机内自测试 BITE。自动检测系统可以发现系统的故障源，存储故障数据，并给出故障信息。

EEC 的电源。发动机启动时由飞机电源供电。当发动机转速达到一定值，专用的永磁式交流发电机（PMA）投入工作，向 EEC 供电。因此 EEC 正常工作时，由专用发电机供电，飞机电源作为备用电源。一旦专用发电机故障，则由飞机电源供电。

发动机识别塞（ID Plug）安装在 EEC 上，可使 EEC 获取发动机序列号、额定推力设定值，以及发动机构型等数据。发动机识别塞与发动机是一一对应的关系，在更换发动机、EEC 或 ECU 时，需保留在原发动机上，不允许单独拆下。

电子发动机控制器通常安装在温度较低和振动较小的风扇机匣上。

（2）液压机械装置 HMU

液压机械装置 HMU 是 EEC 的执行机构，它接收 EEC 的控制指令，实现各分系统的控制。

液压机械装置（HMU）把 EEC 输出的电信号转换成液压信号并对其进行液压放大，以驱动活门或作动器。不同的发动机，HMU 结构、安装位置也略有不同。图 6-32 示出了某发动机 FADEC 系统的液压机械装置框图。

FADEC 系统的液压机械装置 HMU 主要包括：燃油计量活门 FMV、定压差活门、旁通活门、增压和关断活门、停车电磁活门、定压活门、电液伺服活门（EHSV，Electro-Hydraulic Servo Valve）、计量活门位置解算器（R，Resolver）、高压转速超转保护器等组件。

EEC 发出的燃油指令电信号由电液伺服活门 EHSV 转换为液压信号，控制计量活门的开度大小，实现对发动机燃油流量的控制。计量活门位置解算器向 EEC 发送计量活门位置信息。定压差活门通过旁通计量活门前的高压燃油，来保持计量活门两端的压差不变。定压活门保持伺服油的压力恒定。

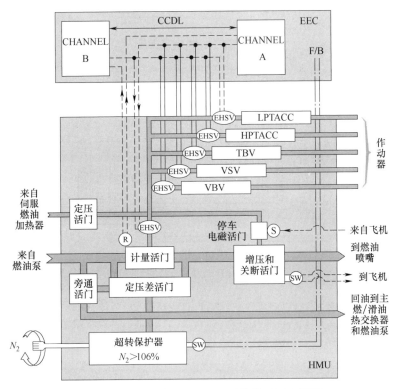

图 6-32　某发动机 FADEC 系统的 HMU 框图

当驾驶员发出停车指令，停车电磁活门断电，关闭增压和关断活门，切断供往燃烧室的燃油。发动机启动时，增压和关断活门保证燃油达到一定压力时向燃烧室喷嘴供油。

N_2 超转保护器接受机械转速信号，当转速超过 106% 时，通过降低计量活门两端的压差，来减小供往燃烧室的燃油流量，使发动机退出超转状态。同时通过微动开关向 EEC 发送超转警告信息。

图 6-33 为某发动机 FADEC 系统的 HMU 结构示意图。工作时，来自燃油泵的高压燃油，经计量活门、最小压力和切断活门到燃烧室的燃油喷嘴。EEC 发出的燃油流量指令电信号由力矩马达转换为液压信号，作用于计量活门的上腔，计量活门下腔为伺服压力油。超转减油电磁活门关闭。压力调节活门部分打开，保持计量活门两端的压差不变。伺服压力调节器保持伺服燃油压力不变。启动和运转电磁活门（通电）处于打开状态，停车电磁活门（断电）处于关闭状态，顺序活门处于最右位，风车旁路活门上腔通伺服油，活门关闭。发动机启动时，当计量活门后油压增加达到一定值时，油压克服最小压力和切断活门上腔的弹簧力，使活门打开，燃油供往燃烧室喷嘴。

当 EEC 指令增加燃油流量，力矩马达使喷嘴挡板开大，计量活门上腔油压力减小，计量活门向上移动，节流口开大，到燃烧室的燃油流量增大。当 EEC 指令减小燃油流量，过程则相反。与计量活门相连的计量活门位置双解算器，分别向 EEC 的 A、B 通道反馈计量活门的位置信息。最大流量止动钉和最小流量止动钉，限制计量活门的位移，实现飞行全包线最大和最小燃油流量的限制。

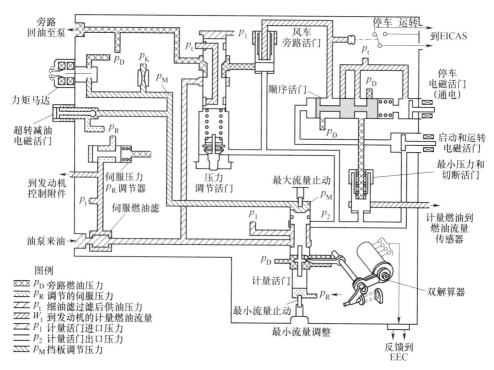

图 6-33　某发动机 FADEC 系统的 HMU 结构示意图

　　该系统的超转保护由电子硬件实现。一旦出现超转，超转电磁活门通电，活门打开，伺服油将进入计量活门上腔，活门向下移动关小计量活门，供往燃烧室的燃油流量减小，使发动机从超转状态退出。

　　当选择发动机停车，启动和运转电磁活门（断电）处于关闭状态，停车电磁活门（通电）处于打开状态，顺序活门处于最左位（如图所示），风车旁路活门上腔通低压油，活门打开。最小压力和切断活门上腔为伺服油，活门关闭，切断供往燃烧室的燃油。来自油泵的燃油经计量活门、风车旁路活门返回到油泵进口。

6.3.6.3　FADEC 系统使用与维护

FADEC 维护需要注意以下几点。

（1）FADEC 软件的安装与升级

　　安装前需检查 FADEC 软件版本与发动机和飞机硬件是否匹配。为了保证发动机更加安全、稳定、可靠和高效地工作，发动机制造商通常会定期发布新版本的 FADEC 软件，在获得新版本软件之后，需进行全面评估，以确定是否进行升级。升级时需注意软件的适用对象。有些版本的 FADEC 软件升级时要求同一架飞机的所有发动机 FADEC 软件同时升级，否则可能对飞行操作及发动机安全造成影响。另外软件升级时需要注意软件与硬件是否兼容，如 CFM56-7B 发动机的二代 FADEC 与三代 FADEC 软件互不兼容。

　　软件升级前需检查 FADEC 控制计算机是否记录有发动机故障。如有，则按维护手册实施相应处置后，再进行软件升级。

　　安装后，进行必要的测试，检查 FADEC 是否正常工作，确认发动机型号、推力、发动机序列号和软件版本等信息正确。

（2）保证 FADEC 控制器散热良好

由于控制器工作时要产生大量热量。如散热不良可能会造成控制器中电子元器件因为超温被损坏。

6.3.6.4 FADEC 系统主要部件的故障特性

根据系统各部件的主要失效模式和可能的原因，如表 6-1 所示。

表 6-1 　　　　　　　　　　　　FADEC 系统组成部件故障特性

部件名称	失效模式	失效原因
传感器	输出信号损失 输出信号丢失	信号电平不匹配、信号转换错误 芯片失效、射频干扰、电源故障
EEC 组件	处理信号错误 处理信号功能丧失	软件运行错误、硬件模块错误 硬件烧毁、软件无法运行
HMU 组件	无燃油输出 燃油输出不正确	燃油计量活门、增压与关闭活门堵塞 力矩马达输出力矩不正确
执行机构	无燃油/滑油输出 燃油/滑油输出不正确	力矩马达故障、液压放大器故障 力矩马达输出力矩不正确

在 FADEC 系统的闭环控制回路中，当传感器输出故障时，即使回路中的其他组成部分，如 HMU 组件和作动器完好，也会出现一系列功能失效的情况。

目前民用飞机都配备了机载维护系统，主要用于监控飞机各系统的工作状态，并存储各系统的故障维修信息、状态信息和配置信息，以提供给相关人员进行分析，帮助维护人员迅速隔离故障。某些先进飞机，其机载维护系统配合飞机各系统的机上自检测功能，可以自动实现故障隔离。

6.3.6.5 FADEC 维护信息

目前飞机上装备的中央维护系统（CMS）可对飞机绝大部分系统进行故障监控和隔离，并提供维护信息，同时具有对飞机系统进行测试的功能。它为维护人员提供了一个集中的、标准化的排故方法，减少了排故时间，降低了维护成本。

在驾驶舱内，机组可通过显示系统获得各系统的故障信息，也可通过相应指示灯来了解飞机的工作状态。飞机系统数据的收集由四个主要的系统来完成：EICAS 或 ECAM、飞行数据记录系统、中央维护系统和飞机状态监控系统（ACMS）。ACMS 主要用于发动机、APU 和其他性能数据监控。

在正常工作时，ECAM 或 EICAS 一直显示正常的飞机参数，而飞行数据记录系统和飞机状态监控系统则记录参数。当探测到异常时，ECAM 或 EICAS 指示异常参数或状态，并发出相关的告警，CMS 则记录系统机内自检程序（BITE）探测到的故障信息，如图 6-34 和图 6-35 所示。

维护人员可以通过各种途径来获取这些信息，如多功能控制和显示组件 MCDU、ECAM/EICAS 显示器、打印机、数据下载系统、飞机通信寻址与报告系统（ACARS，Aircraft Communications Addressing and Reporting System），以便进行故障排除。如果飞机系统监控到相关的一个系统或一个功能丢失，需要进行修理，系统将自动报送故障数据到综合

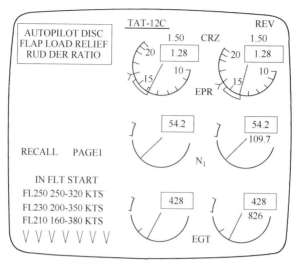

图 6-34　EICAS 的告警显示区域

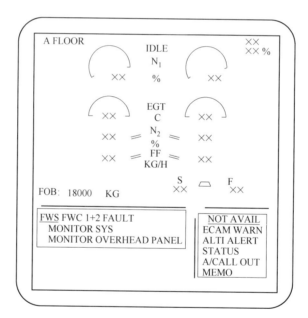

图 6-35　ECAM 的告警区域和提示区域

显示系统，显示相应的信息或符号等，这称为驾驶舱效应（FDE，Flight Deck Effect）。在产生驾驶舱效应的同时，该系统也会将故障信息送到 CMS。当 BITE 探测到系统产生了一个故障，会将故障信息送到中央告警系统触发一条告警信息，同时 CMC 把它们作为驾驶舱效应，并将故障信息和产生故障的时间、日期、故障源的设备名称、飞行航段等合并成故障报告。

　　在波音飞机上，还显示相应的维护信息码，根据此代码，在故障隔离手册中很容易找到相应的故障原因。此故障报告可由打印机打印出来，或通过 ACARS 发送到地面站。在空客飞机上，如果选择自动打印功能，当飞机落地，且发动机关车后，该飞行航段报告会自动地打印出来。图 6-36 所示为波音 737-600/700/800/900 的故障查询方法。

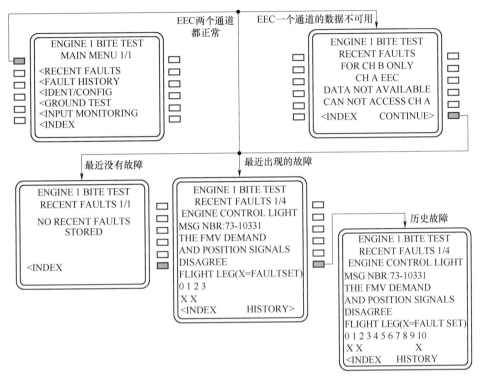

图 6-36　波音 737-600/700/800/900 的故障查询方法

第 7 章

启动和点火系统

发动机启动和点火系统实现发动机地面和空中启动、冷转，以及特定条件下发动机燃烧室的点火。本章分别讨论启动系统和点火系统。

7.1 启动系统

启动系统的功用是使发动机从静止加速到慢车状态，以及实施发动机冷转。某些直升机发动机启动可以直接到慢车以上的飞行状态。发动机启动包括地面启动和空中启动。

7.1.1 启动系统的组成及工作

7.1.1.1 启动系统的组成

启动系统主要包括：启动机、点火系统、启动供油装置、启动程序机构、启动电门或启动手柄等。

启动机的作用是在启动初期带转发动机转子并使转子加速。

启动供油装置的作用是控制启动供油量，确保发动机在启动过程不超温、不喘振和不熄火。在发动机启动开始时，燃油控制器提供给发动机一个初始燃油量（通常较为富油，便于混合气着火），随着转速的增加，控制器感受发动机转速、压气机出口压力（反映空气流量）、排气温度 EGT 等参数，按预定的供油规律自动地控制燃油流量的增加量，以确保发动机启动迅速且安全。对于液压机械式燃油控制器和监控型电子控制器，启动供油装置为发动机燃油控制器的组成部分之一；而对于 FADEC 控制系统，不需要专门的启动供油装置，燃油流量由 EEC 计算，HMU 计量。

对于液压机械式燃油控制器，还需要一个启动程序机构。其作用是在发动机启动过程中协调启动机、点火系统和启动供油装置的工作。启动程序机构通过时间和发动机高压转子转速来实现启动程序控制。对于 FADEC 系统不需要专门的启动程序结构，启动过程各部件（系统）的协调由 EEC 完成。图 7-1 给出了某发动机的启动系统的组成。

7.1.1.2 发动机的启动过程

不同的发动机的启动过程基本相似。一般地，当选择发动机启动，启动机便投入工作，通过附件齿轮箱带动发动机转子转动并加速，压气机吸入并压缩空气，同时点火系统供电、电嘴跳火，随后燃油系统供油。燃烧室点燃后涡轮发出功率，启动机与涡轮共同带

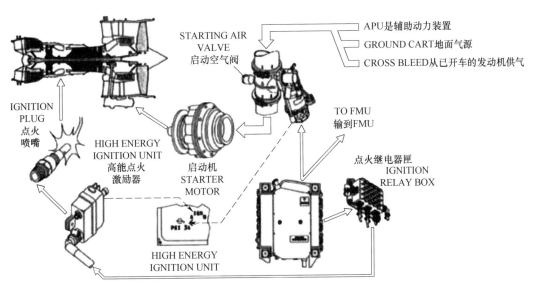

图 7-1　某发动机启动系统的组成

动转子继续加速，当转子转速达到自维持转速后，启动机脱开，退出工作，涡轮使发动机加速到慢车状态，启动过程结束。发动机启动过程中转速与排气温度 *EGT* 随时间的变化，如图 7-2 所示。

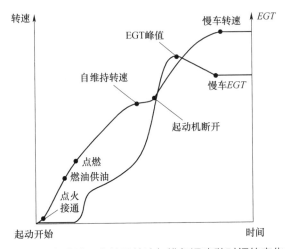

图 7-2　启动过程中转子转速与排气温度随时间的变化

　　自维持转速是涡轮功率与转子旋转阻力功率（主要为压气机功率）相等时的发动机转速。将启动机脱开时的发动机转速定义为也称为自加速转速。

　　发动机启动过程是转子不断加速的过程。启动时间越短意味着发动机启动性能越好。启动时间的长短取决于发动机转子上剩余功率的大小。剩余功率指启动机与发动机涡轮功率之和减去发动机转子的阻力功率。剩余功率越大，转子的加速度越大，则启动的时间越短。

　　根据发动机转子上的剩余功率，可以将发动机的启动过程分为三个阶段：

　　a. 启动机开始转动到发动机燃烧室点燃，发动机涡轮发出功率，这一阶段由启动机带转发动机转子加速；

　　b. 从涡轮发出功率到启动机脱开，这一阶段由启动机和涡轮共同使发动机转子加速；

　　c. 从启动机脱开到发动机慢车转速，这一阶段由发动机涡轮使发动机转子加速。

　　通过分析发动机启动过程，发现启动机退出工作的时机对发动机启动成功与否具有决定性影响。若启动机退出工作过早，由于发动机转速较低，空气流量小，涡轮产生的功率较小，发动机转子所获得的剩余功率不大，此时如果出现一些扰动（如顺风）则会使涡轮功率减小，导致发动机剩余功率过小或为零或为负，而使发动机转子加速滞缓或悬挂（不加速）或减速，即发动机启动失败。

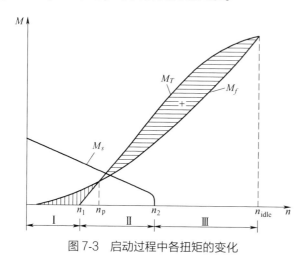

图 7-3　启动过程中各扭矩的变化

　　图 7-3 给出了启动过程中启动机扭矩 M_s、涡轮扭矩 M_T 和转子的阻力扭矩 M_f 随发动机转子转速的变化。

7.1.2　启动机

　　目前常用的启动机有：电启动机、空气启动机和燃气涡轮启动机。启动系统设计中设计人员根据飞机的用途，以及发动机启动性能的要求来选择启动机。民航运输机对启动过程的要求：对乘客干扰最小，使用最经济。

　　启动机安装在发动机附件齿轮箱，功率输出轴通过附件传动系与发动机转子相连。

7.1.2.1　电启动

　　电动启动机包含一台直流电动机、减速器、棘轮机构（或离合器）和功率输出轴，如图 7-4 所示。

　　电动启动机的供电可以是飞机电瓶，也可以是地面电源。供电电压是高压还是低压取决于具体机型。电源通过一个接触器和启动机相连。当选择发动机启动，启动程序机构或 EEC 使接触器接通，启动机则通电并转动，通过减速器、离合器和功率输出轴带动发动机转子加速。一旦发动机达到加速转速后，启动程序机构或 EEC 使接触器断开，切断启动机供电，棘轮机构（或离合器）使得启动机与发动机转子脱开，启动机退出工作。

　　电启动机具有功率小，工作可靠的特点，常用作小型发动机的启动机。

　　有的机型为了减轻重量，将启动机设计为启动/发电机。启动时作为启动机工作，当发动机转速达到一定值后便作为发电机向飞机电源系统供电。

7.1.2.2　空气启动机

　　空气启动机主要由空气涡轮、减速器、离合器和功率输出轴所组成。如图 7-5 所示为一种典型的空气启动机。

　　具有一定压力空气在空气涡轮中膨胀，驱动空气涡轮转动。空气涡轮通过减速器、离合

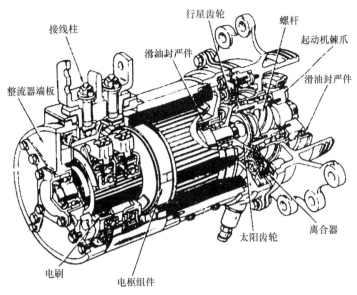

图 7-4　电启动机

器、功率输出轴驱动发动机转子。

压力空气可以来自飞机气源系统，可以由飞机辅助动力装置（APU）、已经运转的发动机、地面气源供气，如图 7-6 所示。启动机通过空气活门与飞机气源系统相连。控制活门的打开/关闭就控制了启动机的工作。通常启动活门是一个电磁活门。当选择发动机启动，启动程序机构或 EEC 使启动电磁活门通电，活门打开，压力空气进入启动机。一旦发动机达到自加速转速后，启动程序机构或 EEC 使启动电磁活门断电，活门关闭，启动机退出工作。

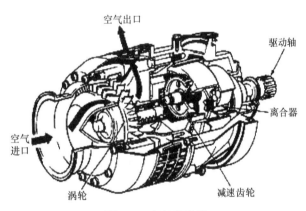

图 7-5　空气启动机

空气启动机具有功率大、重量较轻、结构简单、使用经济等许多优点。目前被广泛用作民用涡扇发动机和一些军用喷气发动机的启动机。

在启动发动机之前必须检查供气压力是否低于规定的最低压力，以保证启动机具有足够的功率。

7.1.2.3　燃气涡轮启动机

燃气涡轮启动机包含一台小型的涡轴发动机、减速器、离合器和功率输出轴等。涡轴发动机通常由单面单级离心压气机、回流燃烧室、单级燃气发生器涡轮、单级自由（/动力）涡轮所组成。自由涡轮经由两级游星式减速器、离合器、输出轴、附件传动系与发动机转子相连。图 7-7 所示为一种典型的燃气涡轮启动机。燃气涡轮启动机的启动系统采用电启动机。

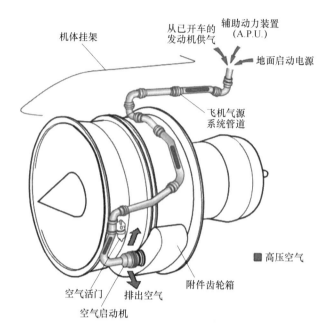

图 7-6　空气启动机的气源

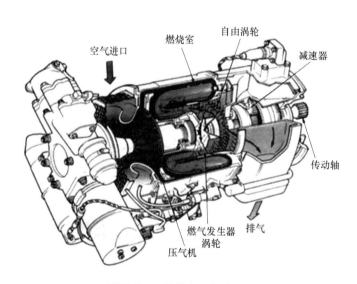

图 7-7　一种燃气涡轮启动机

在发动机启动开始时，燃气涡轮启动机由它的启动机带转，直到它达到自加速转速，此时启动和点火系统自动关闭，燃气涡轮启动机继续加速到大约 60000r/min，同时燃气经过导向器叶片导入自由涡轮，使其带动主发动机。一旦主发动机到达自加速转速后，切断启动机供油，燃气涡轮启动机停车，离合器使启动机轴与主发动机转子脱开。

燃气涡轮启动机具有输出功率大、结构复杂、可以不依赖外界电源和气源的特点。常用于军用发动机中。

7.1.3 发动机启动注意事项和启动保护

不同的飞机，发动机的启动操作略有不同。发动机启动由人工操纵启动杆或启动开关进行。有的发动机设计有自动启动功能。

当选择自动启动之后，整个启动过程（点火、供油等）由发动机电子控制器 EEC 自动地控制，不需要人工参与。自动启动功能可能设计有一次启动不成功，系统自动地进行第二次启动。

人工启动过程中，供油和点火由机组或试车人员自行确定。启动时要注意供油有最低发动机转速要求。过早或过晚供油都可能造成启动失败，出现超温、转速悬挂等故障。

对于在冷天或高原条件下启动发动机，由于启动机的功率和发动机特性所限，制造商建议用启动机将发动机带至较高转速后点火、供油，以提高启动的成功率；对于具有自动启动功能的发动机，在上述条件下如出现启动困难，建议改用人工启动模式。

启动过程中要密切监视发动机参数的变化，如出现不正常应终止发动机启动过程，避免发动机损坏。

现代民航飞机发动机控制系统具有监控发动机启动过程的能力。一旦出现启动故障，控制系统则会立即终止启动。如 CFM56-7B 控制系统具有启动过热保护、湿启动保护、失速保护、掉转超温保护等功能。

7.2　点火系统

点火系统的功用：一是在发动机地面/空中启动过程中，使电嘴产生高能量的电火花，点燃油气混合气；二是在特定飞行阶段或特殊气象条件下，提供持续的点火，以避免燃烧室熄火。

燃气涡轮发动机的点火系统为高能点火方式。点火系统都为双系统设计，即每台发动机有两套独立的点火系统，目的是确保发动机点火可靠。两个点火电嘴分别安装在燃烧室的不同位置。可人工选择系统单点火或双点火工作。正常启动可采用单点火；发动机空中启动以及特殊情况下（如喘振发生时）控制系统提供的自动点火都采用双点火。在特殊飞行阶段（如起飞、进近着陆）或恶劣气象条件下（如大雨）为预防发动机熄火时通常接通连续点火。

发动机启动过程中，点火系统自动或人工接通工作，当发动机达到一定转速，点火系统断电，停止工作。

7.2.1 发动机点火系统的组成

每套点火系统包括：点火激励器、点火导线和点火电嘴，有些机型设计有电嘴冷却装置。

7.2.1.1　点火激励器

点火激励器将飞机电源的低电压转换为脉冲高电压，并通过高压导线向电嘴供电。

点火激励器按其电源的形式，分为直流点火激励器和交流点火激励器。

直流点火激励器主要由滤波器、断续器、整流器、储能电容、放电间隙和分流电阻所组成，如图 7-8 所示。

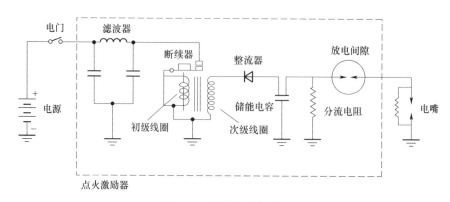

图 7-8　直流点火激励器

直流点火激励器的供电通常为 24~28V 直流电。当点火电门处于打开位，断续器触点在弹力作用下处于闭合状态。一旦座舱点火开关闭合，在低压电路中，电流流过初级绕组，初级绕组产生的电磁力使断续器触点断开，电流停止，电磁力消失，触点在弹力作用下又闭合，电流再次通过初级绕组，触点又断开，电流停止……这就在低压电路中形成脉冲电压。由于次级线圈的匝数较初级线圈的多，因此在次级线圈便得到同频率的高压电。高压电经整流后，向储能电容充电。当储能电容器两端建立起足够的电荷，即电压达到一定时，电容上的电荷通过点火电嘴而释放，从而在点火电嘴上产生电火花。点火电嘴产生电火花的频率为 1~2 次/s，点火能量可高达 16~20 焦耳。

断续器触点是机械式的。当初级回路断开时，在初级线圈中将产生自感电动势，会在断续器触点处产生电弧，导致触点的烧蚀，使得点火激励器的寿命和可靠性降低。为此后来发展了晶体管点火激励器。在晶体管点火激励器中用晶体管断续器电路取代机械触点式断续装置，解决了机械式触点的烧蚀问题，因此其寿命大大延长，可靠性提高。此外晶体管点火激励器重量轻、尺寸小。图 7-9 给出了晶体管点火激励器的结构。

交流点火激励器主要由滤波器、变压器、整流器、储能电容、放电间隙和分流电阻所组成，如图 7-10 所示。

交流点火激励器与直流点火激励器不同的是其供电为交流电，因此无须振荡电路。其工作与直流点火激励器相似。

7.2.1.2　点火导线

点火导线将点火激励器产生的高压脉冲电压送到点火电嘴。点火导线带编织屏蔽层，有的还有保护管，如图 7-11 所示。有些发动机点火导线从初始端到末端采用同样的结构，而有些点火导线（如 CFM56 发动）设计时被分为两段：一段位于温度较低的区域（在发动机风扇段），被称为冷段；另一段则位于环境温度相对较高的区域（在发动机核心机

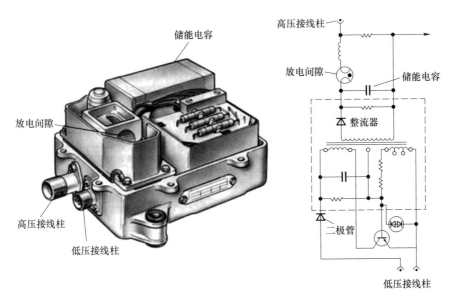

图 7-9　晶体管直流点火激励器

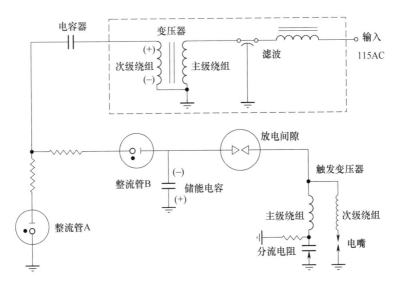

图 7-10　交流点火激励器

舱），被称为热段。冷段和热段分别具有不同的结构。为延长点火导线的寿命并提高点火可靠性，热段点火导线周围通有冷却空气。冷却点火导线的气流随发动机的不同存在差异。某些发动机点火导线的冷却空气从低压压气机出口引出，然后沿导线内的流道流向点火电嘴，最终从点火导线与点火电嘴连接处流出，同时对点火电嘴也进行了冷却，从而降低电嘴的温度，延长使用寿命。

7.2.1.3　电嘴

　　电嘴有两种类型，即收缩或约束空气间隙式和分路表面放电式。空气间隙式电嘴工作时是由高压极（也称中央极）向旁极（接地）放电击穿电嘴头部两极之间的空气而产生

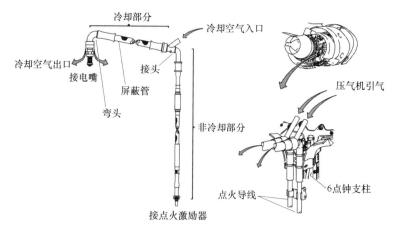

图 7-11　点火导线的冷却

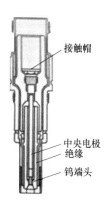

图 7-12　点火
电嘴结构

电火花。分路表面放电式电嘴在其头部装有半导体雷管。工作时中央极的高压电向壳体放电，使雷管表面电离，而产生电火花。空气间隙式电嘴要求的电压远比分路表面放电式的高，因此前者对整个线路的绝缘要求更高，目前燃气涡轮发动机都采用分路表面放电式电嘴。电嘴的基本结构，如图 7-12 所示。

7.2.2　发动机点火控制及熄火保护

每个点火激励器接受来自飞机供电系统的电源，点火激励器的供电由飞机驾驶舱中的电门和控制器控制。点火系统是否工作取决于驾驶舱中的电门位置，不同飞机点火系统的控制稍有差别，但在正常飞行中点火系统均处于不工作状态。在需要预防发动机熄火时可接通点火系统。采用全权限数字电子控制的发动机上，控制系统可根据需要接通或中断点火。下面以波音 737NG 飞机上的 CFM56-7B 发动机为例说明发动机的点火控制及熄火保护。

CFM56-7B 发动机为 FADEC 控制系统。控制/操纵点火系统的部件有：发动机启动杆、发动机启动开关、点火选择开关、电子发动机控制器 EEC。发动机启动杆、发动机启动开关和点火选择开关在驾驶舱。图 7-13 所示了波音飞机的点火系统操纵在驾驶舱中的位置。发动机启动杆有停车位和慢车位。当启动杆移动到慢车位，到 EEC 的 115V 交流电被接通。

发动机启动开关有 GRD（地面启动）、OFF、CONT（连续点火）和 FLT（空中点火）四个位置。点火选择开关有 IGN L（左点火电嘴）、IGN R（右点火电嘴）和 BOTH（双点火电嘴）三个位置。分别控制左点火电嘴工作、右点火电嘴工作和双点火电嘴同时工作。点火选择开关与启动开关的信号输入公用显示系统/电子显示器 CDS/DEUs（CDS，Common Display System；DEU，Display Electronics Unit）。

EEC 接收启动杆的位置信号并通过 CDS/DEUs 接收点火选择开关和启动开关信号

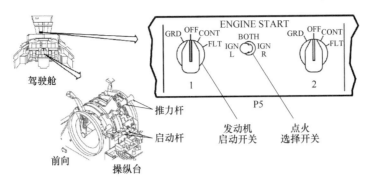

图 7-13　点火系统操纵在驾驶舱中的位置

（EEC 也直接接收启动开关的 GRD 和 FLT 信号）。EEC 根据这些信号来控制内部的四个开关。EEC 的这四个开关和启动杆控制了到点火激励器的 115V 交流电 D 的接通与断开。每个 EEC 的通道有 2 个开关（CH A 和 CH B）分别控制 2 个点火激励器。如图 7-14 所示。

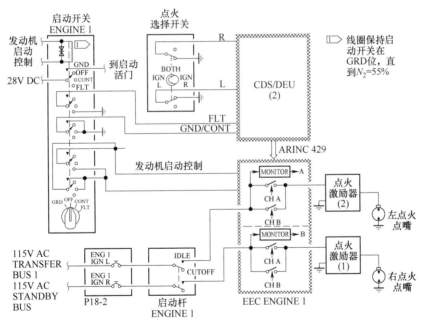

图 7-14　点火系统功能描述

点火系统的工作分为：手动控制和自动控制（即熄火保护）两种模式。

7.2.2.1　手动控制

发动机启动开关的 GRD 位用于发动机地面启动。当置发动机启动开关于 GRD 位时，发动机启动机接通并带转发动机转子；EEC 接通点火激励器控制开关。上提启动杆，点火激励器通电（电嘴跳火），燃油增压活门通电，当燃油压力达到一定值燃烧室开始供油。

发动机启动开关 OFF 位用于关断启动和点火系统。通常当发动机启动开关在 OFF 位点火系统不工作，如果 EEC 发现发动机有可能熄火将自动接通点火系统。

发动机启动开关的 CONT 位用于连续点火。机组在起飞/或进近/或着落/或恶劣气象条件时，可置发动机启动开关于 CONT 位，此时点火选择开关决定哪个点火电嘴连续地工作。

发动机启动开关的 FLT 位用于发动机空中启动。当置发动机启动开关于 FLT 位，不管点火选择开关处于何位置。EEC 使两套点火系统连续地工作。

7.2.2.2 熄火保护

如果出现下列情况之一，EEC 自动地将两套点火系统接通：

① 发动机启动杆在慢车位，启动开关在 FLT（空中启动）位。

② 飞行中，发动机启动杆在慢车位，启动开关在 GRD（地面启动）位或 CONT（连续点火）位，且 N_2 小于慢车转速。

③ 发动机启动杆在慢车位，发动机转速非指令掉转或 N_2 小于57%且大于50%，这时两套点火系统接通30s。

④ 飞行中，发动机启动杆在慢车位，启动开关在 OFF 位，N_2 小于慢车转速且大于5%。

在下列情况下，EEC 关断点火系统：

① 地面热启动。

② 地面湿启动。

③ 飞机在地面，发动机启动杆在慢车位，发动机启动完成，N_2 大于50%且 EGT 大于启动限制值。

④ 由于 N_2 小于慢车转速或非指令掉转而接通点火系统后，发动机转速又回到正常值。

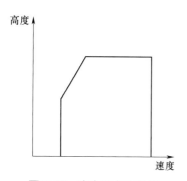

图 7-15　空中再点火包线

发动机空中启动不同于地面启动，空中启动存在空中启动包线。空中启动包线是发动机在空中能够可靠启动的高度和速度范围，如图 7-15 所示。飞行中出现发动机停车，这时由于气流流过发动机，发动机转子是转动的，这称为风车状态。空中启动包线也称风车启动范围。在空中启动发动机，发动机风车转速维持油气混合气在能够被顺利点燃的水平，因此只需要置启动开关到 FLT 位即可。但如果发动机空中熄火，而发动机所处的状态不满足空中启动包线，则需要启动机辅助带转，这时启动程序与地面启动一样。

7.3　启动常见故障及系统维护

7.3.1　发动机启动常见故障

由于发动机存在故障或某些不正常，会导致发动机不能正常启动，甚至启动过程中损坏发动机。启动可能出现的不正常现象有：热启动、启动悬挂、湿启动（燃烧室不能点燃）、启动机不能自动脱开、发动机的参数摆动、喘振、振动过大等，其中热启动、转速悬挂与湿启动是最为常见的故障。

热启动是启动过程中 EGT 超过限制，或 EGT 上升过快，即将超限。引起发动机热启动的根本原因是由于燃烧室富油燃烧。可能导致油/气比不当的因素有：燃油供给发动机太多或太早、燃烧室存在残余燃油、启动失速、启动机功率不足、压气机或涡轮故障、转子所受摩擦力增大，以及发动机空气流量控制系统故障等。

转速悬挂是启动过程中转速停滞，不能加速到慢车转速。转速悬挂的根本原因是转子上的剩余功率为零。可能导致转速悬挂的因素有：启动机功率不足，可能是启动机有故障，或启动活门卡阻而未能完全打开，或气源（对空气启动机）/电源（对电启动机）压力不足；压气机故障或性能衰退导致压气机损失过大；涡轮存在故障或性能衰退，而导致涡轮功率减小；燃油系统故障或测量系统故障，导致供油量过小。启动悬挂分为冷悬挂和热悬挂。热悬挂是指转速悬挂的同时伴随 EGT 超温。例如在高温高原机场启动发动机，由于空气密度低，发动机空气流量小，使得：一是容易形成混合气富油，涡轮前温度较高；二是可能引起压气机进入气动不稳定状态；三是涡轮功率减小。结果导致热悬挂。

湿启动是燃烧室供油后，燃烧室没有被点燃。湿启动直接的表现为发动机排气温度不上升。出现湿启动的可能原因：点火电嘴不能产生足够能量的电火花或油气比不适当。点火电嘴不能产生足够能量的电火花的可能原因：点火激励器故障、点火激励器的供电电压不足、点火导线接头接触不良、电嘴烧蚀严重。另外电嘴与喷油嘴之间的相对位置不合适，电嘴点火区油气比贫油或过富油，而不能使油气混合气点燃。

7.3.2　启动与点火系统的维护

下面就启动与点火系统的维护作一般性介绍，具体机型的维护项目与操作应查阅其有效的维护手册。

7.3.2.1　维护需注意的事项

应特别注意：点火系统是高压电，因此不要触摸电接头。即使在没供电情况下，点火系统也可能放电，否则可能对人员造成伤害。因此进行点火系统维护时，首先要确认点火激励器已断电至少 5min（这个时间对不同的机型稍有差异，具体应查阅维护手册），以保证点火激励器中的充电电容放电完成。

对空气启动机的启动活门，在上下游没有足够气压差的情况下禁止强行超控，以避免损坏活门。在安装启动机时，要注意启动机内部的润滑。对于与发动机采用同一润滑系统的启动机，初次安装后需在启动发动机之前向启动机加注一定量的滑油，以保证启动发动机时启动机具有良好的润滑。在使用启动机对发动机进行多次冷转时要遵循启动机的工作时间、次数限制和工作间隔时间要求。此外还需注意啮合启动机允许的最大发动机转速。

在安装点火电嘴时应在安装螺纹上涂抹一定量的防咬剂，避免下次拆卸困难。需要注意的是与点火导线相连接的螺纹上不能涂抹。要确保点火电嘴的安装深度满足维护手册的规定。这对于保证可靠点火以及点火电嘴的寿命都是非常重要的。

定期检查电嘴头部的烧蚀情况、绝缘状况，以及有无其他不正常，按制造商提供的标准确定是否需要更换点火电嘴。

点火导线安装前应检查导线是否有擦伤。点火导线电接头的连接螺纹、绝缘是否正常，绝缘陶瓷不应有裂纹或其他损伤。使用中要定期检查点火导线的安装状况，确认电火导线、点火电嘴、点火激励器之间可靠连接，且均没有损伤。

7.3.2.2　储存应注意的事项

启动机和点火系统部件应储存在清洁、干燥、温暖和无腐蚀的条件下。储存温度和湿度应符合维护手册的规定。点火电嘴的螺纹部分应涂防锈剂，并用蜡纸或聚乙烯管包裹电嘴。包裹后的电嘴可以单独或同其他电嘴一起放在硬纸板盒中，然后将盒子密封。点火导线应用蘸有白酒精的湿布擦去任何油脂/渍，端头用堵盖堵住。导线应以自然位置存放（即不卷起或弯曲）在平的架子上、并用防尘布遮盖。

启动机和点火装置运输可采用两种包装。一种是将部件装入聚乙烯袋中并放适量的干燥剂后密封，然后将袋子放在加衬垫的木制或硬纸板盒中。另一种是用防油脂纸代替聚乙烯袋。包装之前启动机齿轮箱应泄放，外部螺纹和传动轴涂防锈剂。

第8章

空气系统

发动机空气系统的功用：一是保证发动机的冷却，内部封严和压力平衡；二是发动机空气流量控制，保证发动机的工作稳定性；三是涡轮主动间隙控制，提高涡轮的效率；四是发动机的防冰。发动机空气系统包括：内部空气系统、压气机流量控制系统、高/低压涡轮主动间隙控制系统和防冰系统。

8.1 发动机冷却系统

发动机工作时一些零（部）件温度会较高，因此需要不断地对它们进行冷却，避免其超过正常工作温度，保证其可靠的工作。发动机冷却系统分成外部冷却系统和内部冷却系统。

发动机内部冷却、内部封严和压力平衡合称为内部空气系统。内部空气系统涵盖了除主气流以外的所有发动机内部气流。内部空气流均取自发动机主气流，最后空气经通风系统排出发动机外或重新进入发动机的主气流，如图 8-1 所示。为了减少发动机的性能损失，在满足引气压力要求的前提下，尽可能从风扇引气或压气机的前面级抽取空气，以减少引气对发动机性能造成的损失。

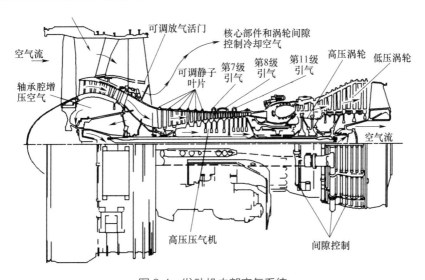

图 8-1 发动机内部空气系统

8.1.1 发动机外部冷却系统

外部冷却系统确保发动机附件和机匣得到足够冷却；同时保持发动机舱的通气，以防止由于燃油或滑油泄漏产生的可燃蒸气在发动机舱内聚集。发动机外部冷却系统如图 8-2 所示。

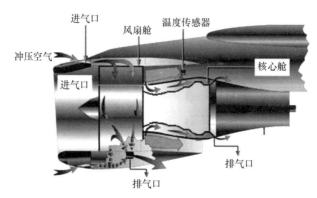

图 8-2 发动机的外部冷却系统

发动机的一些附件工作时会产生大量热量，例如整体驱动发电机 IDG；有些附件工作时本身不产生热量，但位于发动机温度较高的部位（热端），因此这些附件需要冷却，此外有的发动机点火导线也需要冷却。涡扇发动机整流罩与机匣之间的区域被分为两个部分：风扇舱和核心舱。两个舱由隔框和防火密封隔开。风扇舱由外部冲压空气冷却和通气；核心舱通常由风扇出口空气冷却和通风。

8.1.2 发动机内部冷却系统

发动机上需要冷却的主要部件有燃烧室和涡轮。

8.1.2.1 燃烧室的冷却

在燃烧室的燃烧区，燃气温度可达为 1800～2200℃，甚至更高。由于燃气温度太高，直接流经涡轮会烧坏涡轮叶片。因此，进入燃烧室空气的 75% 用于冷却。其中大部分冷却空气穿过火焰筒上的径向掺混孔进入火焰筒，直接与燃气混合，以降低燃气的温度。还有一部分冷却空气从火焰筒壁面的切向孔进入火焰筒，这部分空气沿火焰筒壁内表面流动，在火焰筒内表面形成一层气膜，将火焰筒壁面与高温燃气隔开，从而保护火焰筒（即对火焰筒进行冷却），燃烧室的冷却，如图 8-3 所示。

8.1.2.2 涡轮的冷却

涡轮前燃气温度是燃气涡轮发动机的一个非常重要的技术指标，它决定了发动机的单位推力，即单位质量的空气流过发动机能够产生的推力和功率大小。发动机单位推力大，则在相同总推力的情况下，发动机尺寸就小，因此发动机设计时尽可能地提高涡轮前温度。但涡轮前温度的提高要受到零件材料强度的限制。对涡轮进行冷却是提高涡轮进口温

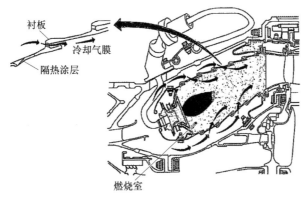

图 8-3　燃烧室的冷却

度的措施之一。由于采取了冷却措施，就可以允许燃气的温度达到或超过材料的熔点而不造成叶片和导向器被烧坏。

　　涡轮导向叶片和涡轮工作叶片的寿命不仅取决于它们的结构形式，而且还与其冷却设计密切相关。目前在大多数现代燃气涡轮发动机上涡轮叶片的冷却方式设计会根据其工作条件和制造成本综合考虑。高压涡轮导向叶片采用对流、冲击和气膜冷却组合冷却。同样，高压涡轮转子叶片用对流、冲击和气膜冷却。第二级喷嘴导向叶片正常情况下用对流和冲击冷却。第二级转子叶片正常情况下仅用对流冷却，因为这里温度已经降低了。涡轮后几级由于燃气温度已经降低到材料能够承受的温度，为了降低制造成本通常被做成实心叶片。如图 8-4 所示高压涡轮导向器的冷却示意图。如图 8-5 所示高压涡轮转子叶片的冷却示意图。

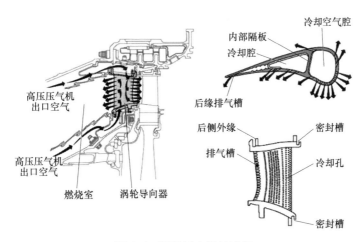

图 8-4　涡轮导向器的冷却

　　从涡轮叶片向涡轮盘的热传导要求对轮盘加以冷却。冷却涡轮盘的空气流过轮盘表面，然后沿级间封严与轮盘之间的通道进入涡轮叶片的叶根，一部分对涡轮叶片的根部进行冷却，另一部分进入叶片内空腔。在完成冷却之后，重新加入主燃气流中，膨胀做功。如图 8-6 所示为涡轮盘和轴的冷却。

　　高压涡轮的冷却空气来自高压压气机出口，冷却后空气进入主气流。低压涡轮和涡轮

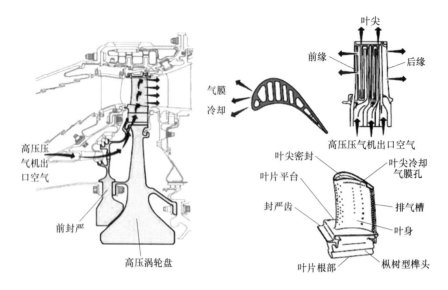

图 8-5　涡轮转子叶片的冷却

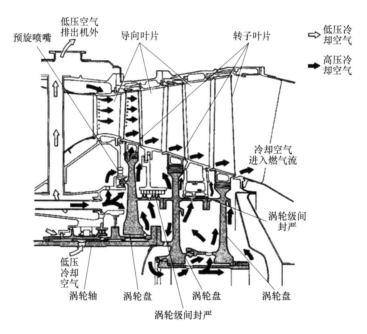

图 8-6　涡轮盘和轴的冷却

轴的冷却空气通常来自高压压气机前面级或低压压气机出口。冷却后空气排出机外。

　　使用中，环境条件是影响涡轮叶片使用寿命的一个重要因素。如果大气中含有的悬浮颗粒（如沙尘）或其他污染物（如盐雾），则可能引起内部冷却通道的堵塞和叶片的腐蚀。如果出现冷却气膜孔堵塞，会导致叶片局部烧蚀。因此使用中尽可能避免在不良的环境条件下飞行。如不可避免地遭遇这样的环境条件，飞行后除了要对发动机进行清洗外，还要完成相关的检查工作。

8.2 发动机内部封严与压力平衡

对于采用增压的篦齿封严的发动机主轴承，为了保证轴承腔的密封效果，将轴承腔设计成双层壁，如图 8-7 所示。内层壁构成的内腔用于收集滑油，通过回油管将滑油送回到滑油箱；在外层壁面与内层壁面之间形成空腔中引入压力空气，由于内腔的压力低于双层壁面之间的空气压力，从而形成一股由外向内流动的气流，构成对篦齿封严的增压，以阻止滑油向外渗漏。为保持双层壁面之间的空气具有足够的压力，外层壁与输出轴之间同样采用篦齿封严。同时，为了保持对篦齿封严持续增压，轴承腔内必须与外界大气相通，以便及时排出从篦齿封严流入的增压空气。

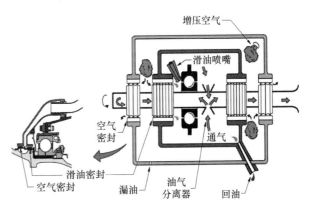

图 8-7 CFM56 系列发动机轴承腔封严示意图

用于封严的增压空气通常引自低压气机，如 CFM56 发动机，其压力与发动机状态密切相关。当发动机转速较高时，压气机增压比较高，增压空气的压力较高，篦齿封严的密封效果较好；在发动机启动与停车过程中，由于增压空气的压力较低，篦齿封严的密封效果相对较差，存在漏油，因而发动机滑油消耗量较大。如某型发动机长时间冷转后，在尾喷管中心锥内会出现大量的滑油，这是因为冷转时增压空气压力很低，封严效果不佳造成的。仅从增压的角度讲，采用压气机最后级的气体较为理想，但由于最后级的气流温度太高，滑油不能承受如此高的温度，因此不被采用。

由于压气机转子受到前向的力，而涡轮转子受到向后的力，二者的合力在轴向的分量称为转子轴向力。压力平衡就是设计发动机时，控制压气机和涡轮内部某些容腔的空气压力，这些空气压力对压气机转子/或涡轮转子有不同的作用力，使得在所有的发动机工作状态下转子轴向力较小且方向不变，以降低发动机主轴承磨损，提高寿命。

8.3 压气机流量控制

8.3.1 目的和方法

为了避免压气机工作状态偏离设计状态过多时，如转速低或进气温度高，压气机发生喘振，设计上采用了压气机中间级放气和可调的导流叶片和整流叶片。工作时由控制器根据发动机状态和进气条件控制放气活门的位置和可调的导流叶片和整流叶片的角度。实现发动机的防喘或从喘振状态退出。

改变了放气活门的位置和可调的导流叶片和整流叶片的角度就改变了压气机的几何结构，从而改变了压气机各级的流量系数，因此又称为压气机流量控制或可变几何控制。

8.3.2　压气机防喘控制

8.3.2.1　压气机中间级放气活门

放气活门位于压气机中间级，对双转子发动机则是在高、低压压气机之间。早期放气活门的控制为开关式，只有打开和关闭两个位置。控制较为简单。现代涡轮风扇发动机上，为提高防喘性能和减小发动机性能损失，采用可调的放气活门（VBV，Variable Bleed Valve），即可以根据需要控制放气活门的开度大小。

当发动机处于低转速区或进气温度高时，打开放气活门，使压气机保持足够的喘振裕度。一旦脱离喘振区，放气活门关闭。活门关闭过早或过晚均不利。关闭过早，发动机没有脱离喘振区，可能发生喘振；关闭过晚，则造成发动机性能降低。对于涡扇发动机，当VBV打开时空气放入外涵道，以尽可能减少发动机性能损失。

放气活门控制器可分为液压机械式和全权限数字电子式两种。在采用液压机械式控制器的发动机上，计算VBV活门位置所依据的参数较少。它根据压气机转速或压气机压比控制活门的打开和关闭，并根据大气温度进行修正。大气温度高，关闭转速应增大；反之，则相应减小。在采用全权限数字电子式控制的发动机上，EEC根据N_1、N_2、推力杆角度、静压p_0、发动机进口总温T_2或飞机提供的大气总温、高压压气机进口温度CIT和反推位置等参数计算VBV需求位置，使得控制更为精确，防喘性能更好。

VBV控制系统包括：控制器、作动器与放气活门、位置反馈。控制器计算放气活门的位置；作动器通常为作动筒或液压马达，通过伺服燃油（有的机型采用压力空气）进行操纵活门；位置反馈将VBV的位置信息传送至控制器。液压机械控制器的反馈装置为钢索；电子控制器的反馈装置是位置传感器，如线性可变差动传感器（LVDT，Liner Variable Difference Transformer）或旋转可变差动传感器（RVDT，Rotary Variable Difference Transformer）。图8-8所示为FADEC系统的VBV控制模块示意图。

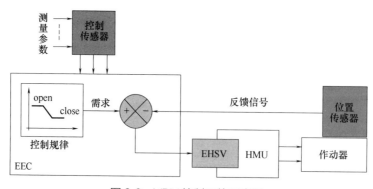

图8-8　VBV控制系统示意图

　　控制器将计算的（需求的）VBV 位置与反馈的实际位置进行比较。若存在差异，控制器输出作动指令，直至消除差异。

　　有的发动机可调放气系统由多个活门组成，活门之间由软轴连接，如图 8-9 所示。这种设计主要出现在早期的发动机上（如 CFM56-3/-5B），结构相对较为复杂，容易出现卡阻与磨损。后来有的机型上采用作动环作动的多个活门，如 CFM56-7B 发动机，如图 8-10 所示，这种设计结构较为简单，更为可靠。CFM56-7B 可调放气活门的两个作动器分别安装在风扇框架上，经由作动杆移动活门的作动环，使放气活门可在全关和全开之间任意作动。当作动器前推作动杆时，活门开大，部分低压压气机出口空气被放出到风扇排气通道；反之，活门开度减小，放气量减少。

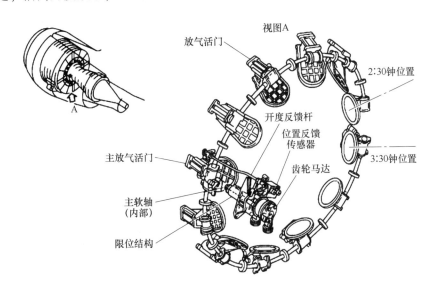

图 8-9　CFM56-5 发动机的可调放气活门

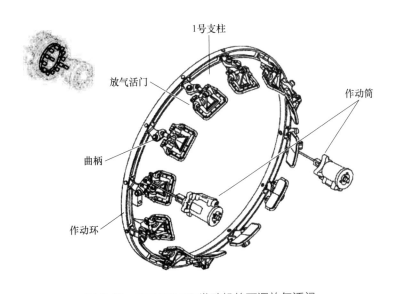

图 8-10　CFM56-7B 发动机的可调放气活门

8.3.2.2 可调静子叶片

可调导流叶片和静子叶片（VSV，Variable Stator Vane）是将高压压气机的进口导向叶片和前几级静子叶片的安装角度设计为可调，如图 8-11 所示。控制器根据发动机状态和进气条件控制叶片的角度，改变叶轮叶片进口相对速度方向，从而防止压气机喘振。图 8-12 给出了 VSV 安装角随高压转子换算转速的变化规律。

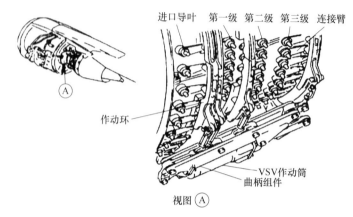

图 8-11 VSV 结构示意图

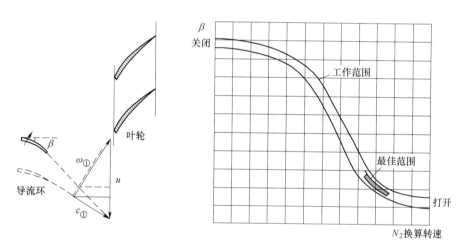

图 8-12 VSV 工作/位置示意图

可调导流叶片和静子叶片控制器可分为液压机械式和全权限数字电子式两种。在采用液压机械式控制器的发动机上，VSV 的安装角 β 按高压转子换算转速进行控制。在采用全权限数字电子式控制的发动机上，EEC 根据 N_1、N_2、推力杆角度、静压 p_0、发动机进口总温 T_2 或飞机提供的大气总温、高压压气机进口温度 CIT 和反推位置等参数计算 VSV 需求位置，使控制更为精确，防喘性能更好。

可调静子叶片控制系统主要包括：控制器、作动器与可调静子叶片、位置反馈装置。VSV 控制系统示意图与图 8-8 所示的 VBV 控制系统示意图相似。

液压机械控制器通过反馈钢索将叶片的实际位置送到控制器；全权限数字电子控制系统由电子式位置传感器（LVDT/或 RVDT）反馈给电子控制器。控制器将计算的（需求的）VSV 位置与反馈的实际位置进行比较。若存在差异，液压机械控制器控制伺服燃油至作动器使其活塞移动，再通过主杆、连杆等传到作动环，作动环通过摇臂组件使所有叶片同时转动；采用全权限数字电子控制的发动机，控制器则输出电信号至液压机械装置（HMU），通过电液转换、液压放大后再输出伺服燃油至作动器。

由于 VSV 和 VBV 的目的均是防止压气机失速而导致发动机喘振，因此发动机的 VSV 与 VBV 互相协调工作。如 VSV 往关的方向作动时，VBV 则向开的方向作动。反之亦然。

为了保证 VBV 和 VSV 的实际位置准确地传送给控制器，对于采用液压机械控制器控制的发动机，需要按照飞机维护手册的要求定期检查和调整位置反馈，如钢索的行程检查、阻力检查和静态校准。对于老龄发动机，为改善发动机的加速性，还需进行动态校装。在全权限数字电子控制的发动机上，通过特定的地面测试，从控制显示组件（CDU）上便可获得位置传感器（LVDT/或 RVDT）提供的数据和故障信息。

8.3.2.3　高压压气机放气活门

现代涡扇发动机在高压压气机的中间级/或靠后级/或压气机出口设有若干放气活门，以提高压气机的失速裕度，防止压气机喘振。这些活门仅有打开或关闭两个位置。根据其开启情况可分为启动放气活门（如 CFM56-3 发动机高压压气机放气活门被称为 5 级启动放气活门）和过渡态放气活门（TBV，Transient Bleed Valve）。图 8-13 示出了某发动机的 TBV。启动放气活门仅在发动机启动过程中开启，启动结束后，该活门关闭；过渡态放气活门在发动机启动、加速和减速等过渡态过程中均处于开启状态。

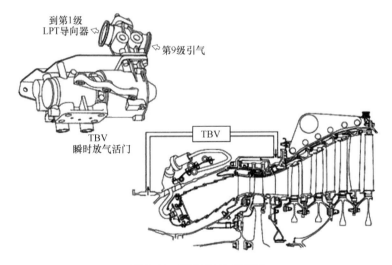

图 8-13　TBV 结构示意图

启动放气活门不受发动机控制器的控制，它的开关情况取决于启动活门的状态。例如 CFM56-3 发动机的第 5 级启动放气活门由启动空气活门下游的空气压力克服放气活门内的弹簧力将其打开；启动空气活门关闭后，在弹簧力的作用下，启动放气活门关闭。

在 FADEC 控制的发动机上（如 CFM56-7，CFM56-5B/5A），TBV 的打开与关闭由发动机控制器进行控制，如图 8-14 所示。发动机电子控制器（ECU/EEC）根据发动机的工作状态（如高压转子转速和高压压气机进气总温）确定活门的开/或关状态。在需要改变放气活门的状态时，发动机电子控制器向液压机械装置内的 TBV 电液伺服阀输出控制信号，电液伺服阀向放气活门作动器输出伺服燃油，以改变活门的状态。

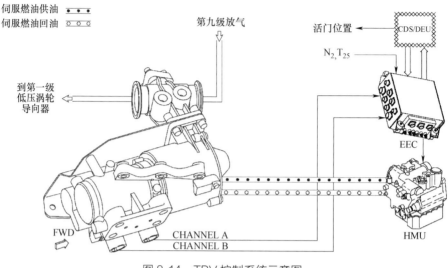

图 8-14   TBV 控制系统示意图

8.3.3 压气机的退喘控制

前述压气机的防喘控制是压气机稳定性的开环控制。它是控制器根据发动机的工作状态和飞行条件控制放气活门和可调静子叶片的位置，来避免喘振的发生。对全权限数字电子发动机控制和某些监控型电子控制器的发动机，除了具有上述防喘控制功能外，控制器还实现压气机稳定性的闭环控制。

控制器根据压气机出口压力的下降率/或转子的减速率/或压气机出口气流速度来判断压气机是否即将/或已经进入喘振状态。一旦探测到压气机即将/或已经发生喘振，控制系统通常部分或全部采取如下措施：一是开大 VBV；二是关小 VSV；三是瞬时减少供油，降低涡轮前温度并增大压气机的流量系数；四是接通发动机点火系统，提供高能点火，以防止燃烧室熄火。采取这些措施就可使发动机从轻度的喘振状态退出，且避免发动机超温或熄火。实际中由于控制装置故障或发动机损坏（如鸟击）引起的严重喘振，会直接导致空停。

8.4 涡轮间隙控制

涡轮转子叶片叶尖与机匣之间存在间隙，由于不同零件的材料、形状和尺寸的不同，在不同的发动机工作状态下，这个间隙的大小是不同的。设计时会考虑最小间隙下涡轮转子叶片叶尖与机匣不会摩碰，这就会使间隙变大时有少量的燃气未经涡轮膨胀变为低压燃气，导致涡轮功率的减小，使得涡轮前温度升高发动机经济性变差，最终影响涡轮的工作安全和寿命。为了减少漏气损失，提高发动机性能和降低涡轮寿命消耗，需要对涡轮间隙进行控制，即不同的发动机工作状态下，都能使涡轮叶片叶尖和机匣之间的间隙最小，同时涡轮叶片与机匣又不发生摩碰。图 8-15 示出了涡轮间隙控制的目的。不同的控制间隙方法其目的是相同的，但最终得到的效果是有差异的。

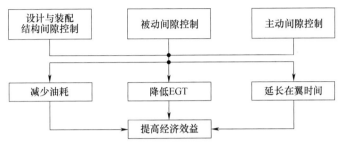

图 8-15　涡轮间隙控制的目的

　　早期是通过设计合理的间隙值、选取膨胀系数合适的材料、保证装配精度，以及由冷气流冷却涡轮机匣来获得较满意的涡轮间隙。很多发动机低压涡轮机匣的冷却采用风扇出口空气；而高压涡轮机匣的冷却采用从高压压气机引出的空气。由于冷却气流的流量或温度不受任何控制，因此发动机工作状态变化时，不能获得最佳的涡轮间隙。这种控制称为涡轮被动间隙控制。

　　新型发动机上对高压涡轮乃至低压涡轮间隙实行主动控制。主动间隙控制是在不同的发动机工作状态下通过调节冷却涡轮机匣的冷却空气的流量与/或温度，来控制的机匣的膨胀量，使其与转子叶片的伸长量相一致，从而保证转子叶片叶尖和机匣之间既不会因出现摩碰而造成损坏，又保持最小的涡轮间隙，使燃气泄漏最小。图 8-16 所示为某发动机涡轮间隙随发动机状态的变化。

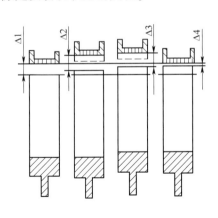

机匣形式	径向间隙/mm			
	装配状态	起动状态	正常工作	停车
	$\Delta 1$	$\Delta 2$	$\Delta 3$	$\Delta 4$
无冷却机匣	2	7	5	0
有冷却机匣	2	3.2	1.2	0

图 8-16　某发动机涡轮径向间隙变化图

　　由于高、低压涡轮的工作温度不一样，因此对高压涡轮间隙和低压涡轮间隙分别进行控制。对于高压涡轮主动间隙控制（HPTACC，High Pressure Turbine Active Clearance Control）。由于机匣是刚性承力件，对温度的敏感性差，采用冷却空气直接控制其膨胀或收缩较为困难，因此大多数发动机的高压涡轮间隙控制均是在涡轮机匣和衬环之间安装另一部件,被称为高压涡轮衬环支撑,如图 8-17 所示。高压涡轮衬环支撑采用温度敏感材料。通过控制它的膨胀和收缩来带动高压涡轮衬环的膨胀和收缩,实现改变叶尖间隙的大小。高压涡轮间隙控制通常通过控制从高压压气机不同级引气量,来达到改变冷却气流的温度与流量。

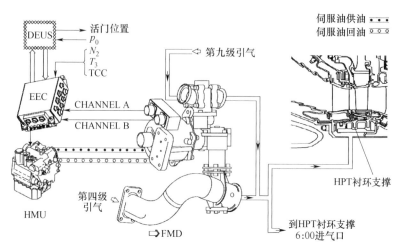

图 8-17　高压涡轮主动间隙控制系统

图 8-17 给出了某发动机高压涡轮主动间隙控制系统。冷却空气来自高压压气机第 4 级和第 9 级。发动机电子控制器(EEC)根据高压涡轮衬环支撑的温度 TCC、高压转子转速 N_2、压气机出口温度 T_3 和大气压力 p_0 控制高压压气机第九级/第四级引气比例。EEC 向 HMU 发送控制活门的位置指令信号。HMU 通过改变到作动器的伺服油压力,调节高压第九级和第四级引气活门的位置,改变第九级和第四级的引气流量,从而控制冷却空气的温度。EEC 对衬环支撑温度 TCC 实施闭环控制。如果 TCC 高于要求值,则加强衬环支撑冷却;相反,则减少冷却。EEC 通过作动器上的 LVDT 监视活门的位置。两个 LVDT 分别为 EEC 的 A 通道和 B 通道提供信号。不同发动机工作状态下 HPTACC 的工作模式见表 8-1。

表 8-1　　　　　　　　　　　高压涡轮间隙控制与发动机状态的关系

发动机状态	HPTACC 工作模式
冷发启动	初期 4th 活门全开,然后经混合模式过渡到 9th 活门全开
热发启动	9th 活门全开,以使高压涡轮摩擦最小
起飞/爬升	最初 4th 活门全开,以使 EGT 峰值最小,然后过渡到混合模式
巡航	4th 活门全开,以使燃油消耗最少
下降	9th 活门部分打开,以避免高压涡轮摩碰

低压涡轮间隙控制通常是引风扇出口空气冷却低压涡轮机匣,控制机匣的热膨胀,以使低压涡轮叶片片叶尖的间隙最小。同高压涡轮间隙相比,低压涡轮间隙对发动机性能影响较小,因此很多机械液压控制器的发动机上,为了使控制器结构较为简单,低压涡轮间隙控制采用被动间隙控制。但在大多数 FADEC 控制的发动机上则采用主动间隙控制(LP-

TACC，Low Pressure Turbine Active Clearance Control）。主动控制是控制冷却空气流量来控制机匣的膨胀量。

图 8-18 示出了某发动机的低压涡轮主动间隙控制系统。系统包括的主要部件有：控制器 EEC、液压机械装置 HMU、作动器、活门、活门位置反馈 RVDT。EEC 根据大气总压 p_T、大气压力 p_0、大气总温 TAT、N_1 转速、排气温度 EGT 计算活门的位置，从而控制冷却空气的流量。通常，上述参数增加时，冷却空气流量增大。EEC 向 HMU 发送活门位置指令。HMU 改变到作动器的伺服油，作动器与引气活门相连。EEC 利用 RVDT 监视作动器的位置。两个 RVDT 分别向 EEC 的 A 通道和 B 通道提供活门位置反馈。

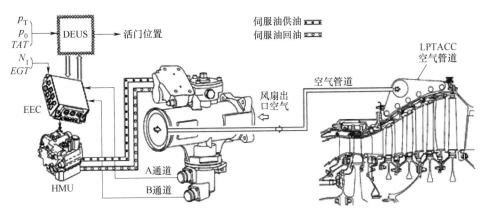

图 8-18　低压涡轮主动间隙控制

8.5　防冰系统

当飞机穿越含有过冷水珠的云层或在有冻雾的地面工作时，发动机进气道前缘处会结冰。在这些地方结冰会导致气流分离，减小发动机的空气流量，从而引起发动机推力（或功率）下降、EGT 增加和发动机经济性变差；严重的结冰可能导致发动机不能正常工作（如喘振）；此外脱落的冰块会被吸入发动机，打坏进气道吸音材料衬层、风扇和压气机叶片等造成发动机损坏，因此发动机防冰是必要的。

防冰系统必须能够有效地防止冰的生成，工作可靠；系统易于维护；不会过多增加重量；系统工作时不会引起发动机严重的性能损失。

防冰的原理是提高容易结冰部位零件的温度，避免冰的生成或有冰以后的除冰。目前有两种基本的防冰方法：热空气防冰和电加温。大、中型发动机一般采用热空气防冰；涡桨发动机通常采用电加温，或热空气与电加温混合型防冰；小型的发动机多采用电加温防冰。

热空气防冰系统主要包括：引气和供气管道、防冰活门和压力开关，如图 8-19 所示。防冰系统的热空气取自高压压气机。当防冰活门打开后，热空气经管路送至需要防冰的部件。防冰后的空气可重新进入压气机或排出机外。防冰活门的开启由人工选择电门实现，

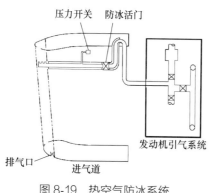

图 8-19　热空气防冰系统

有的机型可根据飞机结冰探测系统的信号自动开启。压力开关提供座舱防冰系统工作指示。某些热空气防冰系统的管道上还装有压力、温度传感器监视防冰热空气的温度和压力。

当防冰系统工作时，由于部分高压空气从压气机引出，涡轮的功率会减小，因而发动机转速或 EPR 将下降，此时控制系统为了保持发动机转速或 EPR 不变，会自动增加燃烧室供油量，提高涡轮前温度，来增大涡轮功率，因此排气温度将升高。此时引气相当于打开发动机防喘放气活门，所以压气机工作稳定性可得到一定程度的改善。

发动机防冰装置目的来防止发动机积冰，因此必须在发动机积冰前使用。满足结冰条件时应打开防冰系统。接通发动机防冰系统后，必须确认防冰系统工作状态是否正常，检查发动机防冰控制活门是否完全打开，确保发动机防冰的可靠性。有的发动机，如 GE90，当发动机防冰电门置"AUTO"位时，控制系统可自动探测结冰条件，根据结冰条件使防冰系统自动启动/关闭。

飞行中，发动机已积冰，使用防冰装置来除冰时，应按飞行手册要求接通发动机的防冰系统。空中对发动机实施了除冰程序后，可能对发动机造成损伤，飞行后需对发动机进气装置和风扇叶片进行检查。此外在接通发动机防冰电门前，应首先接通发动机点火电门，防止发动机熄火。当防冰装置已工作，发动机保持稳定工作后，再关断发动机点火电门。飞越严重积冰区时，点火电门应一直打开，避免发动机熄火。

当飞机下降时，发动机转速较低，而此时通常为发动机最易结冰的飞行阶段，为了确保发动机防冰的气源充足、防冰可靠，同时防止发动机熄火，应适当提高发动机转速。

电加温防冰是在易结冰部位埋入电阻发热元件，工作时供以脉冲电流，使电阻发热加温零件，从而防止结冰。

第9章 | 发动机操纵系统

飞行员通过发动机操纵系统完成发动机的启动/停车、改变推力（/功率）和反推力（对具有反推装置的动力装置）。本章介绍大、中型商用飞机发动机的操纵系统，以及典型的直升机发动机的操纵系统。

9.1 操纵系统的类型

发动机操纵系统可分为机械式和电子式。

9.1.1 机械式操纵系统

机械操纵系统应用于液压机械式发动机控制器。系统包括：控制杆、操纵台下的鼓轮、传动钢索、保险钢索和齿轮齿条机构等，如图 9-1、图 9-2 所示。

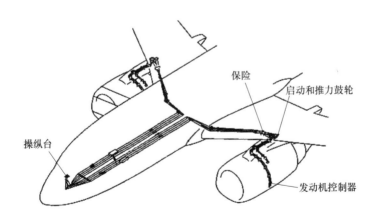

图 9-1　发动机机械式操纵系统

推力操纵系统通常分成两段：一是从驾驶舱到发动机吊架，二是从发动机吊架到燃油控制器，分界点就是推力控制鼓轮。在日常维护中，所有机械操纵系统必须定期校准，以保证系统正常工作。推力操纵系统校准包括检查行程大小与阻力，确保操纵杆能够在整个行程范围内自由移动。

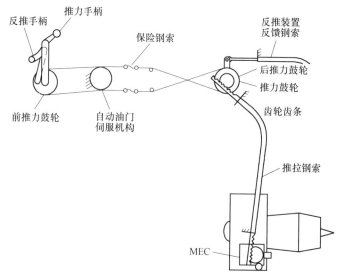

图 9-2　机械式推力操纵系统

9.1.2　电子式操纵系统

电子式操纵系统应用于电子式发动机控制器。驾驶舱中对发动机的所有操纵，由传感器转换成电信号送给发动机控制器，如图 9-3 所示。如移动推力杆的位置，机械地传递到位于驾驶舱地板下面的推力杆角度解算器，解算器将推力杆角度转换成电信号，送给电子控制器 ECU。ECU 再依据驾驶员的推力要求及其他参数计算并发出燃油控制指令。某发动机电子操纵系统，如图 9-4 所示。

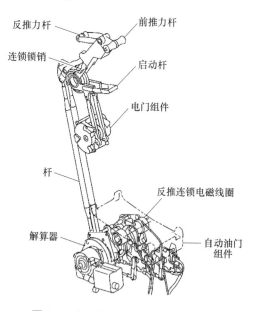

图 9-3　电子操纵系统座舱操纵机构

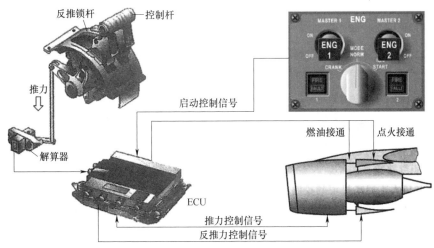

图 9-4　某发动机电子操纵系统

　　每台发动机有一个反推连锁电磁线圈。每个反推连锁电磁线圈限制反推杆的运动范围。在反推装置套筒靠近全开位置之前，不能移动反推手柄增加反推力。ECU 控制这些电磁线圈。推力杆连锁电磁线圈位于自动油门组件内。

9.2　操纵系统的组成

　　每一台发动机的操纵系统分成三个子系统：正推力操纵系统、反推力操纵系统和启动操纵系统。

　　正推力操纵系统通过燃油控制器调节发动机燃油流量，从而控制发动机正推力大小；反推力操纵系统与正推力系统不同的是，在增加反推力之前系统首先作动反推装置展开并到位，然后控制器响应反推杆的位置信号调节发动机燃油流量，以控制反推力大小；启动操纵系统用于发动机的启动或停车。

　　对发动机推力（或功率）和反推力的操纵是通过燃油控制器来实现的。发动机启动/停车命令由驾驶舱的启动杆或启动/停车电门传送到控制器和燃油装置的燃油关断电磁线圈。操纵驾驶舱的推力杆到不同位置，就给出不同的发动机推力要求。燃油控制器根据推力要求、发动机状态以及飞行条件计算并计量燃烧室燃油流量，使发动机产生要求的推力（或功率）。

　　波音系列飞机和空客系列飞机的座舱操纵台结构上有一定的差异。

9.3　发动机启动/停车操纵

9.3.1　空客飞机的启动/停车操纵

　　驾驶员通过 ENG/MASTER 启动电门来实现发动机的启动/停车操纵。下面以 A320 启动为例予以说明。A320 飞机发动机的启动可以分为自动启动和人工启动两种模式。

（1）自动启动模式

自动启动模式，如图 9-5 所示。

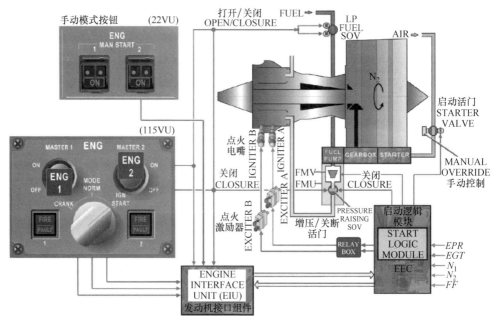

图 9-5　A320 飞机发动机的启动过程

① 模式选择开关置 IGN START 位。

② 置 ENG/MASTER 电门于 ON 位，燃油低压活门打开，启动机空气活门打开，N_2 开始上升，增压和关断活门电磁线圈断电。

③ 30s 后，EEC 使点火系统接通，电嘴跳火。

④ EEC 打开燃油计量活门 FMV，燃油压力使增压和关断活门打开，此时燃油喷嘴向燃烧室供油。

⑤ 当 N_2 上升到43%后，EEC 关闭启动空气活门，并使点火系统断电，发动机加速到慢车状态。

（2）手动启动模式

① 模式选择开关置 IGN START 位。

② 将手动模式按钮置 ON，EEC 打开启动机空气活门，N_2 开始上升。

③ N_2 达到18%，置 ENG/MASTER 电门于 ON 位，两个点火系统接通，电嘴跳火，增压和关断活门打开，此时燃油喷嘴向燃烧室供油。

④ 当 N_2 上升到43%后，EEC 关闭启动空气活门，并使点火系统断电，发动机加速到慢车状态。

（3）停车

将 ENG/MASTER 电门于 OFF 位，增压和关断活门关闭，切断燃烧室供油。

（4）启动保护

在发动机自动启动过程中，如遭遇不正常情况，如 *EGT* 超温，EEC 会自动中断启动。发动机的人工启动不具备应急自动中断的功能。

启动空气活门具有超控手柄，它的作用是当启动空气活门失效的时候，发动机启动空气活门能由地面人工来打开，当发动机启动完成后，还需要将其置于关位。

发动机具有连续点火的功能。因为飞机在飞行中，空气流的不稳定因素和飞机自身的一些情况发生时，需要连续点火来确保发动机的正常工作。以下几种情况需要连续点火：发动机防冰系统接通、发动机接口组件（EIU，Engine Interface Unit）失效、发动机空中停车、启动过程中点火延迟以及空中再启动。

9.3.2 波音飞机发动机的启动/停车操纵

（1）发动机启动

启动模式，如图 9-6 所示。

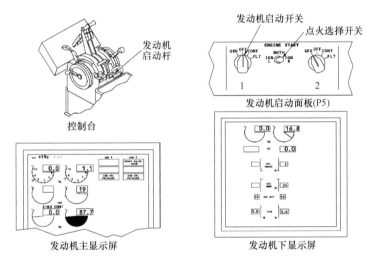

图 9-6 737NG 飞机发动机的启动过程

① 置点火选择开关为 IGN L 或 IGN R 位，然后置发动机启动开关到 GRD 位，启动机活门打开，启动机工作，N_2 转速开始上升。

② 当 N_2 转速上升到 25% 时，上提发动机启动杆到慢车 IDLE 位，点火系统接通，电嘴跳火，增压和关断活门打开，此时燃油喷嘴向燃烧室供油，燃烧室点燃，发动机转子加速。

③ 当 N_2 达到 55% 时，发动机启动开关自动跳回 OFF 位，启动机活门关闭，启动机脱开；点火系统断电。发动机加速到慢车。

波音 787 设计了自动启动方式。发动机启动时直接将启动手柄置到 IDLE 位置，而无须等待 N_2 上升到 25%，这简化了启动操作。

（2）停车

停车操纵时，正推力手柄置于慢车位，然后移动发动机启动杆到 CUT OFF 位。

9.3.3　发动机冷转

冷转需要把模式选择开关拨到 CRANK 位，这时启动机转动，EEC 会抑制点火。

9.4　推力操纵

9.4.1　发动机前推力操纵

前向推力杆可以在慢车位和最大推力位之间移动，控制发动机慢车到起飞状态之间的推力。前向推力杆在最前位发动机前推力最大；在最后位为慢车位。为方便操作，设置有慢车、爬升、最大连续和起飞四个卡位。

9.4.2　反推操纵

空客和波音慢车操纵有所不同。

波音飞机反推杆和前向推力杆是铰接在一起的，有一个锁定机构防止前向推力杆和反推杆同时作动。每个杆能否移动取决于另一个杆的位置。如果前向推力杆在慢车位，可操作反推杆；若前向推力杆离开慢车位，那么反推杆提不起来。若反推杆离开 OFF 位，则前推力杆不能前推，如图 9-7 所示。

此外，使用反推时，反推装置必须先展开到位，然后才能继续上提反推杆增大反推力。

空客飞机推力杆能够从最大正推力移动到最大反推，如图 9-8 所示。

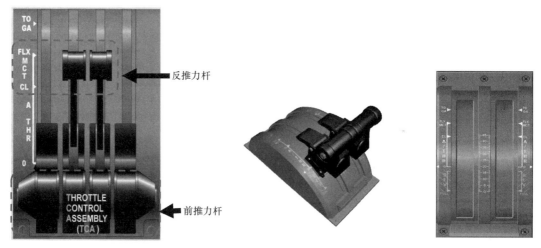

图 9-7　B737 飞机推力操纵杆　　　　　图 9-8　A320 飞机推力操纵杆

9.5 涡轴发动机的操纵

直升机发动机的操纵与涡扇发动机有较大的不同。下面以 H425 直升机为例介绍涡轴发动机的操纵。

H425 飞机装备 2 台阿赫耶 2C 发动机。发动机控制系统是带手动油门备份的单通道数字式电子控制。正常工作时由电子控制器 EEC 实施发动机控制；当电子控制器失效时，由飞行员操纵手动油门对发动机控制。发动机工作状态分为飞行状态和慢车状态。飞行状态下由控制器保持旋翼转速（即动力涡轮转速）为常数；慢车状态则保持燃气发生器转速为慢车转速。

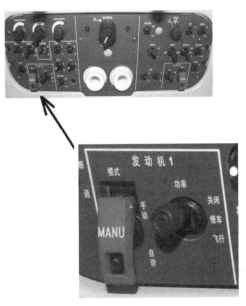

飞行员通过座舱中的启动/停车选择开关、总距杆和手动油门杆操纵发动机。启动/停车选择开关为三位选择开关，如图 9-9 所示。分别是：关闭（停车）、慢车和飞行。它用于启动发动机、发动机正常停车和进行发动机工作状态选择。总距杆与旋翼伺服机构机械相连，如图 9-10 所示。总距杆用来改变旋翼的桨距，实质上给出发动机的功率要求，详见第 4 章涡轴发动机控制。手动油门

图 9-9 H425 发动机启动/停车选择开关

杆，如图 9-11 所示，用于自动控制失效时直接控制燃烧室供油量的大小，实现发动机功率控制，以及发动机停车。正常工作时手动油门位于"中立"位。

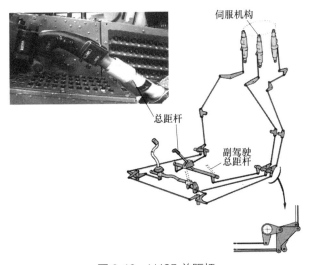

图 9-10 H425 总距杆

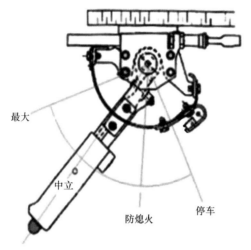

"最大"：获得取大应急功率

"中立"：EECU自动控制

"防熄火"：防止发动机熄火

"停车"：触发微动开关，发动机熄火

图9-11　H425手动油门

第 10 章

测量与指示系统

10.1 概述

发动机的测量与指示系统的功用：显示发动机是否工作在规定的限制范围；当发动机故障或参数不正常时，发出告警；指示发动机的工作状态。

发动机测量与指示的参数分为三类：性能指示、系统指示和第三组指示。性能指示，也称主要指示，用于监视发动机性能和限制，包括表征发动机性能的参数，如 EPR（对涡桨和涡轴发动机为扭矩 TRQ）、N_1、EGT 和 N_2；系统指示，也称为次要指示，用于监视发动机各系统的工作，如振动 VIB、滑油压力、滑油温度等；第 3 组指示用于发动机状态监视，通常不在驾驶舱显示，如计量活门的位置等。它由飞机状态监视系统（ACMS）自动记录，由使用/维护人员读出。

发动机仪表指示系统已发生许多重大的变化，机械式直读仪表已由远程指示的数字电子系统取代。在数字式电子显示系统中，传感器将感受的信号转换成电信号，这些信号有

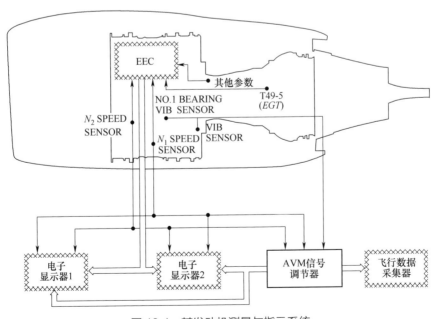

图 10-1 某发动机测量与指示系统

的直接送给显示计算机；有的送给发动机 EEC，再由 EEC 发送给显示计算机。显示计算机处理后送给指示器。指示器由中央显示屏和指示灯构成。中央显示屏是液晶显示面板。重要的参数在中央显示屏上有模拟式表盘与指针显示，并提供数字值，其他参数显示条状图形与数值，或仅显示数字值。典型的发动机数字显示与告警系统有波音公司的 EICAS 系统，以及空中客车公司的 ECAM 系统。这两种系统功能相似。系统设置有多种页面，通过选择按钮可以方便地查看。某发动机的测量与指示系统，如图 10-1 所示。座舱中央显示屏，如图 10-2 所示。

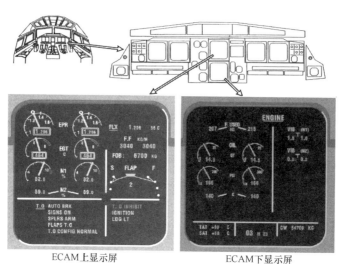

| ECAM上显示屏 | ECAM下显示屏 |

图 10-2 座舱中央显示屏

10.2 发动机参数测量

10.2.1 推力/功率

推力/功率是重要的发动机性能参数。发动机的推力/功率值是在地面试车台上由推力/功率测量装置测得。发动机装在飞机上没有这样的测量系统。实际中是用与发动机推力关系最密切的参数来表征推力/功率的大小。从前述章节已经知道，涡喷、涡扇发动机是用发动机压力比 EPR 或发动机转速（高涵道涡扇发动机用风扇转速 N_1）来表征发动机的推力。涡桨和涡轴发动机是用输出轴上的扭矩来表征发动机的功率。对高涵道涡扇发动机既可以用内涵压力比（即低压涡轮出口总压与发动机进口总压之比），也可以用外涵压力比（即风扇出口总压与风扇进口总压之比）来代表发动机推力。

FADEC 系统中压力比测量容易，而液压机械式控制器则较困难。在 FADEC 系统中，EEC 将压力传感器测出发动机进口压力、风扇出口压力或低压涡轮出口的压力计算就可得出压力比的值。

在涡桨和涡轴发动机中，转矩测量实现的方式比较多。一种测量方法的原理是：利用轴在弹性变形范围内作用于轴上的扭矩与轴的角变形成比例的关系。因此测出轴的变形量便可获得扭矩值。轴的变形量的测量可以有不同的方式，如霍尔效应仪或者光电效应仪。另一种测量方法是：利用减速器中的斜齿轮测扭矩。工作原理是齿轮在啮合过程中，斜齿轮将产生的一轴向推力，如果测量出该轴向力的大小，便可计算出作用在齿轮上的扭矩大小。如图 10-3 所示即为这一测量原理。该测量装置利用作用在活塞上的滑油压力与齿轮轴上的轴向力相平衡，滑油压力则反映轴向力的大小，再由轴向力计算出扭矩值。

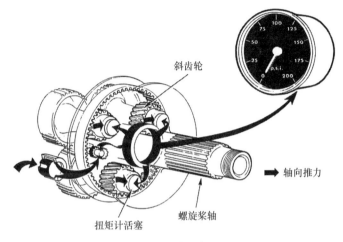

斜齿轮

轴向推力

扭矩计活塞　　螺旋桨轴

图 10-3　扭矩测量原理图

10.2.2　转速

发动机转速不仅反映发动机推力大小，而且还反映发动机转子的机械负荷大小，因此所有的发动机都有转速指示。转速指示以最大转速的百分数给出。双转子发动机有高压转速和低压转速指示，三转子发动机还有中压转子转速。转子转速指示系统由 3 个主要部分组成：传感器、信号处理和指示仪表。

早期液压机械式控制器的发动机，座舱中转速指示是由发动机驱动的转速发电机输出经电路转换后驱动指示器。转速发电机是一个小型的三相交流发电机，输出交流电的频率与电压取决于被测转子的转速。发电机的输出频率控制指示器中同步马达的转速，进而转动指示器的指针，如图 10-4 所示。

装备 FADEC 系统发动机正常工作时，由独立的三相交流发电机（又称专用交流发电机）供电，有的机型 EEC 从专用发动机提取高压转速信号。

转速测量还广泛采用变磁阻式转速传感器。变磁阻式转速测量系统主要包括：转速探头和音轮，如图 10-5 所示。转速探头内有永久磁体和线圈。探头固定于机匣上，正对被测轴上音轮的齿。永久磁体的磁力线从 N 极经音轮和线圈再回到 S 极。当转子转动时，转子每转过一个齿，探头扫过齿顶和齿谷，探头与音轮之间的间隙发生变化，即探头与音轮间的磁阻发生变化，导致线圈中磁通量发生变化，因而在线圈中产生交变的感应电动

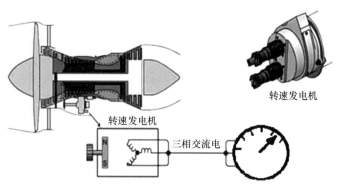

图 10-4　一种转速显示系统示意图

势。由整形电路将其变为方波信号。方波信号的频率或周期便反映发动机转速的大小，再经频数转换电路转换为数字量。

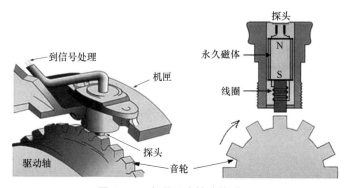

图 10-5　变磁阻式转速传感器

为了减轻发动机重量，有的机型利用风扇叶片来代替音轮，也有利用附件齿轮箱的齿轮来代替音轮。

10.2.3　温度

发动机中需要测量的温度主要有：排气温度 EGT，发动机/压气机进气温度、滑油温度、燃油温度等。常见的测量温度的传感器按原理不同，可分为热电偶式、热电阻式、充填式、双金属式温度传感器等。

10.2.3.1　热电偶测温

热电偶传感器用于发动机排气温度 EGT 测量，某些发动机压气机出口温度也用热电偶传感器测量。热电偶测温原理是将两种不同金属导线两端点焊接在一起，一端放入被测介质中，称为热端，一段位于测量装置处，称为冷端。由于热端与冷端存在温差，在电路中就会产生的热电势。检测出热电势就可知被测温度与冷端的温差，由冷端温度就可得到被测温度的大小。热电偶材料的不同决定了热电势的特性，即输出热电势的大小与热电偶两端温差的关系。燃气涡轮发动机排气温度测量的热电偶材料是镍铬-镍铝，该热电偶材料在 EGT 测量范围内具有输出热电势较大，且线性度较好的特点。

由于热电偶输出的热电势信号很微弱，测量系统中需要很高放大倍数的放大电路进行信号放大，因此目前设计有专用的集成放大电路，另外在集成块内设有冷端温度自动补偿电路。

在发动机上各个热电偶封装在保护管中，热电偶的信号在中继盒汇总后，如图10-6 所示，再分别传送到飞机显示系统和FADEC 系统的 EEC 用于显示和发动机控制，或传送给 FADEC 系统的 EEC 用于发动机控制并由 EEC 提供飞机座舱指示，如图 10-7 所示。使用中应注意热电偶输出热电势大小还取决于测量回路中的电阻大小，该电阻在热电偶出厂时已经匹配好。若电阻值不匹配，将不能得到正确的被测温度值。

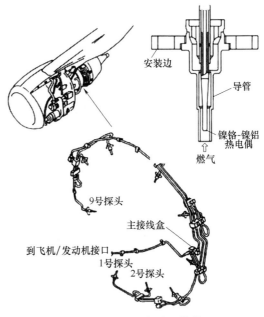

图 10-6　*EGT* 探头及接线

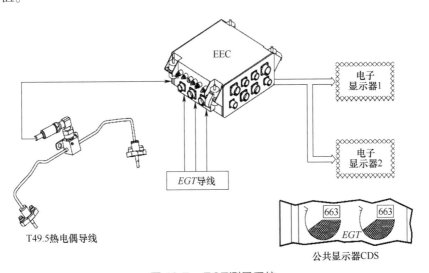

图 10-7　*EGT* 测量系统

目前发动机排气温度 *EGT* 的测量采用多点多个热电偶。有的机型将所有热电偶输出并联连接后送信号处理电路，这样测量值为各测点温度的平均温度，且电路回路少和信号处理电路较为简单；也有的机型将每个热电偶的输出送信号处理电路，这种结构可获得不同测点的温度，方便燃烧室故障定位，但电路回路多和信号处理电路较为复杂。

10.2.3.2　热电阻测温

发动机滑油温度、燃油温度，以及进气温度等的测量通常采用热电阻温度传感器。热电阻测温的原理是利用金属材料其电阻值随其温度变化的特性。纯金属的电阻值随温度变化的关系如下：

$$R = R_0(1 + \alpha T)$$

式中：α——材料的温度系数。

由检测电路检测出金属的电阻值，便可得到被测的温度值。一种方法是应用惠斯登电桥测量电阻，如图 10-8 所示；还有一种方法是在金属电阻上施加一恒流源，测量电阻两端的电压便可得到电阻值。

热电阻测温材料通常采用金属铂。将铂丝缠绕在绝缘云母上，外面封装即构成测温传感器，如图 10-9 所示。

充填式温度敏感元件的输出是位移或压力。在充填式温度测量元件中装有易挥发的液体或气体或液/气两相介质，如图 10-10 所示。将测温元件放在被测介质中，当被测介质温度变化时，充填介质膨胀，使得推杆产生位移输出，位移的大小就反映了被测温度的高低。充填式温度测量元件用于液压机械式发动机控制器中温度的测量，如 CFM56-3 发动机的风扇进口和高压压气机进口空气温度的测量使用了充填氦气的传感器，气流温度变化引起压力差改变，来反映被测温度的高低。

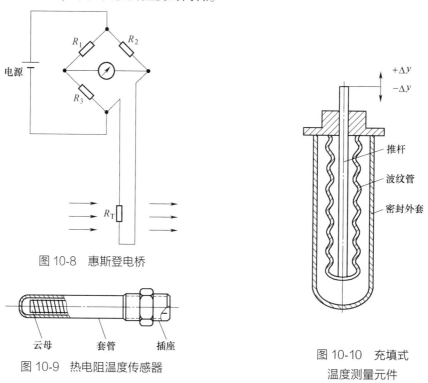

图 10-8　惠斯登电桥

图 10-9　热电阻温度传感器

图 10-10　充填式温度测量元件

双金属式温度测量元件的测温原理是利用不同的金属其线膨胀系数不同的特性。将两种线膨胀系数差别较大的两种金属做成细条，并焊接在一起便构成测温元件，线膨胀系数较大的称为主动层，另一金属称为被动层。测温元件置于被测介质中，一端，当被测介质温度变化时，由于两种金属膨胀量不同，测温元件会发生变形，如图 10-11 所示。变形量（即位移输出）的大小反映被测温度的高低。在液压机械控制器中双金属式温度测量元件用于补偿燃油温度的变化是其应用之一，如图 10-12 所示。若燃油温度升高，弹簧刚度将减小，弹簧下面的双金属片变形量增大，使得弹簧的压缩量增大，从而消除油温变化对弹簧刚度的影响。此外，利用金属的导电特性，双金属式温度敏感元件还用于感受发动机舱的过热和火警。当发动机舱温度达到告警设定值，双金属片变形而接通电路，实现座舱告警。

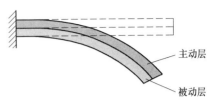

图 10-11　双金属式温度测量元件

10.2.4　压力

压力测量有：机械式测量法和电测方法。前者输出为位移或力；后者输出为电信号。

波登管式压力表是机械式压力测量方法，如图 10-13 所示。波登管是薄壁、扁平、椭圆的青铜管，弯成半圆形。被测介质（气体或液体）从一端进入波登管，当管内介质压力增加时，改变青铜管横截面的形状，椭圆变圆，由于半圆有伸直趋势，因而带动连到管另一端的指针移动，从而指示波登管内介质的压力。当压力减小时，青铜管又恢复到原来的形状，因而测量过程则相反动作。

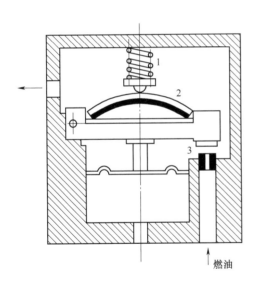

图 10-12　双金属式温度测量元件的应用

1—弹簧　2—双金属片　3—喷嘴挡板

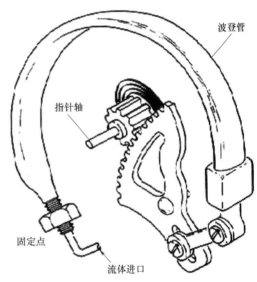

图 10-13　波登管测压

压力的电测法比较多。常见的有晶体振荡器测压，它应用某些晶体（如石英晶体、压电陶瓷）受力后表面产生电荷的压电效应原理。检测出晶体表面的电特性，便可获得被测压力值。晶体振荡器测压传感器输出信号为频率量，频率高低反映压力大小。

压力电测法还有利用半导体变形导致其电阻值变化这一原理来测压的。其方法是将半导体电阻粘接在弹性薄膜上。当作用在弹性薄膜上的压力/压差导致薄膜变形的同时半导体电阻也发生变形，半导体变形导致其电阻值变化。测得电阻的变化量，就可知薄膜的变形量，再由胡克定律就可得到被测压力/压差值。

压力电测法还有其他类型，如振动筒式压力传感器等。

10.2.5　燃油流量

　　燃油流量,以及并依此计算出的燃油消耗量和油箱剩余一并在驾驶舱仪表板上显示出来。燃油流量也是发动机状态监视和故障诊断的重要参数之一。

　　目前发动机燃油流量测量广泛采用一种新型传感器。它包括涡旋发生器、转子、涡轮、壳体等,如图 10-14 所示。燃油经导向器进入涡旋发生器,在涡旋发生器燃油产生旋转运动。从涡旋发生器出来的燃油进入转子,旋转的燃油使转子旋转。从转子出来的燃油再到涡轮,试图使涡轮旋转,但涡轮受到弹簧力的约束,只能偏转一个角度。偏转角度的大小取决于燃油作用于涡轮叶片的动量。在自由转动的转子前部和后部各有一个磁铁。轴向与前部磁铁相对的外壳体上有一个小线圈,称为起始线圈,当前部磁铁转至起始线圈时,在线圈内会产生一起始脉冲。在涡轮外部壳体上有一个大线圈,称为停止线圈。在涡轮上有一信号叶片,当转子后部磁铁与信号叶片相对时,在停止线圈产生一停止脉冲。起始脉冲和停止脉冲之间的时间间隔反映了燃油的流动速度大小。因而可以计算得到燃油质量流量的大小。

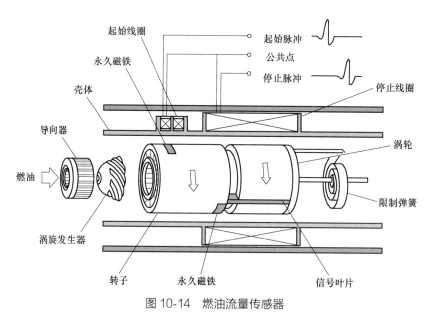

图 10-14　燃油流量传感器

10.2.6　振动

　　发动机振动测量通常采用加速度计传感器。发动机上采用两种不同类型的加速度计。一种是电磁式;一种是压电晶体式。

　　电磁式传感器上永久磁铁被两个弹簧保持在中心,固定线圈围绕在磁铁上。当存在振动时,线圈同传感器壳体一起上下振动,磁铁由于惯性力几乎总是静止的,线圈和磁场之间的相对运动导致线圈产生感应电动势,测得感应电动势的大小,便可获得振动的大小。

图 10-15 所示为压电晶体式加速度传感器结构示意图。其工作原理是当压电晶体上有作用力时在晶体表面则产生电压。传感器同机匣一起振动时，作用在压电晶体到底板的钨块在传感器上将加速度转变为力，传感器将力转化为相应的电压信号传输到信号处理单元。在信号处理单元计算提取振动信号的振动总量。然后送往座舱指示和告警。并在飞行数据采集器中记录振动信号，以便进一步分析。

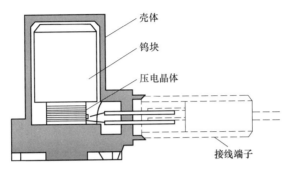

图 10-15　加速度传感器

10.2.7　滑油量

滑油箱内滑油量的测量通常有两种方式。一是采用电容式传感器；二是浮子式传感器，如图 10-16 所示。前者较为精确，而后者较为粗略。

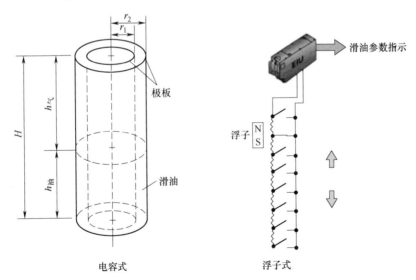

图 10-16　滑油量测量传感器

电容式测滑油量的原理是：将两个电极放入滑油箱中，当滑油量变化时，两电极浸入油中的部分发生改变，导致两电极的电容量发生变化。测出其电容值，即可得到进入油中的电极的长度，从而测量出油箱中的油量。

浮子式测滑油量的原理是：在浮子上有一永久磁体，与浮子相对有一系列微动开关，电路中有一系列电阻。当浮子与某微动开关相对应时，此微动开关闭合。不同的微动开关闭合，导致电路两端的电阻值不同。根据电阻值的大小便可知油箱中液面的高度，从而测得油箱中的滑油量。

10.3　指示与告警

10.3.1　告警系统

告警系统用来在出现故障或存在危险情况时向机组提供告警指示，以便采取措施保护发动机和飞机。

虽然发动机的各种系统尽可能设计成故障安全的，但仍然装备有某些安全装置。如一旦发生功率损失时螺旋桨自动顺桨装置；又如一旦涡轮轴断裂时自动关闭发动机。

飞机座舱告警系统在出现故障时，如滑油压力低、燃油压力低、振动过高或火警/过热等的情况时，系统均会发出告警。根据故障的严重程度或状态的紧急程度给出视觉告警或视觉与声音告警。视觉告警方式有：告警灯或仪表板上告警指示灯常亮或闪烁或改变颜色；声音告警方式有：警铃发出蜂鸣声或语音提示。

仪表的颜色标记可以使驾驶员非常容易地区分仪表指示值是安全的还是危险的。一般绿色表示正常范围；黄色表示警戒范围；而红色表示不能超越的最大/或最小值。例如，某机型 EGT 表上的红线是 EGT 允许的最大值；琥珀色示出最大连续推力的 EGT 值，它仅允许在发动机起飞或复飞时短时间超过琥珀色线。

在新型驾驶舱公共显示系统 CDS 的显示组件上，白色指针表示当前参数值；灰色阴影区域表示进程；琥珀色表示警戒区域；红色是超限告警；绿色代表目标值。如果 EGT 高于最大连续限制值，但低于 EGT 红线值，则指针、读数、阴影区域均变成琥珀色；如果 EGT 超出红线值，则指针、读数、阴影区域均变成红色。

10.3.2　指示组件

参数显示一般有 3 种不同类型：表盘指针型、移动的垂直条型和经典的电机械指示器。

电子指示系统将发动机的指示、系统的监视以及向驾驶员告警的功能组合在仪表板上的显示屏上。重要参数以刻度盘形式显示在屏幕上，次要参数以数字显示，告警、注意事项和建议信息则以文本方式显示。

新一代波音飞机的驾驶舱内装有发动机指示及机组告警系统（EICAS），用来监视飞机和发动机上各主要系统的工作，自动处理各系统输入的有关信息。它通过两个显示屏指示发动机参数和状态，并辅助以灯光和音响告警。有的机型还与发动机备用指示器（SEI）相配合。EICAS 与飞机、发动机接口的装置一起将推力管理、发动机控制、状态监视、故障诊断、信息显示、事件存储等综合在一起。EICAS 允许选择不同的页面，给出飞机及其系统的状态及信息。这不仅可以减轻驾驶员的工作负担，改善了飞行操作条件，也给地面维护人员在发动机及系统维护提供了帮助。

　　EICAS 具有完善的显示与记录功能。能显示如下信息：与发动机性能及状态有关的参数，如 EPR、EGT、N_1、N_2、F_F（燃油流量）、振动值、滑油系统参数等；发动机的告警信息，如燃油滤堵塞、旁通活门打开、燃油加热器工作等；发动机故障信息，如 EEC 故障、BVCU（放气活门控制装置）故障等。由推力管理计算机选定的推力基准值、极限值、推力实际值及其进展状态均可在 EICAS 显示屏上清晰读出。B777 飞机上 EICAS 主显示屏，如图 10-17 所示。

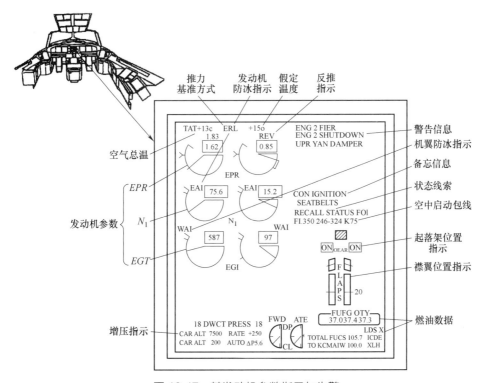

图 10-17　某发动机参数指示与告警

　　文字告警部分包括不同级别，如告警、告诫、提示、通信、状态。不同的级别显示的格式、位置、颜色、告警音响各不相同，如图 10-18 所示。

　　空中客车飞机上安装的电子中央飞机监视系统（ECAM，Electronic Centralized Aircraft Monitering），其功能与 EICAS 类似。它通过两个显示屏显示信息、图形和数据。ECAM 系统显示包括发动机参数/告警信息显示（E/W 显示）和系统/状态信息显示（S 显示）部分。正常工作时，它提供临时使用的系统（如 APU）和经常工作的系统（如液压系统）的工作情况。从起飞到着陆共分 12 个阶段，各阶段都有相应的页面。若工作中出现不正常或应急情况，一个显示器显示告警页面，上面有故障分析和应采取的操作措施，另一个显示器出现故障系统的页面（若有的话），如图 10-19 所示。关于故障信息查询内容详见 15.2 节。

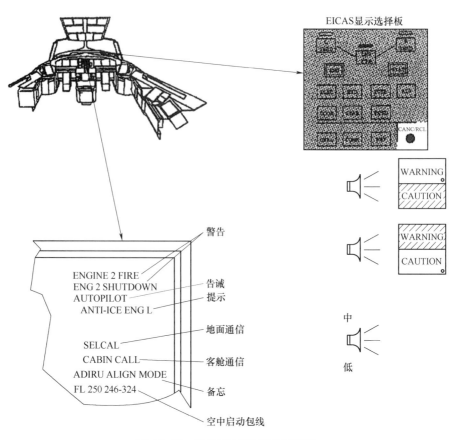

图 10-18　EICAS 座舱显示示意图

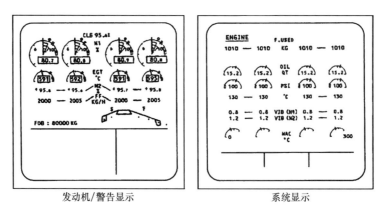

发动机/警告显示　　　　　系统显示

图 10-19　ECAM 座舱显示示意图

第 11 章

滑油系统

发动机工作时，互相接触的、有相对运动的、零件表面存在摩擦。摩擦会消耗机械功和导致零件的磨损，同时摩擦生成的大量的热量还会使零件过热，使零件的强度下降而不能正常工作或损坏，因此发动机设计有滑油系统。滑油系统的功用是将一定压力的、温度合适的且清洁的滑油送到需要润滑的零件表面，对零件进行润滑、冷却、清洁和防腐，以保证发动机正常工作。燃气涡轮发动机中需要润滑的零件有轴承和齿轮。有的涡桨发动机还用压力滑油进行螺旋桨变距操纵。除此之外，滑油还可作为工作介质用在某些液压装置和操纵机构中，如用作液压作动筒、螺旋桨调速器、测扭计、挤压油膜轴承等的工作介质。滑油可在金属零件之间形成缓冲层，起减振、封严作用。滑油的热量还用于加热燃油。

本章主要介绍发动机润滑的原理、滑油的种类和性能要求，滑油系统的类型、组成和工作，以及滑油系统的监控和维护。

11.1 滑油知识

11.1.1 润滑的原理

滑油覆盖在零部件表面形成一层一定厚度的油膜，可将相对运动的零件金属表面隔开，以流体的内部摩擦代替金属摩擦，从而起到减小摩擦（即减少功率消耗）和降低零件磨损的目的。同时让润滑的滑油在滑油系统中循环，滑油会吸收并带走被润滑零件的热量，在散热器处将热量传递给外部冷却介质，从而使发动机零件得到冷却；此外，滑油在循环流动过程中，将磨损产生的金属屑末或金属颗粒一起带走，在滑油滤中将这些微粒分离出来，从而起到清洁发动机零件的作用；再者零件表面的滑油油膜，也将金属表面与空气隔离开，从而防止零件被氧化、腐蚀。

11.1.2 滑油的种类

航空发动机使用的滑油有两大类：一类为矿物基滑油，即从石油中提炼出来的；另一类是合成滑油，是以烃类、脂肪醇、脂肪酸和其他化学品为原料通过化学合成的方法制备的，如美国Ⅰ型滑油（MIL-L-7808）、Ⅱ型滑油（MIL-L-23699F）均为合成滑油。欧洲将合成滑油分成 1、2 和 3 型。1 型滑油是最早一代合成滑油，现在仅用于某些老型号的燃气涡轮发动机上。2 型滑油是现代燃气涡轮发动机最常使用的。3 型滑油与 2 型滑油相比有较高的热稳定性和黏性指数，它仅用在特种飞机上。

合成滑油的优点是不易沉淀而且高温下不易蒸发，有较好的热稳定性，油膜承压能力高，黏度指数高。它的缺点是价格贵，不管溅到什么地方，都可能产生气泡和导致掉漆。合成滑油的添加剂有毒性，且易被皮肤吸收，维护中应避免皮肤直接接触滑油，以及吸入滑油蒸气。

不同型号的滑油，其性能指标不同，适用条件和润滑效果不同，因此应按发动机维护手册的规定使用滑油，特别注意不同等级、不同型号的滑油不能混合。

11.1.3 滑油的性能指标

滑油的主要性能的指标有：黏度、黏度指数、凝点、闪点、抗氧化性和热稳定性等。

黏度是流体反抗其切向力的能力。换言之黏度表示流体流动的阻力，即液体的流动性。黏度越大则流动性越差；而黏度越小则越容易流动。为了保证零件的有效的润滑，对滑油的流动性，以及油膜的生成能力和油膜的承载能力有一定的要求。即工作的滑油黏度要适当。黏度大的滑油，其油膜的承载能力大，但流动性差，会导致润滑效果不佳；同样黏度小的滑油，流动性好，但承载力不足，其润滑效果也不佳。

滑油黏度是由赛波特通用黏度计测量。使规定温度下的 60mL 滑油流过校准孔的时间来划分黏度等级，时间越长表明滑油的黏度越大；反之黏度越小。滑油黏度用厘沲作为衡量单位*。如 2 型滑油在 99℃ 必须高于 5 厘沲。

滑油的黏度会随其温度的变化而变化。温度越低，滑油黏度越大。而温度越高，滑油的黏度越小。用滑油黏度指数来衡量滑油黏度随温度变化的特性。滑油的黏度指数越大，意味着滑油的黏度随温度的变化越小。

凝点是指在给定条件下滑油开始完全失去流动性的温度。凝点是表示滑油低温流动性的一个重要指标。

闪点是滑油表面上出现闪燃蒸气的温度。滑油闪点低，意味着滑油容易挥发，其工作范围相应也低。

燃点是滑油表面上有足够可燃蒸气的温度。滑油的闪点和燃点均应高于滑油的工作温度。

抗氧化性。氧化是滑油中的某些成分和大气中的氧进行的化学反应。滑油的氧化会导致滑油的品质改变。因此抗氧化性是滑油的重要特性。当滑油温度增加到高于一定值时，滑油开始同氧反应。2 型滑油的抗氧化温度直到 220℃。

热稳定性指滑油在高温下抵抗化合物分解的能力。在高温下滑油分子分裂成新的化合物，使得滑油的品质改变。2 型滑油抗化学分解的温度直到 340℃。

---

* 沲是运动黏度单位，1 沲 = 100 厘沲 = 10^{-4} m²/s。

　　滑油在规定的条件下加热蒸发后形成的焦炭状残留物质称为残炭。残炭重量占取样滑油重量的百分数称为残炭量。

　　由于燃气涡轮发动机的转速高，工作温度也高，因此选择的滑油应满足：适当的黏度；低凝点、高闪点、高燃点、低挥发性；较高的抗泡沫性和抗氧化性；较低的残炭量；高的黏度指数。

11.2　滑油系统的组成及工作

11.2.1　滑油系统的类型

　　发动机滑油系统设计为再循环式和全耗式滑油系统，以针对不同用途的发动机。全耗式滑油系统没有回油系统，润滑之后的滑油便被排出发动机外。这种系统只用在工作时间持续很短的发动机上。飞机发动机的滑油系统采用再循环式滑油系统。在这种系统中，滑油从滑油箱或机匣油槽经增压过滤后，分送到需要润滑的零件，然后再经回油系统返回滑油箱或机匣油槽。

　　再循环式滑油系统分为：干槽式和湿槽式。润滑以后的滑油由系统回油泵立即从轴承腔或齿轮箱中抽走，称为干槽再循环式滑油系统。干槽式系统的滑油储存在滑油箱中。而湿槽再循环式滑油系统没有滑油箱，它利用机匣储存滑油。现代燃气涡轮发动机上采用干槽再循环式滑油系统。以下只介绍干槽再循环式滑油系统。

　　干槽再循环式滑油系统又分为：调压活门式系统和全流式系统。调压活门式滑油系统是将供油路中的滑油压力限制到给定的设计值，以便向润滑零件供应的压力恒定的滑油流量（也即滑油流量也恒定）。设计上在供油路中安装有弹簧加载的调压活门，来保证发动机慢车及以上滑油的供油压力恒定。调压活门的工作原理是：当压力超过设计值时，活门打开，允许部分滑油从供油泵的出口返回到泵的进口或滑油箱，从而保持供油压力不变。设计上调压活门打开的压力对应于发动机慢车转速时的供油压力，这样在发动机的整个工作转速范围内，可保持供油压力恒定。

　　全流式系统内没有调压活门，在供油路安装有释压活门（通常在供油泵内）。系统正常工作时释压活门处于关闭状态，仅在特殊情况下，如发动机冷启动或由于油滤、喷嘴堵塞等，导致供油压力超过设定值时打开，以防止系统过压导致油滤或滑油散热器或系统密封损坏或管道破裂。因此正常工作时供油泵输出的滑油全部送往被润滑的零件。系统的供油压力和供油量决定于供油泵转速、滑油温度、喷嘴尺寸和轴承腔压力等。发动机转速越高，零件发热量也越大，都要求有更多的润滑油，而全流式系统滑油供油量具有随发动机转速的增加而增大的特点，从而保证了发动机各个状态下的滑油供油压力和流量要求。发动机维护期间不需要调整释压活门。

　　全流式系统供油泵的尺寸由发动机最大转速下要求的滑油流量所决定。由于不像调压活门系统那样在最大发动机转速下有大量的滑油返回至油泵进口或油箱，所以全流量系统可以使用较小尺寸的油泵。

全流式系统的主要缺点是小功率状态下润滑的油量小，滑油温度较高。而调压活门式的恒压系统在小功率状态下润滑的油量较大，功率减小后没有增加滑油温度是其优点，但高功率状态下，通过调压活门的回油量较大，油泵功率损失较大。调压活门常常是系统的故障源。维护期间需要对调压活门进行检查和调整。现代燃气涡轮发动机多采用全流式滑油系统。

11.2.2　滑油系统的组成

滑油系统的主要部件有：滑油箱、供油泵（也称为压力泵）、回油泵、滑油滤、磁屑探测器、滑油冷却器、油气分离器、释压活门、最终油滤、滑油喷嘴和系统测试仪表等，如图 11-1、图 11-2 所示。不同型号发动机的滑油系统存在一定的差异，有的系统还设有防泄漏活门或单向活门。

11.2.2.1　滑油箱

滑油箱用于储存滑油。大、中型发动机的滑油箱安装在发动机上，如图 11-3 所示；小型发动机（如涡轴发动机）则安装在飞机上，靠近发动机。油箱上有重力加油口，在某些发动机滑油箱上还有压力加油口。在加油口标注有“Oil”和油箱容量。滑油箱上有供油出口、回油进口、通气口以及放油塞等。油箱有观察窗或者量油尺，用来对油箱的油量进行检查。油箱还有油量传感器将测量的油箱滑油量提供给驾驶舱仪表上指示。有的机型在油箱中有油气分离器，用于回收油气混合气中的滑油，除滑油的空气由通气管排至机外。有的机型油箱里安装有防止油液晃动的隔框。防泄漏活门或单向活门防止停车后油箱的滑油通过供油管流到系统中的最低点，而造成泄漏。在发动机停车时活门内弹簧使活门关闭，防止滑油箱中的滑油在重力的作用下流出。发动机工作时，油泵输出滑油，在油压的作用下打开，时活门打开，保证滑油正常供油。

油箱油量的最高油量标识（如刻度线）考虑了在油箱留有一定的滑油膨胀空间，因为工作时滑油温度升高，体积会膨胀，而且流动过程中产生的一些泡沫会占据部分体积。膨胀空间为滑油箱容积的 10% 或 0.5gal，二者取较大者。

11.2.2.2　滑油泵组件

滑油泵组件保证系统内滑油的循环。滑油系统包括供油泵和回油泵。供油泵也叫增压泵，功用是将滑油从油箱中抽出，并加压。释压活门通常安装在供油泵壳体上。回油泵的功用是将润滑后的滑油从滑油腔或齿轮箱中立即抽走，送回滑油箱，避免滑油腔或齿轮箱中积油。由于回油温度高，并且其中含有大量气泡，全流式系统中的回油能力必须至少是增压能力的两倍以上，所以通常可以看到系统中供油泵可以是 1 个，但回油泵则有 3 个，甚至更多。

考虑到增压泵和回油泵的驱动，通常将它们做成一体，各泵之间彼此隔开，称为滑油泵组件，如图 11-4 所示，或将油滤等元件也与油泵组合在一起，称为润滑组件。滑油泵组件安装在附件齿轮箱上。

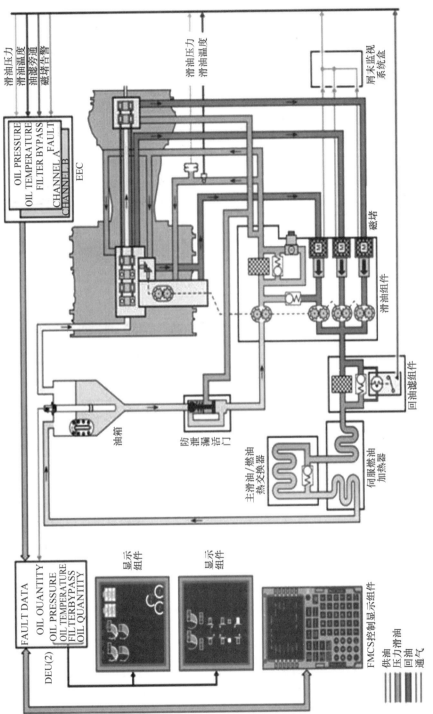

图 11-1　某发动机滑油系统

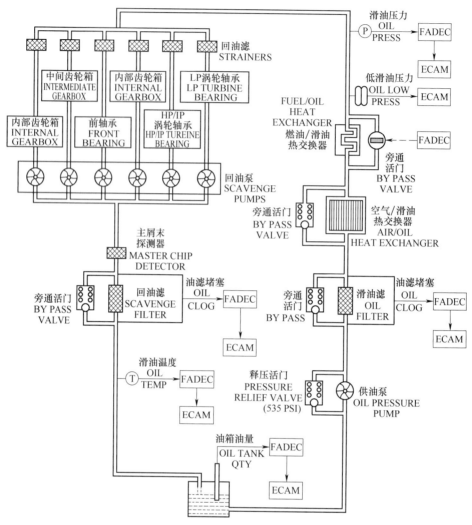

图 11-2　某三转子发动机的滑油系统

　　滑油泵常采用齿轮泵或摆线泵，也有采用旋板泵的。齿轮泵工作原理详见 6.2 节。摆线泵的工作原理如图 11-5 所示。摆线泵主要由内转子、外转子和泵壳体组成。内、外转子偏心安装，并互相啮合。通常外转子比内转子多一个齿。油泵工作时，内转子带动外转子旋转，内、外转子以及壳体间形成的容腔的容积发生变化。当齿间间隙逐渐增大时，容腔经过进油口，将滑油吸入油泵；当齿间间隙逐渐减小时，与出油口相通，将滑油挤出油泵。由于泵后节流，滑油压力升高。

11.2.2.3　滑油散热器

　　滑油散热器将润滑后的滑油冷却，使滑油供油温度在正常的工作范围，从而保证滑油的黏度适当。有的机型将散热器安装在供油路中；有的机型则是安装在回油路中。散热器装在回油路的滑油系统称为冷油箱系统。其特点是进入油箱的滑油温度较低。散热器装在供油路上的滑油系统称为热油箱系统。对于热油箱系统来说，供油泵从油箱里抽出的滑油里没有空气，因此散热器的尺寸可以做得较小。

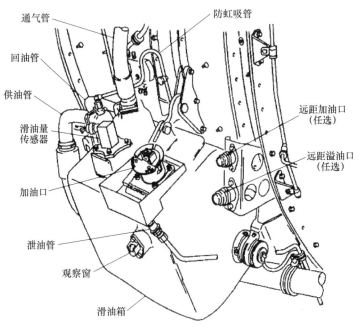

图 11-3　某发动机滑油箱

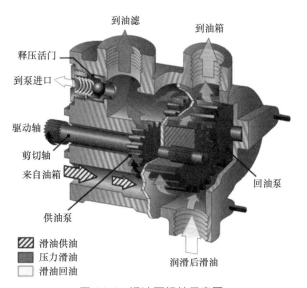

图 11-4　滑油泵组件示意图

通常用燃油作为滑油的冷却介质，因此滑油散热器也称为燃/滑热交换器。滑油被冷却的同时燃油也得到加温，提高了热利用率。

燃/滑油热交换器的结构如图 11-6 所示。一个蜂窝散热组件，由折流板分隔成段。许多导管穿过蜂窝散热器。燃油从导管内部流过；滑油在折流板的引导下从导管外部流过。热量由滑油传给燃油，因此降低了滑油温度，同时燃油得到加温。

散热器进口和出口之间安装有旁通活门，该活门将决定滑油通过散热器还是绕过散热器。旁通活门为温度控制活门，由温度敏感元件的热胀冷缩进行控制，也有的机型是由

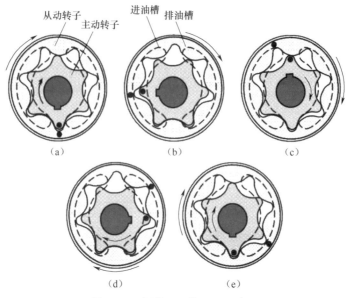

图 11-5　摆线泵工作原理示意图

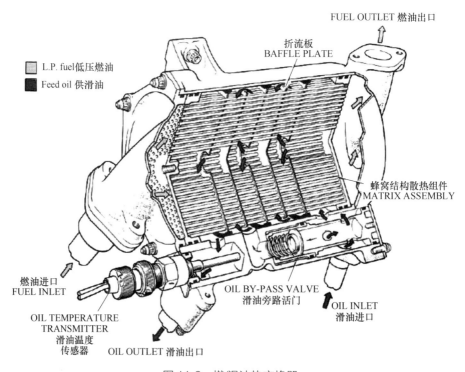

图 11-6　燃/滑油热交换器

EEC 根据滑油温度信号进行控制的。当滑油温度低（如发动机启动）时，温度控制活门打开，滑油旁通，不进行冷却；当滑油温度达到一定时，温度控制活门关闭，滑油通过换热器而被冷却。

当散热器堵塞，其进出口压差达到某一规定值时，该活门也可在压差作用下打开，以旁通滑油，避免滑油循环中断。

有的机型除用燃油冷却滑油以外，还增加空气/滑油冷却器（ACOC，Air Cooled Oil Cooler）。空气滑油冷却器通常由 EEC 根据滑油温度控制其工作。在结构上它与燃/滑热交换器类似，但滑油是在管子内部流动，空气在管子外面流动，如图 11-7 所示。

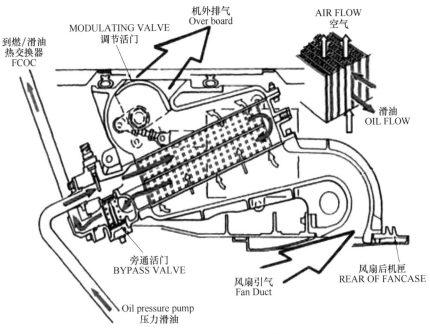

图 11-7　空气滑油冷却器

发动机上除有主燃/滑热交换器外，整体传动交流发电机中润滑恒速传动装置的滑油也需要冷却，也设有燃油/滑油热交换器。有的机型伺服燃油也用滑油加温，如图 11-1 所示，称为伺服燃油加热器，以防止伺服燃油结冰。

11.2.2.4　滑油滤

滑油滤的功用是过滤滑油中可能存在的杂质，以保证滑油的清洁。在供油路和回油路上都安装有油滤。装在增压泵之后的滑油滤称为主滑油滤，它滤出可能会堵塞滑油喷嘴的细小颗粒。回油滤装在滑油回油路上，用来收集从润滑部件掉下的任何碎片，并保护回油泵。

主滑油滤通常是筒状结构，由壳体、滤芯、旁通活门和油滤堵塞指示器组成。油滤堵塞指示有机械式和电子式。滤芯使用玻璃纤维或折叠丝网或树脂浸渍纤维，如图 11-8 所示。旁路活门是一单向活门，位于油滤进、出口之间，目的是防止油滤堵塞时供油中断。当滤芯堵塞而使油滤

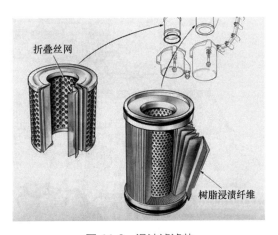

图 11-8　滑油滤滤芯

进、出口压差达到设定数值时，旁通活门打开，此时滑油不通过滤芯供油。在主滑油滤和回油滤上安装有油滤压差电门和/或机械弹出式油滤堵塞指示器。当油滤堵塞时，压差电门接通，使驾驶舱油滤堵塞告警灯亮，机械弹出式堵塞指示器弹出（若设计有的话），如图 11-2 中所示；有的机型压差电门和弹出式指示器的告警门限值是不同的。一是油滤开始堵塞时给出指示，此时滑油任从滤芯流过，二是完全堵塞时给出指示，此时滑油旁通滤芯。维护人员应定期检查机械弹出式指示器。如弹出（红色指示器可见），如图 11-9 所示，则应按维护手册实施维护作业，之后将指示器推进复位。

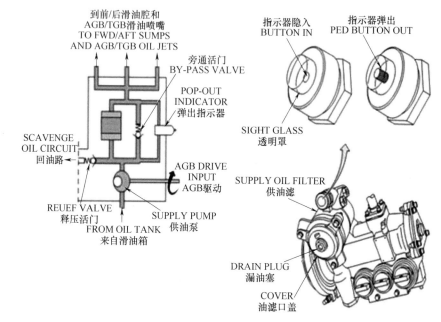

图 11-9　滑油滤及机械堵塞指示器

有的机型在滑油喷嘴前装有最终油滤，如图 11-10 所示，以防喷嘴堵塞。最终油滤在发动机内部，不需日常维护，它只在发动机翻修时更换。

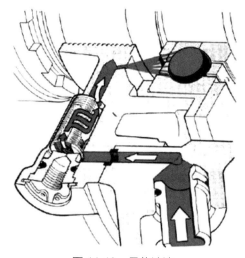

图 11-10　最终油滤

11.2.2.5　磁屑探测器

磁屑探测器又称为磁性堵塞，简称磁堵。磁屑探测器有一永久磁铁，有永久磁铁吸附铁磁性的粒子和碎屑，如图 11-11 所示。磁堵安装在回油路（或收油池或回油泵或油箱）上。磁屑探测器安装座带滤网和自密封活门。滤网可以收集非铁磁性的粒子和碎屑；磁性堵塞拆下时，自密封活门可防止滑油流出。磁堵的固定方式有卡针式（图 11-11）和螺纹式，如图 11-12 所示。目前卡针固定式较为常见。

磁屑探测器应定期拆下检查。若发现有屑末，应用高倍放大镜观察。比对维护手册

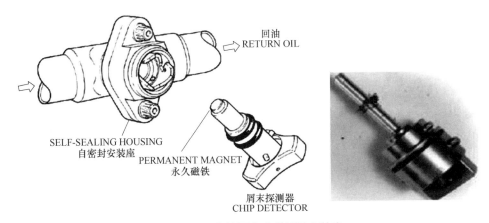

图 11-11 卡针固定式磁堵及安装座

提供的样本对磨损状况进行评初步估。将屑末送专业的实验室可分析发动机内部机件工作状况；分析屑末的成分可以判断金属屑的来源，即确定磨损的部位。

有的机型加装有电子式磁屑探测器，如图 11-13 所示。在磁堵头部有两个绝缘体隔开的电极，当屑末积累到一定程度，使电极接通，便在驾驶舱给出告警。

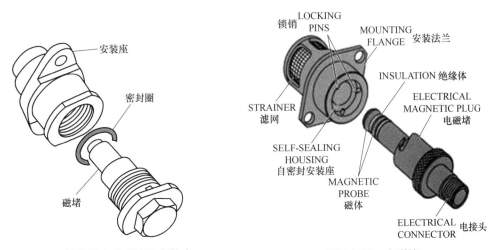

图 11-12 螺纹固定式磁堵及安装座   图 11-13 电磁堵

11.2.2.6 油气分离器

为保证滑油循环，防止滑油箱、齿轮箱和轴承腔的压力过高，在滑油系统中有通大气的通风口，在空气通往机外之前，空气中的油滴将由油气分离器分离出来，滑油被留下，除滑油后的空气排出发动机外，以减少滑油消耗。

油气分离器结构，如图 11-14 所示，它利用离心原理工作。工作时，空气/滑油混合气进入油气分离器后，随转子作旋转运动，在离心力作用下油滴被甩向四周，最后流到壳体底部，经回油泵返回滑油箱，空气从转子中心经通气口排出机外。

油气分离器大多安装在齿轮箱上并由齿轮箱驱动，也有的机型油气分离器装在发动机低压转子轴上，由低压轴驱动。

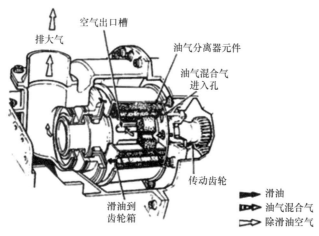

图 11-14　油气分离器

11.2.3　滑油系统的工作

发动机滑油系统可分成系统：供油系统、回油系统、通气系统和指示系统。

供油系统又称增压系统。供油系统从滑油箱开始，到滑油喷嘴结束，其中包括供油泵、供油滤、释压活门、滑油冷却器（即燃/滑油热交换器，有的机型还有空气滑油冷却器。有的机型将滑油冷却器放在回油子系统）和最终油滤等。在供油系统，供油泵（也称为增压泵）将滑油从油箱抽出，加压后，把温度适当且清洁的滑油送到需要润滑的区域，如轴承腔、齿轮箱等。

回油系统从轴承腔、齿轮箱开始，到滑油箱结束，其中包括回油泵、磁屑探测器、回油滤等。回油泵将润滑后的滑油立即从轴承腔、齿轮箱抽走，送回滑油箱。

通气系统的功用是将油箱、轴承腔和齿轮箱连通，平衡滑油腔的压力，保证滑油系统的工作正常，减少滑油消耗量。通气系统包括油气分离器和连通各部分的通气管路。

滑油系统指示的功用是监视滑油系统工作是否正常，并在出现故障时给出告警。滑油系统工作指示参数包括滑油压力、滑油温度、滑油量等；系统告警有：滑油滤旁通、滑油压力低、屑末（仅对电磁堵）等告警指示，这些均在驾驶舱显示，如图 11-15 所示。

滑油压力测量的是供油压力。其传感器感受的压力是供油路上滑油压力和油箱通气压力之间的压力差。

低滑油压力告警电门供油压力与油箱通气压力之间的压力差。当供往发动机的滑油压力低于规定值时，此电门接通，给出滑油压力低告警，这时应立即停车以保证发动机的安全。飞行后须进行相应的维修工作。

滑油温度传感器在滑油系统中的安装位置取决于发动机类型。有的装在回油系统中，感受滑油冷却器上游的热滑油温度；也有的装在供油系统中，感受冷却后的滑油温度。

滑油量传感器装在滑油箱。有两种类型滑油量传感器在使用。一种是电容型；一种是舌簧电门型。

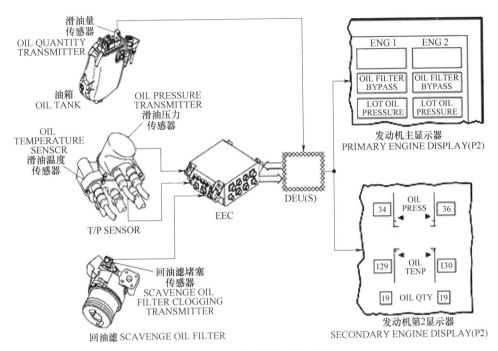

图 11-15　滑油系统指示与告警

油滤堵塞指示如前所述。

11.3　滑油系统的维护

　　滑油系统的日常维护主要包括滑油量检查、加油、磁堵检查、更换油滤等。由于合成滑油有一定的毒性，在对滑油系统进行维护时不能让皮肤接触滑油，若有接触应及时用水冲掉。避免吸入滑油蒸汽。

　　油滤维护和滑油更换的时间间隔取决于滑油系统的设计及工作条件，因而不同的机型各不相同，在维护手册中有明确规定，应遵照执行。对可清洗油滤，应定期拆下滑油滤，进行分解、清洗，并更换有磨损或损坏的滤芯；对不可清洗油滤，定期更换。油滤维护时要观察滤芯上是否有屑末。如有，应收集滤芯上的屑末，并进行相应分析。

　　按规定时间间隔定期检查磁堵。为了看清磁堵上的金属颗粒，应用放大镜进行观察。磁堵的磁性随着时间会不断减弱，需要定期检查磁堵的磁性是否足够。若不满足要求，应更换磁堵。

　　滑油量检查是勤务检查的工作内容。航前、飞行间隔和航后应检查油箱的油量，滑油量不足应补充。滑油量确认应比对滑油箱的观察窗所见和驾驶舱 ECAM 或 EICAS 上的显示，两者应一致。当发动机刚停车后，油箱中的滑油温度很高，且油箱内还有一定的压力，因此应等待一段时间才能开油箱盖，否则开盖时油箱内的气体会跑出而造成意外。检查滑油量和添加滑油时必须在发动机停车后的规定时间内进行，如 PW4000 发动机要求停车后至少 5min 且不超过 1h。若超过最大规定时间，通常要求启动发动机并在慢车工作几分钟，停车后再按规定时间检查滑油量和添加滑油。加油后记录加油量，计算并监视发动机的滑油消耗率。正常状态下发动机滑油消耗率是稳定的，如果增大，表明系统某处存在泄漏，需进行排故处理。

滑油中有燃油会导致滑油的黏度降低，润滑效果变差。若滑油消耗率低于正常值，排除滑油其他污染外，应考虑燃油/滑油散热器有漏油。若出现滑油污染，应按维护手册进行系统冲洗和换油。

第12章

反推系统

为了降低民用飞机运营成本，民航运输机的体积越来越大，相应的质量也越大，惯性也大，这样着陆滑跑距离就会增长，尤其是在潮湿、结冰或被雪覆盖的跑道上，由于飞机轮胎和跑道间的附着力下降而使机轮刹车的有效性降低，因此，现代民用飞机上多装备有反推装置，有的军用飞机也有反推装置。反推装置在飞机着陆和中断起飞过程中使用，可产生向后的推力，以迅速地降低飞机的滑跑速度，缩短滑跑距离，如图 12-1 所示。

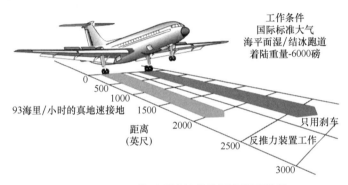

图 12-1　是否使用反推的着陆滑行距离比较

12.1　反推的原理和要求

反推装置是将发动机喷气流折转，向斜前方（约 45°）排出而产生反向推力，如图 12-2 和图 12-3 所示。反推力的大小与折转的空（燃）气流量、喷气速度和折转角等有关，如图 12-3 所示，反推力大小为：

$$F = -\dot{m}_a (c_5 \cos\alpha + V_0)$$

式中：$\dot{m}_a$——折转的空（燃）气流量；

　　　c_5——喷气速度；

　　　α——折转角；

　　　V_0——飞机速度。

在涡喷和小涵道比涡扇发动机中，反推装置一般安装在尾喷口之后。在现代高涵道比涡扇发动机中，由于发动机推力的 3/4 以上是由外涵气流产生的，因此将反推装置装在外涵道上，工作时将外涵道气流前折而产生反向推力；内涵道的气流仍然产生正推力，这样可避免

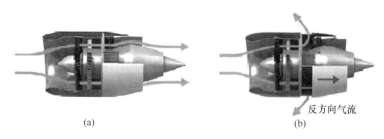

图 12-2 一种高涵道涡扇发动机在正推力和反推力时的工作情形

（a）正推力 （b）反推力

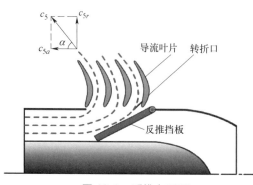

图 12-3 反推力原理

气流反折对燃气发生器工作造成不利影响。因此，发动机产生的反推力为两者之差。反推力的大小约为该转速下正推力的40%。

反推装置的设计要求：在保证发动机安全工作的条件下获得最大的反推力；反推装置不工作时，不增大飞机的阻力，而不减小发动机的推力；排气口应有良好的密封性；反推装置结构简单，质量轻，操纵灵活，发动机在正推力与反推力工作状态之间相互转换所需的时间要短，目前发动机的反推装置一般能在 $1\sim2s$ 的时间内完成两者间的相互转换；合理选择排气方向，力求不产生非对称的反推力，保证飞机的操纵稳定性，且气流不能喷到机翼或机身上，也不能被发动机重新吸入；热气流反推装置的构件能够在高温大负荷条件下可靠工作。

反推装置的工作。民航机上反推装置只有当飞机着陆后才能打开。通常在飞机上有无线电高度电门或在起落架上装有触地开关。当飞机接地前或接地后，才能解锁反推装置的操纵电路系统。当飞机滑行速度降低到一定值后，应立即关闭反推装置，避免发动机吸入折转向前的气流，造成压气机喘振或气流卷起的外来物进入发动机。

12.2 反推装置的类型

对高涵道涡扇发动机，由于是将外涵气流向前转折来产生反推力，常称为冷气流反推；对于低涵道涡扇发动机和涡喷发动机则将所有喷气流向前转折而获得反推力，常称为热气流反推。

热气流反推装置有蛤壳门型和铲斗门型两种形式；常用的冷气流反推装置有移动套筒的格栅式反推和枢轴门式反推两种形式。

蛤壳门型反推装置常从高压压气机引气气动作动，反推工作时由操纵机构将两扇蛤壳式反推力门向后转动，阻断向后喷射气流，并迫使气流经过叶栅通道向斜前方排出，而产生反推力，如图 12-4 所示。

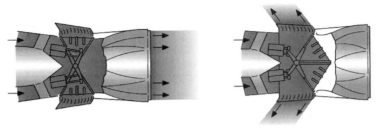

图 12-4　蛤壳门型反推装置

铲斗门型反推装置通常由飞机液压系统作动。反推工作时，作动器向后移动，使两个铲斗门（半圆筒形）转到燃气流中，阻断向后排气，并迫使气流向斜前方排出，而产生反推力，如图 12-5 所示。

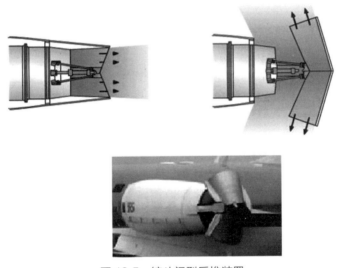

图 12-5　铲斗门型反推装置

带移动套筒的格栅式反推装置装在外涵道上，由两半反推器组成，每半都是 C 形涵道，通常为液压作动或气动作动。主要部件包括移动套筒、液压或气动作动筒、柔性转轴、格栅组件、阻流门、阻流门拉杆和扭矩盒等。风扇排气通道由内套筒和移动套筒之间的通道形成，内套筒固定在风扇框架上，移动套筒可沿滑轨前后移动。在正推力状态，移动套筒处于收进位置，此时内套筒和移动套筒之间形成平滑的气流通道，风扇排气流过此环形通道向后高速排出机外，产生正推力。当反推展开时，反推作动筒使移动套筒向后移动，同时带动拉杆将阻流门拉起。当移动套筒完全展开时，阻流门堵塞了外涵道向后的排气；同时格栅通道完全打开，风扇排气在格栅叶片的引导下，向斜前方喷出，产生反推力，如图 12-6 所示。

枢轴门反推装置也是由两个 C 形涵道组成，它有 4 个大的阻流门（每个 C 形涵道上各两个）。阻流门可在液压作动筒作用下打开和关闭。当反推收藏时阻流门与发动机整流罩齐平，风扇向后排气而产生正推力；当阻流门打开时，把外涵道堵塞，同时阻流门引导

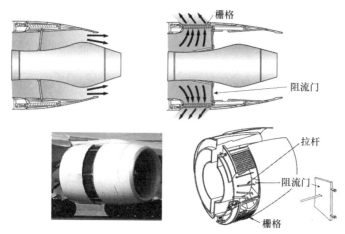

图 12-6　带平移罩的格栅式反推装置

气流向斜前方排出，而产生反推力，如图 12-7 所示。

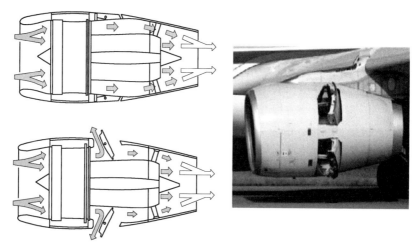

图 12-7　枢轴门反推装置

12.3　反推子系统

典型的反推系统通常由以下子系统组成：操纵系统、作动系统、气流转向系统和指示系统。操纵系统用于指令反推装置的收藏、展开和控制反推力的大小；作动系统按操纵指令移动气流转向机构，作动系统分为气动式和液压式两种类型；气流转向系统引导气流到产生正向推力或反推力的方向上；指示系统给出正推/反推状态显示。

12.3.1　操纵系统

操纵系统的主要部件是驾驶舱的反推手柄。用来选择反推装置的展开和收起，以及指令反推力的大小。反推手柄通过作动反推控制电门，控制反推装置的运动方向。反推手柄的位置信号送给燃油控制器，实现反推力的控制。座舱中的反推手柄如图 12-8 和图 12-9 所示。

图 12-8　空客 320 反推及前推操纵手柄

图 12-9　波音 737 反推及前推操纵手柄

反推控制系统由空地信号逻辑保护，在飞行中使反推不能展开。在 B737 飞机上用无线电高度表信号实现。当飞机接地前飞行高度低于 10ft 时，空中保护解锁，这时反推才能够展开。

反推操纵系统与前推油门操纵系统有互锁机构。此机构具有两个功能：a. 发动机在慢车状态才能展开反推装置；b. 保证只有反推装置完全收进之后，才能前推油门杆增加正推力。

反推操作应注意：只有反推装置完全展开时才能增加反推功率。

反推装置控制系统设计有自动收起功能，即当控制系统探测到反推装置意外打开时，会将反推装置收回且锁死。若意外打开后，不能收回，系统则自动将发动机从高功率减速到慢车功率。

12.3.2　作动系统

反推装置的作动系统通常有气动式和液压式两种类型。

液压式反推作动系统通常有控制活门组件，接收控制系统信号，控制液压油到作动器，从而实现反推装置的展开或收藏。在枢轴门反推装置上，每个阻流门有单独的液压作动器；而在移动套筒的格栅式反推装置上，液压作动器更为复杂，因为它们必须使每个阻流门同步工作。

气动式反推作动系统常用于蛤壳式反推装置和移动套筒格栅型反推装置。在移动套筒格栅型反推装置中，通常是引压气机空气到空气马达。空气马达驱动齿轮箱，再经球螺旋作动器作动移动套筒。

所有反推装置有锁闩机构，确保在正推力状态时反推装置在安全收藏位不能随意移动。液压系统在作动器上有锁组件或分开的锁闩机构，当反推收藏时，锁闩机构的钩子固牢阻流门在收藏位；气动反推系统通常在空气马达有制动装置作为锁定组件。

12.3.3　气流转向系统

气流转向系统引导气流到产生安全反推力的最佳方向上。常见的气流转向系统有蛤壳式、铲斗门式、旋转折流门式和带移动套筒的格栅式。如图 12-4～图 12-7 所示。

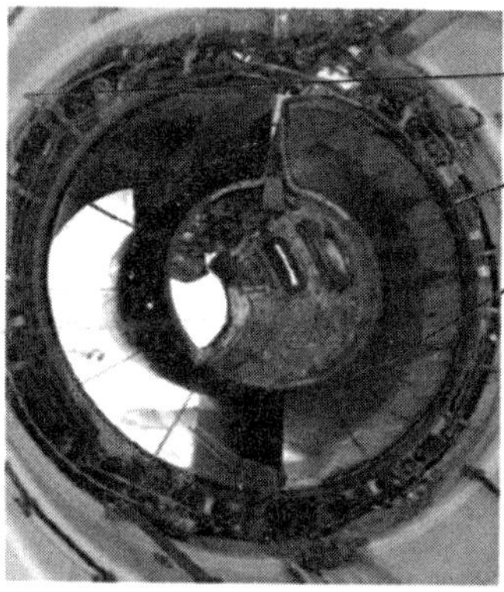

图 12-10　带平移罩的格栅式
反推装置阻流门收起位

在移动套筒格栅式反推装置中，反推整流罩有静止部分和可移动部分，气流转向系统部件在反推整流罩中，主要由阻流门、格栅、内套筒和可移动的外套筒组成。阻流门连在固定的整流罩和移动套筒之间，当反推收藏时阻流门同风扇排气通道齐平，如图 12-10 所示；当反推展开时它们随移动套筒的运动而进入阻流位置。格栅叶片段用螺栓固定在反推整流罩的静止部分。发动机的左、右格栅引导气流的方向是不同的，当更换格栅时必须确保安装正确的格栅，不正确的安装会导致暴露于排气中的结构件寿命降低。

12.4　气动式反推装置

气动操作的反推系统主要部件包括：引气供应管、控制活门、一个或两个气动驱动装置、齿轮箱、软驱动轴和球螺旋作动器，如图 12-11 所示。

压力空气来自高压压气机的后面级。控制活门打开时，压力空气进入气动驱动装置。气动驱动装置的空气马达经软驱动轴和齿轮箱作动球螺旋作动器。

涡扇发动机气动操作的反推有两种设计。一种是由一个中央气动驱动装置驱动两半反推；另一种是有两个气动驱动装置，每半反推由一个驱动装置驱动。

该反推系统的第一个部件是压力调节和关断活门。它有三个功能：向反推系统供应压

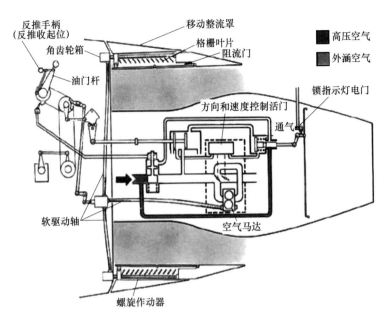

图 12-11　带平移罩的格栅式反推装置在反推收起位

力空气；调节空气压力为恒值和保护下游部件不超压。该活门由反推杆经空地逻辑电路通过电磁线圈控制。空气供应管连到气动驱动装置。方向和速度控制活门控制反推装置向展开或收藏方向运动，如图 12-12 所示。

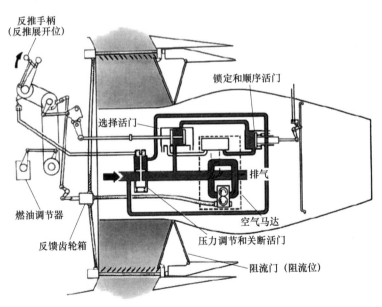

图 12-12　带平移罩的格栅式反推装置反推展开

　　气动驱动装置也称为中央驱动装置。典型的气动驱动装置包括：空气马达、方向操纵活门（选择活门）、方向和速度控制活门、内部制动、同球螺旋作动器连接的斜齿轮、上和下转动套、反馈机构和位置指示电门。气动驱动装置接收进气软管来的压力空气，操作它自己的球螺旋作动器并经软轴驱动在角齿轮箱上的球螺旋作动器。

方向控制活门控制空气马达转动方向。当压力调节和关断活门、方向操纵活门（选择活门）打开时，空气压力移动方向和速度控制活门到展开位。空气驱动马达转动，离开空气马达后，通过方向控制活门的另一侧到排气口。收藏反推时，空气马达朝相反的方向转动。方向操纵活门关闭，方向控制活门由弹簧力推到收藏位。

整流罩移动开始运动快，接近终点时减慢，最后停下来。空气马达的转速由反馈机构通过速度控制活门控制，反馈机构装在反推整流罩上。

气动操作的反推器由气动驱动装置的制动锁住。制动类型和制动方法是不同的。一些制动是由方向控制活门的反馈机构操作的；另一些是由分开的气动制动作动器实施的。

在反推装置有故障的飞机上，如果飞机欲签派，必须使反推器不工作。使气动式反推装置不工作的方法有三种：第一种是保证反推系统没有压力空气操作空气马达，这可通过手动关闭并锁住压力调节和关断活门来实现；第二种是中断到压力调节和关断活门或方向操纵活门电磁线圈的电源；第三种也是最有效的方法是机械地固定可动的反推部件到固定的反推整流罩上。

12.5　液压式反推装置

12.5.1　主要部件

液压反推系统的主要部件包括：隔离控制组件、方向控制活门、作动筒、反推锁、反馈及指示系统等。

（1）隔离控制组件

隔离控制组件是液压操纵式反推系统中的一个重要部件，其作用是控制飞机液压系统和反推液压系统之间的联系。在正常飞行时，隔离控制组件把飞机液压系统与反推系统隔开；当选择反推后，它允许来自飞机的液压油进入反推系统。

隔离控制组件中有电磁活门和隔离活门。电磁活门受控于反推选择电信号。电磁活门通电/断电控制隔离活门的打开/关闭。隔离活门可以是电磁活门直接控制，如图 12-13 所示或电磁活门经压力油控制如图 12-14 所示。当电磁活门断电，隔离活门处于关闭位时，阻止来自飞机的液压油进入反推系统，并且反推系统经隔离活门与回油系统连通，即反推系统没有高压液压油，如图 12-13 所示；电磁活门通电，隔离活门处于打开位时，来自飞机的液压油控制隔离活门把回油路堵死，并允许来自飞机的液压油流向反推系统的方向控制活门。

隔离活门可人工解除工作，用于地面维护和反推控制故障后签派。由图 12-13 可见，当把解除工作销插入后，它会阻止隔离活门下移，这样来自飞机的液压油就不能进入反推系统。

（2）方向控制活门

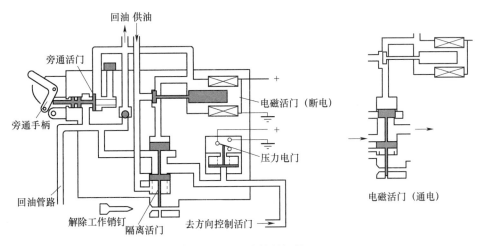

图 12-13　隔离控制组件

方向控制活门（DCV, direction control valve）的作用是控制进入反推系统的液压油的去向，即作动筒的收上端和放出端。方向控制活门有机械控制和电磁活门控制两种类型。

机械控制是通过反推手柄直接作动方向控制活门，即反推手柄带动毂轮转动，并通过钢索（或连杆）等机械机构直接作动方向控制活门到"放出"或"收起"位置。

电磁活门控制的方向控制活门有的机型是包含在方向控制组件中；有的机型的方向控制活门和隔离活门是一体的，称为液压控制组件或活门控制组件，如 CFM56-7 发动机。

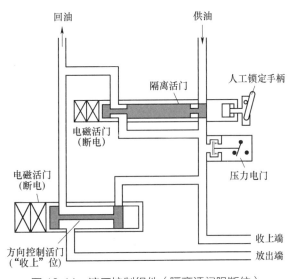

图 12-14　液压控制组件（隔离活门阻断位）

液压控制组件内包含有隔离活门和方向控制活门，它们由各自的电磁活门控制。在前推力状态时，电磁线圈处于断电状态，隔离活门关闭，方向控制活门处于"收上"位置，此时作动筒的放出端和收上端都通回油，如图 12-14 所示。选择反推后，隔离话门和方向控制活门的控制电磁线圈都通电，隔离活门打开，关闭收上端的回油路，方向控制活门处于"放出"位置。同时关闭放出端的回油路。此时，来自飞机的高压液压油进入反推系统，向作动筒的收上端供油，同时通过方向控制活门向作动筒的放出端供油，如图 12-15 所示。当接收到反推收上信号时，隔离活门仍保持通电状态，但方向控制活门断电，使方向控制活门回到"收上"位置。这样，作动筒的收上端继续通高压油，而放出端通回油，如图 12-16 所示。反推装置完全收上，并锁列一定时间后，隔离活门断电。

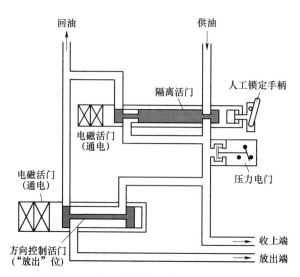

图 12-15　液压控制组件（反推装置放出）

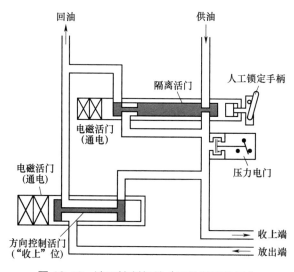

图 12-16　液压控制组件（反推装置收回）

（3）作动筒

作动筒有两种，即带锁机构和不带锁机构的作动筒。

在带平移套筒的格栅式反推器中，通常每半反推有 2 或 3 个作动筒（如 V2500 发动机有 2 个，CFM56-7 发动机有 3 个），其中 1 个为带锁作动筒。除了锁机构，作动筒的结构基本相同，包括：活塞、螺纹轴、涡轮蜗杆机构和万向安装座等。作动筒活塞的放出端面积大于收上端面积，通常反推装置放出时活塞两端（收上端和放出端）都有相同压力的高压油，而反推收上时只收上端有高压油。活塞沿轴向往返运动，通过内螺纹使螺纹轴转动，螺纹轴又通过涡轮传动蜗轴，蜗轴与软轴啮合。每个作动筒都通过这样的方式与软轴连接在一起，从而可保证各作动筒能同步运动，所以软轴也称为同步轴。软轴通常在放出端供油管内。有的发动机上软轴仅将同一侧的作动筒连接在一起；有的发动机上软轴将两侧的作动筒全部连在一起。

在枢轴门式反推装置上，每个阻流门有一个作动筒，且为带锁作动筒，作动筒之间没有同步轴。

当需要人工收/放反推（手摇）时，可通过驱动软轴来带动活塞移动，实现收/放反推。这时软轴通过蜗杆、涡轮机构带动螺纹轴，螺纹轴的转动再使活塞移动。

（4）反推锁

反推锁是保证反推装置安全的重要措施之一，反推系统通常有多重锁机构，如作动筒机械锁、同步轴锁等。在前推功率状态下，反推装置就是靠这些锁机构保持在收上位置的。

在格栅型外涵反推装置上，通常每侧的 C 形涵道上有且只有一个作动筒带有机械锁，而在枢轴门式反推装置上，每个阻流门的作动筒都是带锁作动筒。作动筒机械锁可由液压动打开。该锁机构有不同形式，如锁盘式结构和弹簧爪式结构。

有的机型上除了采用作动筒机械锁以外，还采用了同步轴锁（或称为同步锁），该锁由电信号控制。只有同步轴锁解锁后，同步轴才能自由转动，作动筒才能够运动。

有的机型上不采用同步轴锁，而是采用了独立锁系统，由独立的电信号控制。例如A320 飞机采用的独立锁系统包含一个液压关断活门。只有液压关断活门打开，来自飞机的高压液压油才能到达反推液压控制组件。液压关断活门受控于扰流板和升降舵计算机（SEC）以及无线电高度表。当飞行高度或扰流板的位置达到规定值，SEC 接收到油门杆角度后才允许关断活门打开。A330 飞机上采用另一种独立锁系统。该锁系统包含 4 个电控的独立锁，分别作用于 4 个阻流门上。当选择反推时由飞机电源供电打开。

在枢轴门式反推装置上，除了采用作动筒机械锁、独立锁系统以外，每个阻流门上都还有一个舱门锁，该锁由液压打开。

（5）反馈及指示系统

在驾驶舱内的反推指示系统显示反推装置状态，包括开锁指示、反推位置指示、和反推故障指示等。例如，A320 飞机上在反推装置展开过程中，驾驶舱有琥珀色"REV"指示；反推装置展开到位后，变为绿色"REV"指示，此时油门互锁释放，可以增大发动机反推力。

在液压机械控制的发动机上，每半反推上通常装有反馈作动筒，反推展开过程中反馈作动筒随动。反馈作动筒上装有一个接近电门，当反推装置放出到一定位置时，其发出信号使反推开锁显示变为反推完全展开显示。反馈作动筒还通过反馈钢索把反推装置的位置反馈到油门操纵互锁机构。油门操纵互锁机构有两个作用：一是当反推装置没到达一定开度时，可阻挡反推手柄移动，不允许增加发动机的功率；二是若反推装置意外打开，可把油门推回到慢车功率，以减小反推力对飞机飞行所造成的影响。

在 FADEC 控制的发动机上，反推装置没有机械的反馈机构，采用位置传感器将反推装置展开的位置信号发送给 EEC。如 B737NG 飞机发动机反推装置的两侧平移罩上各有一个线性可变差动传感器（LVDT，Linear Variable Differential Transformer）用于反馈两侧平移罩的位置；A330 飞机发动机每个阻流门各有一个旋转可变差动传感器（RVDT，Rotary Variable Differential Transformer）用于反馈每个阻流门的角度位置。

12.5.2　液压式反推的工作

液压作动的反推装置应用广泛，如 B737-200 飞机的铲斗门式反推装置；B737-300 飞机的带移动套筒格栅式反推装置；A330 飞机的枢轴门式反推装置等均采用液压作动。液压式反推装置的控制过程与发动机反推力操纵系统采用的是机械式还是电子式有关。

（1）机械式反推力操纵系统的工作

在采用机械式推力操纵系统的发动机上，反推力系统主要包括：油门杆和反推手柄、液压控制组件、方向控制活门、操纵钢索、操纵毂轮和反馈系统，如图 12-17 所示。反推装置的收和放，由油门杆和反推手柄控制。

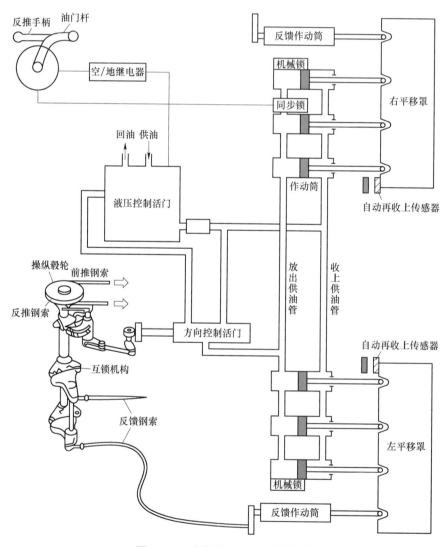

图 12-17　机械式反推操作示意图

油门杆在慢车位时，当拉起反推手柄，反推控制电门被作动。油门组件发出电信号到同步锁和液压控制组件，同时反推手柄带动油门操纵系统的毂轮转动，毂轮通过机械连接作动方向控制活门，毂轮还通过钢索带动发动机的燃油控制组件上的功率杆以控制发动机的功率大小。反推控制的具体过程如下：

反推展开时，同步锁先被打开，允许软轴转动；之后液压控制组件内的隔离活门通电打开，允许来自飞机的液压油进入反推系统；液压油分两路。一路到达收上供油管，即液压油先到达作动筒的收上端，这样有利于带锁作动筒上的机械锁开锁；另一路到方向控制活门，此时方向控制活门被机械机构作动到"放出"位，液压油被送到放出供油管，液压力先把带锁作动筒的机械锁打开，然后到达每个作动筒的放出端。此时，作动筒的放出端和收上端都通高压油，因为活塞放出端的面积比收上端的面积大，所以作动筒伸出，使气流转向机构展开。反推展开到一定距离时，锁接近电门给出开锁信号，并在驾驶舱给出开锁指示。当反推装置继续放出到完全展开位置时，反馈作动筒的接近电门发出信号，使反推开锁显示变为反推完全展开显示。反馈作动筒还通过反馈钢索把反推装置的位置反馈到油门操纵互锁机构，防止反推完全展开之前增加发动机功率。

收起反推时，操作反推手柄收回，则油门操纵毂轮通过连接机构改变方向控制活门的位置，使作动筒的放出端通回油，而收上端仍然通高压油。作动筒缩回，把反推装置收上。当平移罩完全收上后，作动筒机械锁锁死。液压控制组件内的隔离活门断电关闭，切断飞机与反推系统之间的液压联系。

反推装置有自动再收上功能。在正常飞行过程中，反推装置由机械锁保持在收上位，作动筒的收上端和放出端都通回油。万一反推装置意外放出，自动再收上传感器感受到平移罩远离后，会发信号给液压控制组件，使隔离电磁活门通电，隔离活门打开，把压力油送往作动筒的收上端，使反推装置收上来。若反推装置收不上来，继续放出，则反馈钢索带动互锁机构，通过互锁机构把油门推回到小功率位置。

（2）电子式反推力操纵系统的工作

在 FADEC 系统控制的发动机上，反推装置的工作完全由发动机电子控制器（EEC）控制，这包括反推装置的放出和收上的控制、反推装置的自动再收上和自动再放出等安全保护功能的控制。

如图 12-18 所示为 A320 飞机上的发动机的反推控制系统。反推装置每侧的 C 形涵道上有两个作动筒，其中一个带机械锁和人工开锁手柄。开锁时，有锁接近电门的开锁信号传给 EEC，这 4 个作动筒靠软轴连接在一起，起同步的作用。反推装置的控制指令由油门控制组件转换为电信号纵。

当油门杆在前推慢车位时，提起反推手柄，并向后拉油门杆，则电信号到达同步锁（或独立锁系统）使其解锁；电信号同时到达 EEC 和 EIU（发动机接口组件）。EEC 检查飞机是否落地、发动机是否在慢车功率。若满足条件，则向液压控制组件内的隔离活门供电；同时 EEC 使反推准许电门闭合，从而为方向控制活门供电。反推控制的具体过程如下。

反推展开时，液压控制组件内的隔离活门通电打开，允许来自飞机的液压油进入反推系统。液压油分两路，一路到达收上供油管，即液压油先到达作动筒的收上端，这样有利于带锁作动筒上的机械锁开锁；另一路到达方向控制活门，此时方向控制活门被 EEC 通

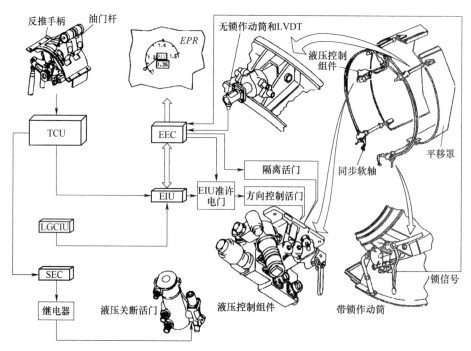

图 12-18　A320 发动机的反推系统

电作动到"放出"位，液压油被送到放出供油管，液压力先把带锁作动筒的机械锁打开，然后到达每个作动筒的放出端。此时，作动筒的放出端和收上端都通高压油，因为活塞放出端的面积比收上端的面积大，所以作动筒伸出，使气流转向机构展开。

　　开锁信号由接近电门传给 EEC，EEC 在 ECAM 的 *EPR* 表上给出开锁指示（琥珀色 REV），在反推装置放出过程中，LVDT 不断把平移罩的位置反馈给 EEC。当反推装置放出到一定位置后，ECAM 上的反推装置开锁指示转换为反推装置完全放出的指示（绿色 REV），此时 EEC 允许发动机的功率增加。

　　在发动机前推力工作状态时，若反推装置意外开锁并放出，则 EEC 使液压控制组件内的隔离活门通电，允许来自飞机的液压油进入作动筒的收上端，把反推装置收回。若反推装置不能收回，继续放出，则 EEC 自动把发动机的功率减小到慢车。

　　在发动机反推力工作状态时，若 EEC 感受到反推装置意外收回，则 EEC 给隔离活门断电，使反推装置与飞机的液压系统隔离，这样反推装置由气动负荷保持在放出位。若不能保持在放出位，继续收回，则 EEC 自动把发动机的功率减小到慢车。

　　使液压作动的反推装置不工作有两种方法：一是机械地锁住可动的反推部件；二是断开到反推作动器的液压供应。例如：关闭反推控制活门组件上手动操作的切断活门，切断液压油，使反推系统不工作。在某些飞机上，如 A320，在每个阻流门插入锁螺栓和锁定板；B3737 上固定的反推整流罩和移动套筒之间安装不作动销可以机械地使反推装置不工作。同时安装红色指示销示出反推装置不工作。

第 13 章

螺旋桨

螺旋桨将发动机旋转轴输出的机械能转化成飞机前进的动力。螺旋桨属于飞机的推进器，与发动机一起构成航空器的动力装置，如图 13-1 所示。螺旋桨与航空活塞发动机结合即为航空活塞动力装置；与燃气涡轮发动机结合即为涡轮螺旋桨发动机。

随着科技的进步，螺旋桨叶片的设计从平板发展到翼型，螺旋桨的效能和效率得到大大地提升。应用新材料可以制造出较薄翼型截面但仍可以保证较大强度的螺旋桨叶片。目前使用的飞机的螺旋桨桨叶是以铝合金、碳纤维材料为主，也有少量使用木质

图 13-1　螺旋桨驱动的飞机

（榉木）结构的螺旋桨。由于复合材料具有更多的优点，越来越得到广泛应用。通过使用新的叶型、复合材料、多桨叶结构等方式，螺旋桨的设计与制造的水平得到巨大的提高。

13.1　螺旋桨的工作原理

13.1.1　名词术语

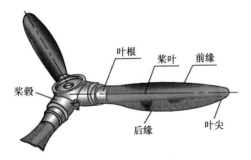

图 13-2　螺旋桨基本术语

为了研究螺旋桨是如何产生拉力或推力的，需要了解一些螺旋桨的基本术语。

所有现代螺旋桨至少包括两个桨叶，并将叶片安装在中心桨毂上，如图 13-2 所示。最接近桨毂的桨叶部分称为叶柄。而离桨毂最远的部分，一般定义为最后 6in 的那段桨叶，称为叶尖。桨毂组件的毂孔将螺旋桨安装在发动机输出轴或经减速器的输出轴上。

　　每个桨叶实质是转动的翼型，如图 13-3 所示。螺旋桨桨叶有前缘、后缘。弦线是前缘与后缘之间的连线。桨叶较突起的一面称为叶背；而较平坦的一面称为叶面。桨叶角是桨叶弦线与螺旋桨旋转平面的夹角。

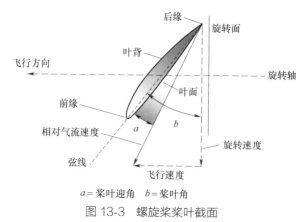

a = 桨叶迎角　　b = 桨叶角

图 13-3　螺旋桨桨叶截面

　　飞行过程中，飞机前进的同时桨叶相对飞机做旋转运动，因此桨叶相对于空气的运动速度是它们二者的合成。把相对气流速度与弦线的夹角称为桨叶迎角，也称为攻角。由于飞行过程中，相对速度的大小和方向会随着飞行速度和螺旋桨旋转速度的变化而变化，因此桨叶迎角不是固定不变的。

　　桨叶迎角会随着飞行速度和螺旋桨转速的变化而变化。例如，当飞机静止在地面，螺旋桨的桨叶迎角和桨叶角是一样的。在飞行过程中，桨叶迎角总是小于桨叶角。如果螺旋桨旋转速度不变，飞行速度越大，则桨叶迎角越小；反之桨叶迎角越大。如果飞行速度不变，螺旋桨转速增加，则桨叶迎角增大；反之桨叶迎角减小。

　　桨叶的安装。由每个叶柄的粗端或凸肩同桨毂组件的槽配合。在某些情况下，叶柄可能延长超过桨毂组件进入气流流场中，在这种情况下，通过安装叶片根套（blade cuff）来改善叶柄周围的气动特性，如图 13-4 所示。桨叶角可变的螺旋桨叶片由一组夹环固定到桨毂组件。

　　螺旋桨桨距是指螺旋桨转动一周纵向前进的理论距离，如图 13-5 所示。

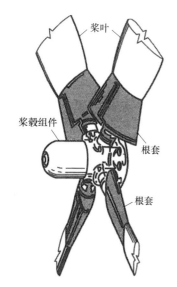

图 13-4　桨叶的固定

图 13-5　螺旋桨的几何桨距和有效桨距

几何桨距定义为螺旋桨在不可压缩介质中转一周前进的距离。几何桨距意味着在没有任何损失的情况下螺旋桨前进的距离。桨距和桨叶角描述两个不同的概念，然而它们是密切相关的。如果说螺旋桨有固定的桨距，实际上意味螺旋桨桨叶给定在固定的桨叶角上。几何桨距和桨叶角存在下述关系：

$$H = 2\pi R \tan\varphi$$

式中：H——几何桨距；

　　　R——螺旋桨特征截面半径；

　　　φ——特征截面的桨叶角。

几何桨距是从距离桨毂中心至叶尖长度的 75% 点测量的。所以，桨叶角大，则几何桨距大。

有效桨距 H_{eq} 是指螺旋桨在空气中转一周实际前进的距离。有效桨距可以从飞机在地面静止时的零到最有效的飞行状态几何桨距约 90% 之间变化。

几何桨距和有效桨距之间的差值称为滑流，也称滑距，如图 13-6 所示。滑流代表总损失的大小。螺旋桨的效率可定义为：

$$\eta_p = \frac{H - H_{eq}}{H}$$

滑流也反映了螺旋桨对流过的空气的压缩程度，因此滑流的大小影响螺旋桨拉力的大小。

飞机飞行速度 V 的大小则取决于螺旋桨的有效桨距和转速 n，即：

$$V = \frac{H_{eq} n}{60}$$

假定螺旋桨的几何桨距为 50in，那么理论上它转一圈应向前运动 50in。如果飞机实际仅向前运动了 35in，则有效桨距是 35in 和螺旋桨效率是 70%，在这种情况下，滑流 15in 代表损失大小。实际上，大多数螺旋桨效率在 50% ~ 87% 之间。

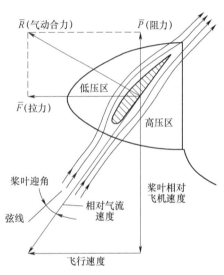

图 13-6　螺旋桨的原理

13.1.2　螺旋桨理论

飞行过程中，空气流过螺旋桨桨叶表面就如同空气流过飞机机翼一样，如图 13-6 所示。螺旋桨桨叶与气流的相互作用力有：

桨叶旋转时，将驱使气流向后流动，气流流过螺旋桨桨叶后速度大小和方向发生改变，而对桨叶产生动量力。

空气流过桨叶时，在叶背处，流速增大了，静压力降低，形成低压区；而在叶面处，流速较叶背面低，形成恒压区或高压区。这样在叶面与叶背之间产生压力差。

气流近桨叶前缘时，气流受阻，流速减慢，压力提高；而在桨叶后缘，气流分离，形成涡流，使压力下降，这样在桨叶的前、后缘形成压力差。

此外，气流流过桨叶表面时存在摩擦阻力。

上述所有力的合力就构成了桨叶的空气动力 $\bar{R}$，在发动机轴线方向的分力即为螺旋桨产生的拉力 $\bar{F}$；在旋转方向的合力就是螺旋桨的旋转阻力 $\bar{P}$。

影响螺旋桨拉力的因素：滑流、飞行速度、单位时间排气质量。

当滑流和飞行速度保持不变，若螺旋桨转速不变，随着桨叶角增加，则单位时间螺旋桨的排气质量增加，拉力上大；若桨叶角不变，随着螺旋桨转速上升，则单位时间排气质量增加，拉力增大。

当单位时间排气质量及飞行速度不变，随着滑流增加，则螺旋桨拉力增大；

当单位时间排气质量及滑流不变，则随着飞行速度增加，则拉力减小。

对确定翼型的螺旋桨飞行中滑流、飞行速度、单位时间排气质量的大小取决于桨叶迎角，因而螺旋桨产生的拉力大小主要取决于桨叶迎角。

螺旋桨从桨毂到叶尖，旋转的切线速度逐渐增大。为了使螺旋桨沿着桨叶整个长度产生相对不变的拉力，即具有不变的桨叶迎角，必须使桨叶角从桨毂到叶尖逐渐减小。因此螺旋桨桨叶是扭转的三维形状。工程上是对桨叶每小段给定不同的桨叶角，桨叶角从桨毂到叶尖逐渐减小称为桨距分配。除叶片扭转外，大多数螺旋桨在接近桨毂处用较厚的低速翼型；接近翼尖用较薄的高速翼型。

13.1.3 作用在螺旋桨上的力

螺旋桨工作时会受到离心力、拉力、扭力、气动扭转力、离心力扭转力等各种力。

13.1.3.1 离心力

作用在螺旋桨的力中，离心力是引起最大的应力的力。离心力可以描述为拉桨叶离开桨毂，如图 13-7 所示。在桨叶尖部分产生的离心力最大，为了减少离心力，叶尖部分一般都采用薄翼型。而桨叶根部需要承受是整个桨叶产生的离心力。

图 13-7　螺旋桨旋转时的离心应力

13.1.3.2 拉力弯曲力

拉力试图将桨叶叶尖向前弯，如图 13-8 所示。拉力使桨叶产生向前弯曲变形。

13.1.3.3 扭矩弯曲力

该力使螺旋桨在旋转方向受到的空气阻力，如图 13-9 所示。它试图将桨叶朝转动相反的方向弯曲叶片。

13.1.3.4 气动扭转力

当螺旋桨桨叶产生拉力时，气动合力位于螺旋桨质心（或转动轴）前部时气动力产生的力矩使桨叶角有增大的趋势，如图 13-10 所示。而当气动合力位于后部时则相反，如图 13-11 所示。因此，气动扭转力可被设计用于飞行中增加或减小螺旋桨的桨叶角。

图 13-8　螺旋桨的拉力弯曲力

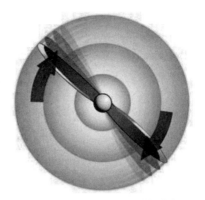

图 13-9　螺旋桨的扭转弯曲力

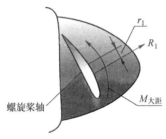

图 13-10　气动扭转力变大距

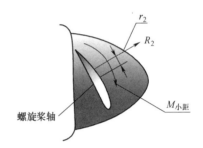

图 13-11　气动扭转力变小距

13.1.3.5　离心扭转力

桨叶旋转时，各部分都要产生离心力。如图 13-12 所示，以前缘微元体为例，因其位于桨叶弦线的左侧，螺旋桨前缘微元体产生的离心力 F_N 在水平方向会有一个指向左侧的分力，该力有使桨叶向旋转平面转动的趋势，而垂直方向分力因与螺旋桨旋转轴线垂直，无法转动；后缘微元体可作类似分析，该处微元体也有使桨叶向旋转平面转动的趋势。因此离心扭转力总是试图减小螺旋桨的桨叶角。

有的螺旋桨在桨叶根部固定有配重，当螺旋桨旋转时，类似于桨叶离心力的分析方法，配重产生的离心力将使螺旋桨变大距。

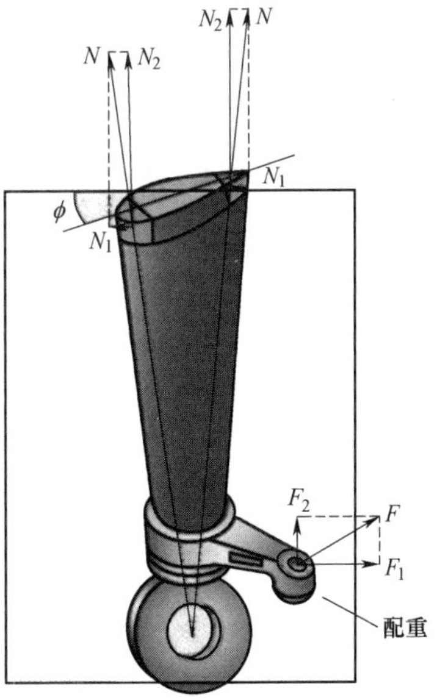

13.1.4　螺旋桨的推进功率、效率

图 13-12　螺旋桨的离心扭转力

13.1.4.1　螺旋桨的推进功率

螺旋桨工作时，将发动机输出的轴功率（发动机的有效功率）转换为飞机的拉力并推动飞机前进。拉力的功率称为螺旋桨的推进功率，也称为推进功，等于拉力和速度的乘积。

$$N_B = F \cdot v_飞$$

因此推进功率是由发动机的有效功率转变而来。由于涡流、摩擦等因素的存在，在转换过程中必然会损失部分功率，有效功率不可能全部转化为推进功率。

需要注意的是这里仅讨论螺旋桨的推进功率。对涡桨发动机而言，发动机的推进功率是螺旋桨与喷气产生的推进功率之和。

13.1.4.2 效率

螺旋桨的效率也可定义为螺旋桨的推进功率和提供给螺旋桨的轴功率之比。

$$\eta_B = \frac{N_B}{N_S} = \frac{F - v_飞}{N_S}$$

需要注意的是螺旋桨在原地工作时，由于螺旋桨拉力的功为零，因此螺旋桨的效率等于零。

13.2 螺旋桨的分类与结构

13.2.1 螺旋桨的分类

13.2.1.1 按照螺旋桨在飞机上的安装位置分类

可分为牵引式和推进式。牵引式螺旋桨安装在发动机的前面，拉飞机前进，这种安装方式多见于陆上型飞机；推进式螺旋桨装在发动机后端，推飞机前进，该安装方式多见于水上型或者水陆两用型飞机。因为这类飞机如果使用牵引式螺旋桨，那么在水上起飞或着陆的时候扬起的水花对飞机会造成一定的影响。推进式螺旋桨一般安装在机翼的后上方。

13.2.1.2 按照桨距分类

分为固定桨距螺旋桨、地面可调桨距螺旋桨、可控桨距螺旋桨、恒速螺旋桨和可反桨及可顺桨的螺旋桨。

（1）固定桨距螺旋桨

固定桨距螺旋桨结构简单螺旋桨，但飞行中，当偏离最佳转速或空速时都会导致螺旋桨的效率降低。低桨叶角的固定桨距螺旋桨为飞机起飞和爬升提供最好的性能，常称为爬升螺旋桨；高桨叶角的固定桨距螺旋桨，更适宜巡航飞行，常称为巡航螺旋桨。

（2）可调桨距螺旋桨

地面可调桨距螺旋桨在飞行中桨叶角不能改变，在地面桨叶角可以改变。飞行前，可根据飞行任务设定需要的桨叶角。

可控桨距螺旋桨在飞行中可改变桨叶角。可使桨叶角为特定的飞行状态提供最佳的性能。这类螺旋桨的桨距位置的数目是有限的，如双位可控螺旋桨，可在的最小桨距和最大桨距之间进行桨叶角调节。

（3）恒速螺旋桨

恒速螺旋桨有时称为自动螺旋桨，一旦驾驶员选择工作转速后，则螺旋桨控制器

（调速器）自动调节桨叶角以保持选择的转速。恒速螺旋桨可提供最大的螺旋桨效率。

（4）可反桨螺旋桨

在装有可反桨螺旋桨的飞机上，调节螺旋桨的桨叶角，使桨叶迎角为负值，以产生负拉力，如图 13-13 所示。负拉力用于着陆或中止起飞时使飞机迅速减速，而缩短滑跑距离；也可用于改善飞机的地面机动能力。

（5）可顺桨的螺旋桨

该类螺旋桨仅在多发飞机上使用。用于最大程度地减小故障发动机产生的飞行阻力，降低飞行人员对飞机操纵的难度。装有可顺桨的螺旋桨是指恒速螺旋桨有顺桨能力。如果发动机发生故障，驾驶员置该发螺旋桨于顺桨位置，或者发动机在顺桨系统的控制下自动顺桨。这时桨叶角接近 90°，从而消除螺旋桨产生的飞行阻力，如图

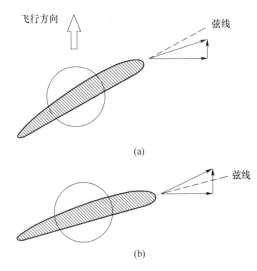

图 13-13　螺旋桨效率随桨叶迎角的变化
（a）正桨叶迎角（正拉力）　（b）负桨叶迎角（负拉力）

13-14 所示。

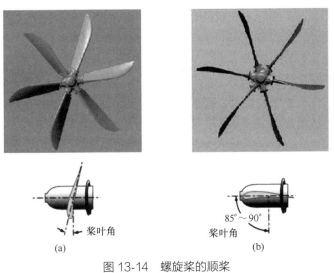

图 13-14　螺旋桨的顺桨
（a）正常飞行　（b）顺桨

13.2.2　涡桨发动机的螺旋桨

现代涡桨发动机大多采用恒速、可顺桨的螺旋桨，以提高发动机的性能和螺旋桨的效率。

该类型的螺旋桨由螺旋桨调节器控制。作为一般规则，涡桨发动机都通过改变螺旋桨

的桨距来保持螺旋桨恒速。在某些情形下，桨距的改变被涡桨发动机用于改变拉力。

不同于活塞式发动机，涡桨发动机转速响应时间长。从燃油流量改变，到发动机的功率变化，再到螺旋桨转速改变需要较长时间，因此涡桨发动机的飞机不能在地面通过改变发动机转速来有效地控制飞机。而采用螺旋桨变距相对灵敏得多。为易于地面操作，一般是保持燃气发生器转速相对不变，通过改变螺旋桨桨距来改变拉力。

大多数涡桨发动机的螺旋桨除提供恒速和顺桨外，还可以反桨。

在大多数情况下，涡桨发动机燃油控制器同螺旋桨调速器一起工作，控制螺旋桨的桨叶角。有的将螺旋桨的工作方式分为 α 方式和 β 方式，前者是螺旋桨调速器控制保持螺旋桨恒速；后者是螺旋桨调速器不再起恒速作用，用于在地面操作、滑行或反桨中使用。

13.2.3　螺旋桨结构

螺旋桨都是用木料、钢材、铝合金或复合材料制造的。很多年来，木料是制造螺旋桨的最可靠的材料。木质结构能吸收发动机的振动。缺点是地面工作期间它们对沙石和碎屑是非常敏感的。因此在木质螺旋桨上需要加装金属保护层。

现在大多数螺旋桨使用铝合金材料。铝合金螺旋桨是用整块的材料锻造而成的，再通过机械加工和人工打磨来获得满意的翼型。通过轻微扭转桨叶，获得满意的桨叶角。这种螺旋桨的表面要进行阳极化处理。铝合金螺旋桨可以做得更薄、叶型更有效，且具有足够的结构强度；铝合金螺旋桨比木制螺旋桨更易于维护，成本较低。

由于钢材密度大，所以钢制桨叶是做成空心的。钢制螺旋桨只在老一代运输飞机上可见。

复合材料由于其独特的优异性，近年得到重视，开始流行。复合材料螺旋桨的特点是：重量轻、寿命长；能吸收振动；防腐蚀；可以显著提高发动机的燃油经济性，以及减小维修工作，具更低的使用维修成本。如 MA60 螺旋桨、DA42 螺旋桨。

13.3　螺旋桨的调节

13.3.1　螺旋桨调节的目的

螺旋桨的调节就是改变螺旋桨的桨叶角，也称为螺旋桨变距。变距的目的是保证发挥发动机的性能以及提高螺旋桨的效率。

发动机输出到螺旋桨的功率不可能全部被转换成螺旋桨产生推动飞机前进的功率。因为螺旋桨转动时，要向后加速和扭转空气，还要克服空气与桨叶之间的摩擦和涡流所形成的阻力，这要消耗一部分发动机的输出功率，因此螺旋桨工时，存在一个效率问题，即发动机输出到螺旋桨的功率中转换成螺旋桨推进功的比例。螺旋桨的效率越高，说明螺旋桨损失的功率越小。目前螺旋桨的效率可达 0.85~0.87。对于已经制造完成的螺旋桨，其旋转时的效率主要受螺旋桨桨叶迎角的影响。在相对气流方向一定的条件下，只有在某一桨叶迎角时螺旋桨的效率才是最高的，这个桨叶迎角称为最有利桨叶迎角。桨叶迎角过大或过小，螺旋桨的效率都要下降，如图 13-15 所示。

在飞机的飞行过程中，飞行速度和发动机功率经常在发生变化，使得相对气流的方向也随之发生变化。因此，要想获得较高的螺旋桨效率，应该根据飞行速度和发动机功率改变螺旋桨的桨叶角，使桨叶迎角接近或保持有利的桨叶迎角。

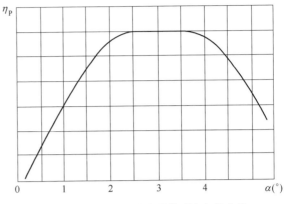

图 13-15 螺旋桨效率随桨叶迎角的变化

变距的情形。桨叶角增大称为变大距；桨叶角减小叫变小距。

13.3.2 螺旋桨桨距调节

13.3.2.1 双位螺旋桨变距

双位螺旋桨利用控制活门引导发动机压力滑油进入螺旋桨油缸，使螺旋桨转到低桨叶角；泄放滑油返回发动机，使桨叶转到高桨叶角。这种控制利用两种力来改变桨叶角，螺旋桨油缸里的滑油压力和作用在配重上的离心力。其他力对系统工作影响很小。当螺旋桨控制杆向前移时，选择活门转动，引导发动机滑油进入螺旋桨油缸，此时油缸中滑油压力克服配重的离心力使桨叶角转到低桨叶角，如图 13-16（a）所示；而当螺旋桨控制杆向后移时，选择活门反向转动，使螺旋桨油缸与发动机低压滑油相连，现在配重的离心力大于螺旋桨油缸中滑油产生的力，使滑油流出油缸返回到发动机集油槽，螺旋桨配重的离心力使桨叶角转向高桨叶角，如图 13-16（b）所示。

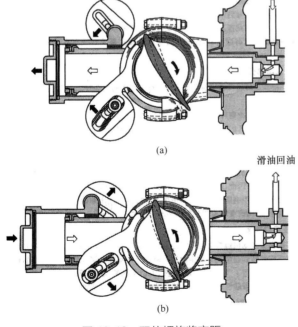

图 13-16 双位螺旋桨变距
（a）转向低桨叶角 （b）转向高桨叶角

13.3.2.2 恒速螺旋桨变距

恒速螺旋桨工作时，控制器通过改变螺旋桨桨叶角，使螺旋桨的旋转阻力功率等于发动机的驱动功率，从而保持螺旋桨工作在设定的转速。几乎所有现代中、高性能飞机都使用恒速螺旋桨。

螺旋桨调速器变距有三种方式：双向变距、正向变距和反向变距。系统实现方式分为液压式和电动式。

（1）双向变距

螺旋桨双向变距是螺旋桨变大距和变小距都是靠液体压力进行的，这种螺旋桨调速器称为双向液压式调速器。

图13-17所示为一液压式双向变距系统。系统主要由变距杆（也称为螺旋桨控制杆）、转速给定弹簧、离心飞重、支架、分油活门、随动活塞和带释压活门的油泵等零（组）件组成。

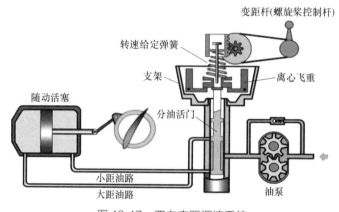

图 13-17　双向变距调速系统

变距杆和转速给定弹簧实现螺旋桨的转速给定。前推变距杆，增大螺旋桨的要求转速；后收则减小。

离心飞重支架由螺旋桨驱动旋转，离心飞重用来感受螺旋桨的转速。转速越高离心飞重产生的离心力越大，因此离心飞重的离心力反映了转速的高低。

分油活门和随动活塞实现液压放大。将分油活门上小的位移和驱动力放大为随动活塞上大的位移和驱动力，用来推动螺旋桨叶片变距。

系统的作用：由变距杆设定螺旋桨转速；当变距杆位置不变，保持螺旋桨转速不变。

系统的工作原理：分油活门上主要作用有两个力，一是转速给定弹簧的弹力；二是离心飞重产生的离心力在分油活门轴线方向的分量。弹簧力向下，而离心飞重对分油活门的作用力向上。因此分油活门实现将螺旋桨的实际转速与要求转速进行比较。当螺旋桨的实际转速等于要求转速时，分油活门处于平衡状态，位于中立位置，分油活门关闭到随动活塞的油路，螺旋桨桨叶角保持不变；当螺旋桨的实际转速不等于要求转速时，即转速存在偏差，分油活门将产生运动而位移，结果接通大距油路或小距油路，使螺旋桨变大距或变小距，从而改变螺旋桨的旋转阻力而增大或减小其转速，使得放油活门反向运动。当螺旋桨的实际转速等于要求转速时，即转速偏差为零，分油活门又回到中立位置，切断到随动活塞的油路，桨叶角保持不变。

当变距杆的位置、发动机功率和飞行速度改变时，系统的工作分析讨论如下。

系统初始，变距杆固定在某一位置，转速给定弹簧力不变，有确定的离心飞重的离心力与之平衡，分油活门停留在中立位置。螺旋桨桨叶角保持不变，螺旋桨有确定的转速。

发动机功率和飞行速度保持不变，当改变变距杆的位置，如前推变距杆，弹簧压缩量增大，弹簧力大于离心飞重的作用力，则分油活门向下运动，如图 13-18 所示。压力油进入小距油路，大距油路通回油。随动活塞向左移动，带动螺旋桨变小距。螺旋桨的旋转阻力减小，由于发动机的驱动功率没有改变，螺旋桨的转速就会增加。随着转速的增大，一方面离心飞重的离心力增大，它克服弹簧力使分油活门逐渐向上运动；另一方面螺旋桨的阻力功率也增大。当分油活门回到初始位置，随动活塞的油路重新被关闭，随动活塞则停止运动，桨叶角不再改变，此时螺旋桨在一个比初始桨叶角更小的桨叶角下工作，即更高的螺旋桨转速。后收变距杆，则工作过程相反。

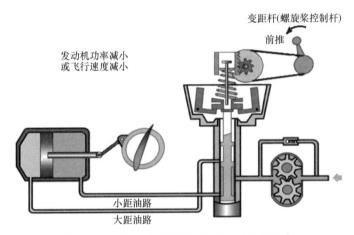

图 13-18　双向变距调速系统（变小距情形）

因此变距杆越在前位，转速给定弹簧的弹簧力越大，需要更大的离心飞重的力与之平衡，即对应更高的螺旋桨工作转速，因而变距杆的位置实现螺旋桨转速设定。

当变距杆位置和飞行速度不变，如果增大发动机功率，由于螺旋桨的旋转阻力没变，螺旋桨转速将增大，离心飞重的离心力增大，使得分油活门向上运动，如图 13-19 所示。压力油进入大距油路，小距油路通回油，随动活塞向右移动，带动螺旋桨变大距，螺旋桨的旋转阻力增大，转速回落，离心飞重的离心力减小，弹簧力使分油活门反向（即向下）运动。随着桨叶角的不断增大，离心飞重的离心力进一步减小，直到等于弹簧力，分油活门又回到中立位置，切断到随动活塞的油路。因此当发动机功率增大，调速器使螺旋桨在更大的桨叶角下工作。由于变距杆位置不变，最终分油活门又回到中立位置，则转速给定弹簧的力不变，分油活门上与之平衡的离心力的作用力也不变，所以螺旋桨转速仍然不变。

如果发动机功率减小，控制过程则相反，类似如图 13-18 所示的情形。

当变距杆位置和发动机功率不变，如果飞行速度增大，由于螺旋桨桨叶迎角减小，螺旋桨的旋转阻力减小，螺旋桨的转速将增大，离心飞重的离心力增大，使得分油活门向上运动，如图 13-19 所示。压力油进入大距油路，小距油路通回油，随动活塞向右移动，带动螺旋桨变大距，增大桨叶迎角，使螺旋桨的旋转阻力增大，转速回落，离心飞重的离心力减小，弹簧力使分油活门反向（即向下）运动。随着桨叶角的不断增大，离心飞重的离心力进一步减小，直到等于弹簧力，分油活门又回到中立位置，切断到随动活塞的油路。因此当飞行速度增大，调速器使螺旋桨的桨叶角更大，而桨叶迎角仍保持不变。由于变距杆位置不变，最终分油活门又回到中立位置，则转速给定弹簧的力不变，分油活门上与之平衡的离心力的作用力也不变，所以螺旋桨转速仍然不变。

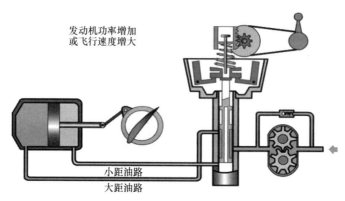

图 13-19 双向变距调速系统（变大距情形）

如果飞行速度减小，控制过程则相反，类似如图 13-18 所示的情形。

（2）反向变距

由液体压力使螺旋桨变大矩，利用螺旋桨桨叶旋转时所产生的离心力扭转力矩变小距，这被称为反向变距，工作原理图，如图 13-20 所示。这种形式的变距系统，结构简单，但当油压损失时，螺旋桨会自动变小距，可能导致螺旋桨超转，因此螺旋桨反向变距系统设有定距机构。

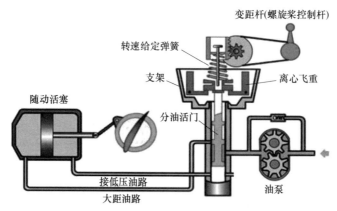

图 13-20 反向变距调速系统

（3）正向变距

由液体压力使螺旋桨变小距，利用螺旋桨桨叶配重旋转时所产生的离心力扭转力矩变大距，这被称为正向变距，工作原理图，如图 13-21 所示。这种形式的变距系统，结构简单，但当油压损失时，螺旋桨会自动变大距。

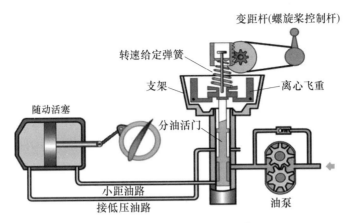

图 13-21 正向变距调速系统

（4）电动双向变距

图 13-22 所示为电动式螺旋桨变距系统。系统主要由变距杆、转速给定弹簧、离心飞重、接触装置、继电器和双向电动机等零（组）件组成。

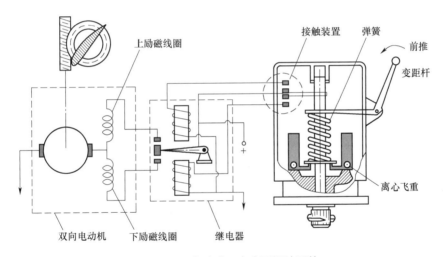

图 13-22 电动式双向变距调速系统

当变距杆固定在某一位置时，调速器弹簧力不变，有确定的离心飞重的离心力与之平衡，螺旋桨有确定的转速。接触装置的中间接触点恰好停留在中立位置，与上、下触点均不接触。电动机无供电，不转动，螺旋桨桨叶角保持不变。

如果发动机功率增大或飞行速度增加，则螺旋桨转速增加，离心飞重产生的离心力增大，克服弹簧力向上抬起接触装置的中间触点，与上触点相接触通电，使继电器的上触点闭合，电动机随即转动，螺旋桨变大距，螺旋桨转速减小。随着螺旋桨转速的降低，弹簧力使接触装置的上触点断开，电机断电，螺旋桨桨叶角保持不变。由于转速给定弹簧力没变，与之平衡的离心力也没变，所以螺旋桨的转速不变，仍然是原来的数值。

发动机功率减小或飞行速度减小，调速器的工作情形与上面所述完全相反。

通过操纵变距杆来设定要求的螺旋桨转速。如变距杆前推，弹簧力大于离心飞重产生的离心力，接触装置的下触点闭合通电，使继电器的下触点闭合，电机随即转动，螺旋桨变小距，螺旋桨转速增大。随着螺旋桨转速的增大，离心飞重的力增大，当接触装置的中间触点回到中立位置，电机断电，桨叶角不在减小。此时螺旋桨在更高的转速下稳定工作。后收变距杆，则螺旋桨转速减小。

13.4　螺旋桨辅助系统

螺旋桨辅助系统能改进螺旋桨性能和增强飞机全天候飞行能力。例如螺旋桨降噪系统能改善飞机的舒适性；减振系统能减小振动保证螺旋桨、发动机工作安全和提高飞机的舒适性；螺旋桨结冰控制系统，用于保障螺旋桨安全性以及提高螺旋桨的性能。

13.4.1　同步系统

多发飞机上的螺旋桨在工作时可能存在过大的振动和噪声。这是由于各个螺旋桨之间的转速不一致，噪声相互干扰与叠加所致。基于这点，减少产生噪声和振动的方法是匹配或同步螺旋桨的转速。现在通常有三种同步系统用在多发飞机上：主马达同步系统、一发主控制系统和相位同步系统。同步系统通过将所有螺旋桨精确地控制在同一转速下工作，来减少振动和噪声。

13.4.1.1　主马达同步系统

它用在早期的飞机上。主同步器装置包括马达，它机械地驱动 4 个接触器装置，接触器装置与发电机相连。发电机由发动机的附件传动。因此，发电机产生电压的频率直接同发动机转速成正比。当系统工作时，要求的发动机转速由手动调节转速控制杆设定，直到仪表板上主转速表指示所要求的转速。要求的转速给定后，发动机和主马达之间的任何转速差都将引起相应的接触器装置操作螺旋桨变距机构，直到发动机转速匹配。

13.4.1.2　一发主控制系统

目前，很多双发飞机上装有更现代的螺旋桨同步系统。典型的同步系统包括：控制盒、左发上专门的主调节器、右发上从动调节器和在右发动机舱的作动器。两个调节器包括频率发生器，产生与发动机转速成比例的频率，如图 13-23 所示。系统中控制盒的比较电路将从动发动机和主动发动机的转速信号进行比较。如果存在转速差，则控制盒送出相应的信号到从动调节器，改变从动螺旋桨的桨叶角，直到发动机转速相匹配（即相等）。在大多数系统中比较电路有有限的工作范围，因此，为进行同步，从动发动机转速与主动发动机转速差必须在大约 100r/min 之内。

13.4.1.3　相位同步

螺旋桨相位同步系统允许驾驶员控制各螺旋桨桨叶之间的旋转角度差，如图 13-24 所示。该角度差称为相角，由驾驶员调节相角达到最低的噪声和振动值。例如 MA60/MA600 飞机的螺旋桨相位同步系统可使发动机的噪声降低 3~6dB。

典型的相位同步系统在每个发动机装有脉冲发生器，用于比较。每个发动机的脉冲发

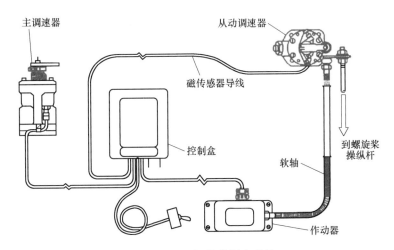

图 13-23　双螺旋桨同步系统

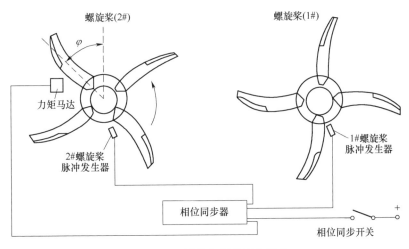

图 13-24　螺旋桨相位同步系统

生器键入各自螺旋桨的指定桨叶。随着每个螺旋桨指定的桨叶通过脉冲发生器，产生的电信号送到相位控制电路。例如，双发飞机脉冲发生器键入 1 号桨叶，相位控制装置决定每个螺旋桨 1 号桨叶的相对位置。

　　驾驶舱中螺旋桨手动相位控制允许驾驶员手动选择产生最低振动和噪声的相角。将每个发动机产生的脉冲作比较，如果存在差值，相位控制组件将驱动从动调节器在螺旋桨之间建立选择的相位角，如图 13-25 所示。

13.4.2　螺旋桨结冰控制系统

　　螺旋桨对结冰是敏感的。螺旋桨结冰会改

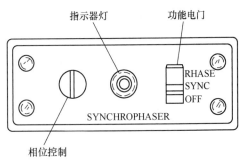

图 13-25　相位同步操作面板

变桨叶的气动外形，引起螺旋桨效率下降，拉力减小。而且在螺旋桨桨叶上形成的冰由于分布不均匀，会造成螺旋桨的不平衡，导致螺旋桨振动，严重时会损坏螺旋桨。

螺旋桨容易结冰的部位有：桨叶前缘和桨毂（桨帽）。

现代飞机的螺旋桨都装备有螺旋桨结冰控制系统。通常有两种类型：防冰系统或除冰系统。两者之间差别在于防冰系统的作用是阻止冰的形成，而除冰系统是在冰形成后除冰。

13.4.2.1　液体防冰

典型的流体防冰系统包括：控制组件、防冰液箱和输送流体到螺旋桨和喷嘴的泵。控制组件可以调节泵的输出。防冰液泵将防冰液从防冰液箱中抽出，送到螺旋桨前机匣上的喷嘴。防冰液通过喷嘴，进入称为甩液环的 U 形通道，离心力将防冰液通过输送管送到每个叶片的叶柄，如图 13-26 所示。

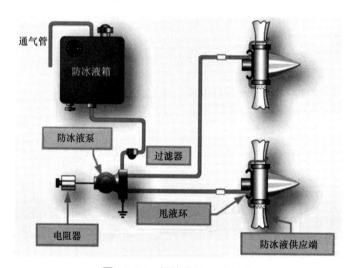

图 13-26　螺旋桨的防冰系统

最通常使用的防冰液是异丙基酒精。具有成本低的特点。其他一些防冰液是用磷酸盐化合物制成的，在防冰性能上同异丙基酒精相当。用磷酸盐化合物制成的防冰液具有燃点低的优点，但价格相对比较高。

13.4.2.2　电加温防冰

螺旋桨电防/除冰系统包括：电源、电源继电器、电阻加热元件、系统控制和定时器。电阻加热元件可装在每个螺旋桨的桨叶内部或外部。外部安装的加热元件是除冰靴，用批准的黏结剂固定到每个桨叶。系统控制包括通/断电门、负载表和保护元件。保护元件是电流限制器或电路断电器。负载表是电流表，通过监视电路的电流证实定时器是否工作正常，如图 13-27 所示。

飞机电源通过电刷和滑环供给桨毂。电刷装在发动机机匣螺旋桨的后面，而滑环装在螺旋桨桨毂组件的背面。桨毂上柔性接头通过滑环将电输送到每个加热元件。

电除冰系统通常设计成断续供电到加热元件。如果冰积过多，除冰有效性则降低。正确地控制加热时间间隔是关键。这由定时电路按预定程序循环供电加热元件。通常循环定

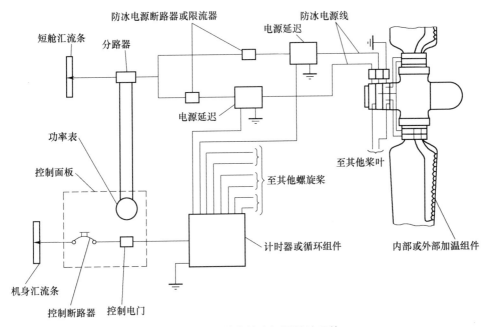

图 13-27　螺旋桨的电加温防冰系统

时器供电加热元件时间是 15~30s，循环周期 2min。维护中可通过触摸螺旋桨电热防冰套以检验其是否被加热。

13.5　螺旋桨的维护

13.5.1　检查和维护

13.5.1.1　螺旋桨的站位
为方便识别沿螺旋桨桨叶长度方向特定的点，对螺旋桨叶片的参考位置规定有桨叶站位。通常以离桨毂中心的距离命名螺旋桨的站位，如图 13-28 所示。

13.5.1.2　一般检查与维护
螺旋桨检查项目和维护任务取决于其类型和相关附件。下面讨论检查和维护的一般信息，对于具体的螺旋桨维护和使用限制应该查阅其有效的维护手册和服务通告等相关技术出版物。

使用中的螺旋桨，应定期检查。检查前，应该进行螺旋桨清洗。木制螺旋桨可用温水和中性肥皂，用毛刷和布清洗。如果飞机工作接近盐水（雾），螺旋桨应常用淡水冲洗。

如果清洗后检查显示有缺陷，必须进一步检查或修理，这时可能需要拆下螺旋桨。木制螺旋桨常见的缺陷包括：分层、表面压坑和划痕。其他可能的损伤包括叶背或叶面裂纹、断裂、扭曲、中心孔和螺栓孔磨损。当对木制螺旋桨修理之后，必须再施加保护涂

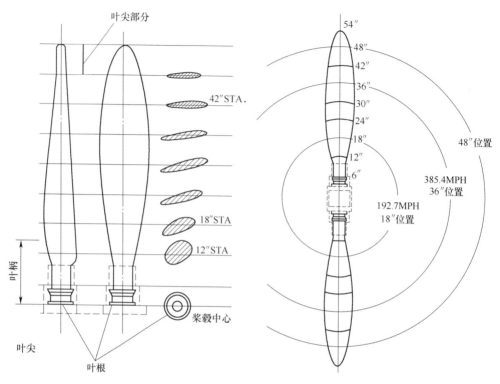

图 13-28　螺旋桨的站位

层。然而，保护涂层的恢复会改变桨叶的平衡。因此，桨叶检修后必须检查螺旋桨的平衡。

铝合金螺旋桨耐用，维护相对简单。然而损伤严重足以引起桨叶故障，因此对铝合金螺旋桨必须定期仔细检查。桨叶清洗后，应检查桨叶上是否有点蚀、压坑、刻痕、裂纹和腐蚀。桨叶容易损坏的区域包括前缘和叶面。为帮助检查，可用 4 倍的放大镜。当怀疑有裂纹时，应进行着色渗透检查。年检和 100h 检查项目有：桨叶是否有裂纹、压坑，安装螺栓扭矩是否正确等。

铝合金桨叶表面缺陷的修理必须在平行于长度方向进行。螺旋桨边缘典型修理最大允许的尺寸深度为 1/8in，长度不大于 1.5in，如图 13-29 所示。如果一个桨叶叶尖修短，则其余桨叶必须修短到同样尺寸，以保持平衡。叶背和叶面修理后用非常细的砂纸抛光，表面施加阿罗丁、漆和其他批准的保护涂层。另外桨叶修理后必须检查螺旋桨的平衡。

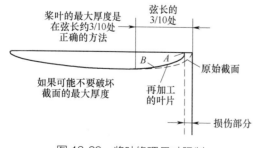

图 13-29　桨叶修理尺寸限制

所有可调桨距螺旋桨系统都要在规定时间间隔内进行检查和勤务工作。在很多情况下，润滑是勤务工作内容之一。用于润滑螺旋桨的油脂必须是维护手册规定的。

存放螺旋桨桨叶时要对其作防锈处理，用蜡纸包装，并作定期检查。木制螺旋桨存放时应水平放置，存放处应该保持冷、暗、干燥和通风良好。

13.5.1.3　螺旋桨平衡

保证螺旋桨工作时其振动水平在规定的范围，螺旋桨的平衡是关键。螺旋桨平衡包括：静平衡和动平衡。

（1）静平衡

当螺旋桨的重心在它的转轴上时，螺旋桨是静平衡的。

检查螺旋桨静平衡的方法有：刀刃法或悬挂法。其中刀刃法较简单和更精确。检查螺旋桨平衡前应首先保证桨叶角完全相同。螺旋桨应作水平和垂直平衡检查。

对于两个桨叶的螺旋桨组件进行垂直平衡检查时，先置 1 号桨叶在垂直位置，然后在垂直位置对另一桨叶重复检查。如果螺旋桨是垂直平衡的，它将保持在垂直位置。如果存在垂直不平衡，则螺旋桨将有静止在水平位置的趋势，如图 13-30（a）所示。

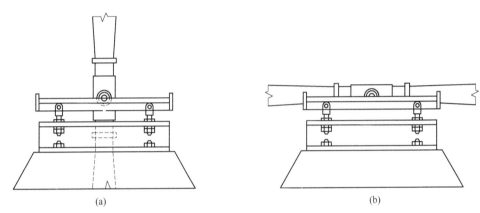

图 13-30　两叶螺旋桨的静平衡
（a）垂直平衡　（b）水平平衡

对两个桨叶的螺旋桨组件进行水平平衡检查时，如果它是平衡的，它将保持在水平位置。如果存在水平不平衡，桨叶将转动，引起螺旋桨静止在垂直位置，如图 13-30（b）所示。

三叶螺旋桨的静平衡要求放置螺旋桨在 3 个基本的试验位置。平衡的三桨叶螺旋桨应当是每个桨叶在 6 点钟位置时都没有转动的趋势，如图 13-31 所示。

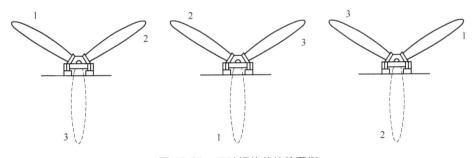

图 13-31　三叶螺旋桨的静平衡

（2）动平衡

完成了静平衡工作后，还需要完成动平衡。当转子部件的质量分布在较长轴上时，虽然静平衡保障了总体质量中心在旋转轴上，但旋转轴线很可能不与惯性主轴重合，即垂直于旋转轴线的各个截面质量中心不都在旋转轴上，这时会有振动力矩产生，而出现动不平衡，如超过一定的限度，导致螺旋桨性能下降和损坏。

现代检查动平衡的方法是现场动平衡。要求螺旋桨、整流锥和相关设备装在飞机上进行检测与配平。螺旋桨运转在特定的一个或者几个转速时，动平衡测试仪通过分析安装在指定位置的振动传感器（如加速度计）测得的信号和工作频率（转速）计算出不平衡量的大小和位置。现代新型动平衡测试仪会给出螺旋桨配重调整量的参考信息。

13.5.1.4 桨叶角检测

螺旋桨的标称桨叶角一般为 3/4 站位处的桨叶角。

检查桨叶角，需要使用螺旋桨通用分度仪，如图 13-32 所示。测量螺旋桨桨叶角之前，分度仪必须归零，或者调整到基准位置，通用的基准是螺旋桨桨毂，如图 13-33 所示。具体测量步骤如下：

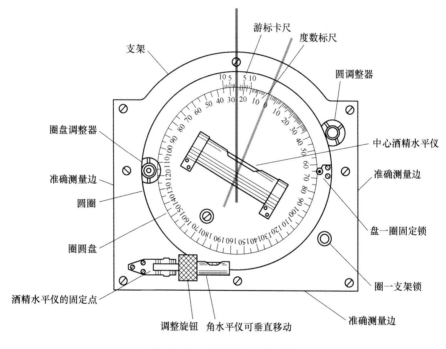

图 13-32　螺旋桨通用分度仪

　　a. 测量桨叶角时，将分度仪靠住叶面，转动圆盘调节器直到气泡位于水准仪中心，如图 13-34 所示；

　　b. 转动螺旋桨，直到要检查的第一片桨叶，使桨叶的前缘处于水平位置；

　　c. 找出桨叶叶面的基准标记位置，将分度仪的边放在桨叶面的基准位置上；

　　d. 转动圆盘调整钮，直到中心酒精水平仪水平为止；

　　e. 以圆上的零线为标志，游标尺上零刻度所对应的盘数值便是桨叶角的度数。

如果桨叶叶面弯曲，在离前缘和后缘 1/2in 的地方用直径 1/8in 的圆棒连接，固定到螺旋桨叶片，为分度仪提供平面，如图 13-35 所示。

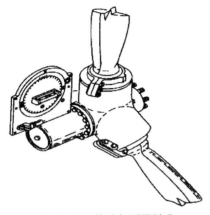

图 13-33　桨叶角测量基准

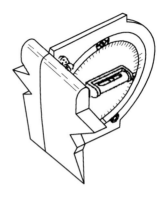

图 13-34　测量桨叶角

13.5.1.5　桨叶轨迹检查

螺旋桨桨叶轨迹检查是指的确定各桨叶叶尖之间的相对位置。该程序是在查找振动原因或作为螺旋桨平衡和再安装的最后检查。在轻型飞机上，直径 6ft 以内的金属螺旋桨其叶片相互轨迹在 1/13in 之内。木制螺旋桨轨迹不应大于 1/8in。

螺旋桨做轨迹检查之前，在各机轮放置轮挡防止飞机移动，锁定飞机在静止位置。在离螺旋桨弧 1/4in 之内的地面放置固定的基准。然后转动螺旋桨桨叶，标记每个叶片的轨迹，如图 13-36 所示。所有叶片轨迹最大差值不应超过维护手册上的限制值。

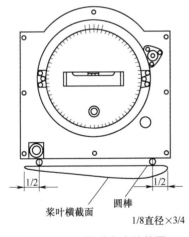

桨叶横截面　圆棒
1/8直径×3/4

图 13-35　桨叶弯度补偿图

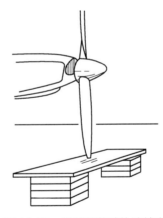

图 13-36　螺旋桨桨叶轨迹检查

检查轨迹也可在飞机前缘上安装一根粗的金属丝或较细的杆子，稍微接触螺旋桨桨叶尖部，然后转动螺旋桨，测量杆子和下一片桨叶之间的距离。继续这一过程，直到检查完所有桨叶。

13.5.2　螺旋桨的安装

螺旋桨安装应考虑定心、传扭和固定，以使螺旋桨工作可靠和不产生振动。有几种将螺旋桨连接到发动机轴上的方法，主要有：法兰盘轴、锥形轴和花键轴。

13.5.2.1　法兰盘轴安装方式

螺旋桨用螺栓和螺帽将螺旋桨固定在轴法兰盘上。有的是预先将带螺纹的圈压入螺栓孔，这不再需要螺帽，如图 13-37 所示。带安装边的轴有定位销孔，定位销孔保证螺旋桨只能安装在一个位置，如图 13-38 所示。

图 13-37　带螺套的安装边

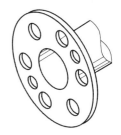

图 13-38　带定位销孔的安装边

安装螺旋桨前，应检查凸缘有无锈蚀、缺口、毛刺和其他表面缺陷，带螺栓的孔和带螺纹的圈必须清洁并处于良好的状态。

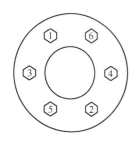

图 13-39　螺栓紧固次序

将螺旋桨安装到已准备好的发动机轴上，定位销应准确地落入定位孔内。

安装螺栓、垫圈和螺帽，先轻轻地上紧所有的螺帽，应遵守螺栓/螺帽的拧紧顺序，例如图 13-39 所示数字编号的顺序，按力矩要求值拧紧螺栓后必须再次确认各螺栓力矩值。

安装整流罩后，进行轨迹调整。最后加装保险装置。

13.5.2.2　锥形轴安装方式

在某些低功率的发动机上，发动机输出轴的端部是锥形的，螺旋桨安装端带螺纹。为防止螺旋桨在轴上转动，在轴上开有一个大键槽，键保证螺旋桨定位，如图 13-40 所示。

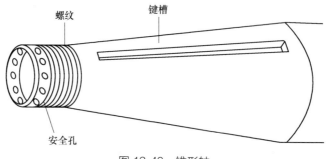

图 13-40　锥形轴

（1）安装前准备

在安装螺旋桨之前，检查锥形轴上有无锈蚀、裂纹和磨损等缺陷。要特别注意对键槽的检查，因为通常裂纹从键槽的拐角处发展开来。可以用着色渗透法检查键槽部位有无缺陷。检查桨毂部件和安装部件有无磨损、裂纹、锈蚀和翘曲，用着色渗透法或磁粉法检查桨毂和螺栓。若发现存在缺陷，按维护手册处置。

（2）轴的配合检查

将带有染色的液体，如普鲁士蓝的液体涂到锥形轴上。装上键，再装上桨毂并将固定螺帽拧紧到规定的扭矩。拆下桨毂，观察染料从轴移到桨毂上的数量，要求染料接触转移的面积最小应达到 70%。如果接触面积低于 70%，必须检查桨毂和轴表面的不平整度，如是否污物、磨损和锈蚀等。可以用研磨的方法修整表面，直到满足要求为止。最后将桨毂和锥形轴表面上的染料和研磨剂清洗掉。

（3）安装

在轴上涂一层薄薄的滑油或防卡剂，将键准确地安装在轴上。把轴上的螺纹和固定用的螺帽洗净擦干。将固定螺帽拧紧到所要求的扭矩值，装上卡圈。最后进行螺旋桨的轨迹检查和加装保险装置。

13.5.2.3　花键轴安装方式

大多数发动机采用花键轴安装。花键轴是在轴上铣出等尺寸的键槽，其中有一个两倍宽度的主键，保证桨毂定位。与花键轴安装配套的有锥形圈。锥形圈保持桨毂在轴上定位。它由前锥形圈和后锥形圈组成。后锥形圈用青铜制成，并带有开口，以保证安装的紧度；前锥形圈由两个半圈组成，如图 13-41 所示。

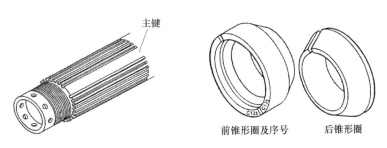

图 13-41　花键轴及锥形圈

（1）安装前准备

在安装螺旋桨之前，检查轴上有无锈蚀、裂纹和磨损等缺陷。并按厂家规定对缺陷进行处理。用规定过规检查桨毂和轴上花键的磨损情况。量规在两个键槽之间测量，如有超过 80% 的键槽插不进去，则说明轴和键都可以使用。如有 20% 以上的键槽能插进去，则说明轴已有过量的磨损，必须更换。另外检查锥形圈是否良好。

（2）接触面积的检查

将后锥形圈润滑，把一个用青铜制成的隔片装在轴上，并推到底。在后锥形圈表面涂上薄薄的一层普鲁士蓝，将桨毂对正主键槽推到后锥形圈上。在两个前锥形半圈表面涂上一层薄薄的普鲁士蓝，装上固定螺帽，按一定的扭矩上紧固定螺帽。拆下固定螺帽和前锥形圈。将桨毂从轴上拆下，检查染色从后锥形圈到桨毂上的数量，要求具有 70% 以上的接触面积。如有不足，必须将桨毂套在轴上对着锥形圈研磨直到满足要求为止。最后将桨毂和锥形轴表面上的染料和研磨剂清洗掉。

（3）安装

在轴上涂一层薄薄的滑油或防咬合剂，将桨毂对正主花键。装上固定螺帽拧紧到所要求的扭矩值，装上卡圈。最后进行螺旋桨的轨迹检查和加装保险装置。

应特别注意：对任何安装形式，一旦螺旋桨正确地扭紧，还必须打保险。由于安装的方法不同，保险的方法也不同。如果用螺栓将螺旋桨固定在带安装边的轮毂上，那么每对螺栓的保险丝必须在拉紧的方向，如图 13-42 所示；如果安装螺旋桨使用的是槽顶螺母，那么则用开口销保险，如图 13-43 所示。

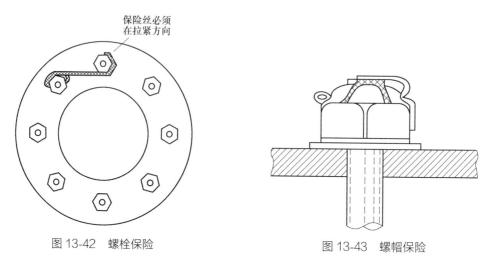

图 13-42　螺栓保险　　　　　　　　　　图 13-43　螺帽保险

所有变距螺旋桨飞机的安装、操纵要求均相同，即螺旋桨变距杆必须校装。使得变距杆前移，转速增加，变距杆后移转速减少。发动机油门必须设置成前移增加拉力，后移减少拉力。发动机暖机和试验新安装的液压螺旋桨时，应通过调速器控制变距系统在整个行程内运动几次。地面检查和调整成功后，进行飞行试验。飞行试验后，检查滑油是否泄漏和部件的紧固性。

13.5.3　螺旋桨的振动故障

无论是涡桨发动机还是活塞动力装置，发动机振动都会使发动机的主要承力部件产生疲劳损伤。虽然发动机设计时零（组）件允许一定强度的振动，但是基于安全性考虑，振动一直是发动机使用和维护过程中的重点关注的项目之一。

发动机振动可能是螺旋桨的不平衡引起的，也有很多其他方面的原因。因此发动机振动故障的排除需要综合性的分析与验证，具有一定的难度。螺旋桨可能由于不平衡、桨叶角不合适或者螺旋桨的轨迹检查不合格等产生振动。不论是哪种原因，螺旋桨都会在整个转速范围内振动，只是振动的强度可能会随着转速的变化而有所变化。

如果发动机的振动集中于某一个特定的较小的转速范围内，那么这类振动一般不是螺旋桨的问题，而是发动机与螺旋桨的匹配不良所致。

如果怀疑螺旋桨的振动值过大，但是又不能明确断定故障的原因，在条件允许的情况下，理想的排故方法是更换另一副适航的螺旋桨，然后进行地面振动测试和试飞验证，以隔离故障。

有时可以通过调整螺旋桨与发动机轴的安装角度的来改善振动。可以拆下、转动

180°或者重新安装螺旋桨。

　　螺旋桨的整流锥安装不当也会造成振动超限。当发动机转动时，可以明显看到整流锥的晃动。这种情况通常是由于整流锥前部支撑点垫片厚度不足或者是整流锥有裂纹或者变形等原因造成的。

　　螺旋桨振动发生后通常要进行螺旋桨静平衡和动平衡。

第 14 章

辅助动力装置

辅助动力装置（APU，Auxiliary Power Unit）为飞机提供气源和电源。在地面辅助动力装置可向飞机提供气源和电源，以避免飞机对地面设备的依赖；在空中向飞机提供备用的气源和电源，以保证发动机的推力和飞机的用电与用气。

辅助动力装置在一定的飞行高度下能同时提供正常的气源和电源；随着高度增加，则只能提供气源或电源；超过一定高度，只能提供电源。因此在辅助动力装置可用于以下情形：

在地面可以不依靠地面气源（车）和电源（车）进行发动机启动。

无需启动发动机，APU 就可提供足够的气源和电源，保证客舱和驾驶舱内的照明和空调，以提供一个舒适的客舱环境；

双发飞机在起飞和爬升过程中，使用 APU 可以使发动机功率全部用于飞机加速和爬升，从而改善起飞性能。通常在飞机爬升到一定高度（一般为 5000m）后 APU 关闭。

在飞行中若出现发动机空中停车，由 APU 为飞机提供气源和电源，以保证工作发动机的推力（或功率）；若需发动机重新启动，辅助动力装置可为一定高度（一般为 10000m）以下的空中启动提供动力。因此现代化的大、中型客机上，APU 是保证发动机空中停车后再启动的主要设备，直接影响飞行安全。

14.1 APU 的组成

辅助动力装置实质是一台小型的燃气涡轮发动机。APU 由功率、引气和附件齿轮箱三个主要部分组成，如图 14-1 所示。

和所有的燃气涡轮发动机一样，APU 的功率部分包括：压气机、燃烧室、涡轮部件和燃油系统、滑油系统和、点火系统等。其作用是产生功率驱动负载压气机和附件（包括交流发电机）。

APU 功率部分结构的设计主要考虑 APU 的性能、成本和尺寸限制。压气机通常使用 1 级或 2 级离心式压气机。这种压气机级增压比高、结构简单、寿命长。较大型的 APU 也有采用轴流式压气机的。在早期 APU 上燃烧室采用单管燃烧室结构；现代 APU 通常使用环形回流式燃烧室，较早期燃烧室燃气损失小。涡轮早期有使用径向内流式涡轮的，现代 APU 上是采用轴流式涡轮。

APU 的系统包括：燃油系统、滑油系统、空气系统、启动和点火系统等。

APU 的引气部分是为飞机和发动机提供一定压力的空气〔如 30～45PSI（PSI，

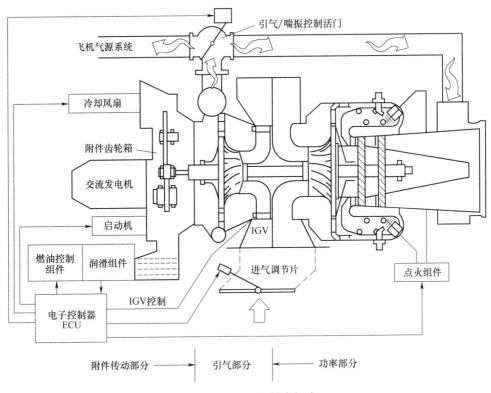

图 14-1　APU 的基本组成

Pounds Per Square Inch）]。APU 的引气方法与 APU 的设计有关。有负载压气机的引气是从负载压气机引气；无负载压气机的是从功率压气机引气。具有单独负载压气机的 APU 具有效率高、寿命长的特点。这是因为当飞机不需要引气时，可以关闭负载压气机进气，使功率部分的工作负荷减小，相应的 APU 燃烧室的供油量也减小，AUP 的排气温度 *EGT* 更低。进入负载压气机的空气通常由可调进口导向叶片 IGV（Inlet Guide Vane）控制，可以根据飞机气源系统的用气需求改变引气量的大小。

　　APU 的附件齿轮箱上装有启动机、交流发电机、燃油泵、滑油泵、转速表发电机、冷却风扇等。大多数 APU 驱动 1 个交流发电机，大型飞机的 APU 可能带有 2 个交流发电机，比如空客 A380 的 APU。交流发电机输出与发动机驱动的发电机具有相同频率和电压的交流电。因为 APU 仅工作在恒速状态，所以与发动机驱动的发电机不同，APU 驱动的发电机不需要恒速驱动装置。

14.2　APU 舱和安装

14.2.1　APU 舱

　　APU 安装在飞机尾部，APU 的支撑和整流罩、尾锥与机身结构相连。APU 及其部件分别包容在设备舱、APU 舱和消声舱内，如图 14-2 所示。APU 的部件，如进气门作动筒、灭火瓶、燃油供油管和引气导管位于设备舱。APU 本体位于 APU 舱，APU 舱内的防火墙用于防止高温火焰，保护机身。APU 的排气管、排气消声器、热屏蔽和密封环位于消声舱。排气消声器用于降低排气噪声；热屏蔽隔热，以保护周围区域和设备。APU 的排气部分有两种不同的设计：一种是使用排气消声器密封环；另一种形式是空气冷却系统。对于前者，密封环可阻止任何燃气漏进 APU 舱；也防止空气进入 APU 舱，尤其是在 APU 过热或火警情况下更有利于灭火。而对于后者，燃气由排气管排出的同时起到引射作用，周围的空气被引射进入排气消声器和热屏蔽之间的环型通道，它可以起到冷却消音舱的作用。

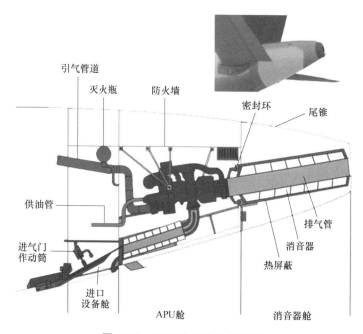

图 14-2　APU 在飞机上的位置

在飞机后机身底部的 APU 检查门用于接近 APU，进行勤务和维护工作。通常大型 APU 是一个双开的检查门；小型的是一个单开的检查门，如图 14-3 所示。打开检查门上的所有锁扣后，APU 检查门由于自重而打开，并且很容易推到全开位。安装在检查门内侧的撑杆可以将检查门固定在最大打开位。取下连接到机身铰链上的快卸销，即可卸下检查门。

双开检查门　　　　　　　　单开检查门

图 14-3　APU 的检查门

14.2.2　APU 的安装

APU 安装杆连接到 APU 舱内的安装点上，APU 由安装杆的三个安装节固定。其中左后安装节是固定的，右后和前安装节是浮动的（允许热膨胀下的有限移动）。所有安装节可以从 APU 传递垂直载荷到飞机结构；左后和右后两个安装节可以从 APU 传递轴向载荷到飞机结

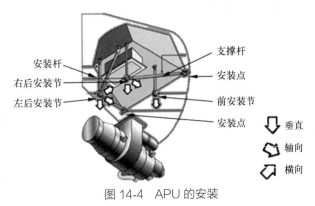

图 14-4　APU 的安装

构；左后安装节可以从 APU 传递横向载荷到飞机结构，如图 14-4 所示。

每个安装节内都有减振组件（弹簧或振动阻尼器），以减小 APU 振动向机身结构的传递。锥形支架和锥形螺栓支持 APU。螺纹保护器确保在 APU 拆装时不会损坏锥形螺栓的螺纹，如图 14-5 所示。

要将 APU 从飞机上拆下需要使用辅助设备。一种是起吊设备；一种是液压升降车。使用起吊设备，首先将起吊设备连接到 APU 舱的顶部和侧墙支架上，然后把起吊设备的钢缆固定到 APU 上。断开 APU 与飞机的所有管、线接头，松开锥形螺栓螺母，就可将 APU 慢慢放到地面的 APU 支承台架上，如图 14-6 所示。

使用液压升降车。与液压升降车配套的还有一个转换器和一个维护平台。将维护平台连接到液压升降车上，再将转换器连接到维护平台上。升起液压升降车，将转换器与 APU 连接起来，然后断开 APU 与飞机的所有管、线接

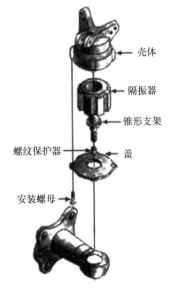

图 14-5　APU 安装
节的减振组件

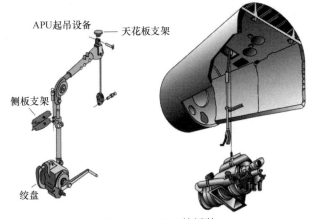

图 14-6　APU 的拆装

头。松开锥形螺栓螺母，慢慢降下液压升降车，即可将 APU 从飞机上拆下。

14.3 APU 的系统

14.3.1 APU 进气系统

APU 进气系统的主要部件是空气进气门、进气门作动器和进气道，如图 14-7 所示。有的飞机的 APU 进气门和进气管道位于飞机尾部机身的右侧；而有的飞机的 APU 进气门在飞机尾部的下面，如图 14-8 所示。

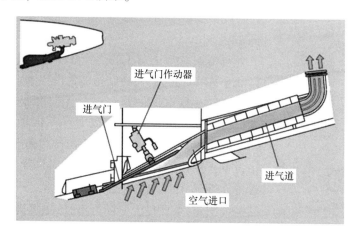

图 14-7 APU 的进气系统

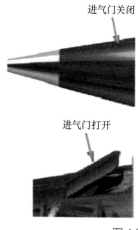
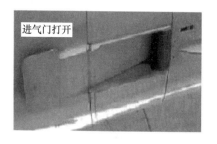

图 14-8 两种飞机的 APU 的进气门

当 APU 工作时进气门打开，为 APU 供应空气；当 APU 停止工作时，进气门关闭。进气门的设计能防止外来物进入 APU，并减少飞行时的空气阻力。APU 进气门作动器打开或关闭 APU 进气门；APU 进气门也可以手动超控打开。APU 进气门的位置由位置电门监视，确保 APU 只能在进气门打开时运行。随着进气门的打开或关闭，通过一个推拉钢索偏转位于进气门前部的调节片，其作用是：增加进入进气道的空气；防止进气道内的气流扰动；并阻断沿着机身蒙皮流动的液体进入进气道；减少火灾的危险。

APU 进气道由进口端部、管道和空气进口弯管组成。APU 进气道是一个扩张型通道，引导空气进入 APU 并增加空气的静压。空气进口弯管内的进口导向叶片有助于改善空气的流动，进气道和飞机结构间的弹性密封确保气流平滑地进入进气道，也用做防火密封。

14.3.2　APU 余油排放系统

APU 余油排放系统的主要作用是汇集来自 APU 关键区域的液体泄漏和 APU 停车后将排气管内的冷凝水排放到机外，防止发生火灾和腐蚀。典型的 APU 余油排放系统，如图 14-9 所示。

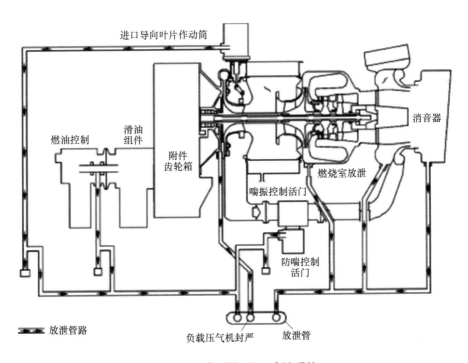

图 14-9　典型的 APU 余油系统

有两种类型的排放口：直接排放口和间接排放口。直接排放口汇集 APU 舱泄漏的 APU 功率部分外部的漏油和由引射器进口进来的其他液体，通过排放管直接排放到机外。间接排放是将来自燃油控制组件密封、防喘控制活门密封、IGV 燃油作动筒密封、负载压气机封严等处的漏油和 APU 燃烧室内的余油首先排放到专门的放泄油箱，由放泄油箱内的排放竖管在飞行期间把液体排放到机外，排放竖管内的通风管用于补充放泄油箱内的空气。

14.3.3 APU 的燃油系统

APU 燃油系统包括两大部分：一是从飞机燃油箱到 APU 燃油控制器的低压燃油系统；二是从燃油控制器到燃油喷嘴的高压燃油系统。APU 低压燃油系统的功能是将燃油从飞机油箱输送到 APU 燃油控制器。通常飞机左主油箱为 APU 供应燃油，其他油箱通过燃油交输导管为 APU 供应燃油。APU 高压燃油系统与主发动机的高压燃油系统类似。下面仅介绍 APU 的低压燃油系统。

14.3.3.1 APU 低压燃油系统

典型 APU 低压燃油系统的主要部件包括：APU 燃油增压泵、燃油关断活门、供油管路和压力电门，如图 14-10 所示。

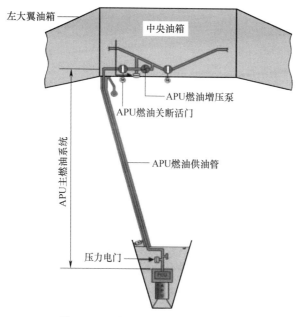

图 14-10 典型的 APU 低压燃油系统

（1）燃油增压泵

APU 低压燃油系统有一个燃油增压泵，油箱中另有燃油增压泵。APU 燃油增压泵是否工作取决于油箱增压泵的工作和飞机的种类。APU 燃油增压泵不工作时，油箱增压泵供应燃油旁通 APU 燃油增压泵到 APU 高压燃油泵。APU 燃油增压泵是电动离心泵。波音飞机通常使用直流电动泵，由单独的 APU 电瓶或由正常的飞机电瓶经电瓶电门供电；空客飞机通常使用单相交流电动泵，由电瓶经静变流机供电。在大多数飞机上，APU 燃油增压泵位于中央油箱的后墙上或者在左侧内主油箱的后梁上，其内部有一个单向活门，保证在拆卸燃油增压泵时油箱内的燃油不会漏出。

（2）燃油关断活门

APU 燃油关断活门通常位于 APU 燃油增压泵的附近，受 APU 控制组件的控制，连通或关断飞机油箱到 APU 的供油。燃油关断活门通常是直流电控活门，活门包含一台或两台直流电马达和一个内部阀芯。在有些飞机上，燃油关断活门上有一个手动超控手柄，可以手动将活门置于打开或关断位置。在驾驶舱的 APU 燃油系统页面上通常有燃油关断活门的位置指示。

（3）供油管路

APU 供油管路开始于中央油箱的上壁并沿着主轮舱的舱顶，通过主轮舱后部的密封隔框，沿着机身的左侧后货舱的侧壁（衬垫后面），再穿过后密封隔框并沿着机身左侧的内侧壁进入 APU 舱。在油箱和 APU 舱之间的增压客舱中，APU 供油管路有管套用于收集和排出泄漏的燃油。空气从 APU 舱附近的通风进气口处进入管套，使得泄漏的燃油可以在 APU 排放竖管中排走。在油箱区和 APU 舱内，燃油管路没有管套，因为在油箱内的泄漏对安全没有任何影响，而 APU 舱内有独立的燃油放泄系统。

（4）压力电门

在 APU 燃油系统中，通常有两个压力电门。位于 APU 燃油增压泵进口的压力电门监测油箱供油压力。当供油压力低于设定值时启动 APU 燃油增压泵；位于 APU 低压燃油系统出口的压力电门监测燃油系统是否正常。当燃油压力低于设定值，预示 APU 供油不足，则在驾驶舱的 APU 系统页面上显示低压告警。

14.3.3.2 APU 燃油系统的工作

启动 APU 时，APU 控制组件开始工作，打开燃油关断活门，启动 APU 燃油增压泵为 APU 燃油控制器供应燃油。大多数现代飞机，当 APU 燃油增压泵前压力过低（相应的油箱增压泵没有工作）时，APU 燃油增压泵工作；当 APU 燃油增压泵前压力满足要求（相应的油箱增压泵已工作）时，APU 燃油增压泵停止工作。这使得 APU 燃油增压泵只在需要时才工作，增加了 APU 燃油增压泵的使用寿命。也有一些飞机，在 APU 启动期间（不管 APU 燃油增压泵前压力高或低）APU 燃油增压泵一直工作，当 APU 达到 95% 转速时才停止工作。任何紧急停车信号都将使 APU 燃油增压泵立即停止工作。

APU 高压燃油系统将来自低压燃油系统的燃油供往 APU 燃油控制组件 FCU（Fuel Control Unit）。电子控制组件 ECU 为 APU 启动和工作计算正确的燃油流量。启动完成后，ECU 通过改变燃油流量保持 APU 在不同工作负荷下转速恒定。ECU 向 FCU 提供燃油流量的指令信号，FCU 计量燃油流量并将燃油供往燃油总管，燃油总管将燃油供给燃烧室燃油喷嘴。燃油分配器还向进气导向叶片作动器和防喘控制活门供应伺服燃油。APU 燃油控制系统，如图 14-11 所示。

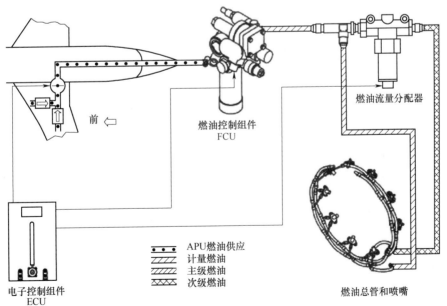

图 14-11 典型的 APU 燃油控制系统

14.3.4　APU 空气系统

APU 空气系统包括引气和冷却两个子系统。空气引气子系统的功用是：向飞机气源系统供应压力空气；防止压气机喘振。如果 APU 有负载压气机，还包括控制负载压气机的工作。空气冷却子系统的功用是：使用 APU 进口空气冷却 APU、APU 舱、APU 附件（如滑油冷却器）和交流发电机等。

14.3.4.1　APU 引气

APU 引气系统的主要部件是引气活门。引气活门通常是由电磁活门控制、气动（或电动马达）作动的。启动 APU，当 APU 转速达到或高于 95% 后，将 APU 引气电门置于 ON 位，APU 控制组件打开引气活门。APU 正常停车时，APU 控制组件关闭引气活门，使 APU 在无负载状态下继续运转一段时间，APU 冷机后停车。

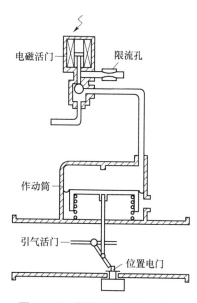

图 14-12　某型 APU 引气活门

气动作动的 APU 引气活门包括：电磁活门、作动筒和位置电门，如图 14-12 所示。当引气电门处于 ON 位时，电磁活门通电，来自 APU 功率部分压气机的压力空气通过电磁活门进入活门作动筒上腔，克服弹簧力打开引气活门，活门位置电门将引气活门的位置信号发送到 APU 指示系统。在大多数飞机上也将活门位置信号传送给 APU 控制组件用于系统控制和排故。当飞机不需要引气时，将引气电门置于 OFF 位，APU 引气活门上的电磁活门断电，活门作动筒内的空气通过电磁活门上的一个限流小孔排出，引气活门在弹簧作用下慢慢关闭。APU 停车时引气活门是关闭的。

14.3.4.2　负载压气机控制

APU 在大多数运行条件下可以同时提供气源和电源，但如果只需要电源时可以将气源断开，为此许多新型 APU 设计有负载压气机系统。负载压气机安装在 APU 转子轴上。当选择关断 APU 引气时，APU 控制组件使负载压气机可调进口导向叶片关闭，此时 APU 的工作负载很小，APU 燃油供应减小，EGT 明显下降，可减小 APU 的寿命消耗。

负载压气机控制系统的主要部件包括：可调进口导向叶片（IGV）、带有机械传动组件的 IGV 作动筒和 APU 控制组件，如图 14-13 所示。作动筒的伺服燃油来自 APU 高压燃油泵出口，力矩马达内通过喷嘴流出的燃油返回到 APU 燃油低压系统。APU 控制组件根据引气需求、APU 排气温度和大气条件确定 IGV 指令信号，并比较指令信号和 IGV 的实际位置信号，输出控制信号到 IGV 作动筒上的力矩马达，使作动筒移动 IGV 到正确的位置，从而控制进入负载压气机的空气量。

当选择关断 APU 引气时，APU 控制组件输出到力矩马达的电流信号为零，力矩马达

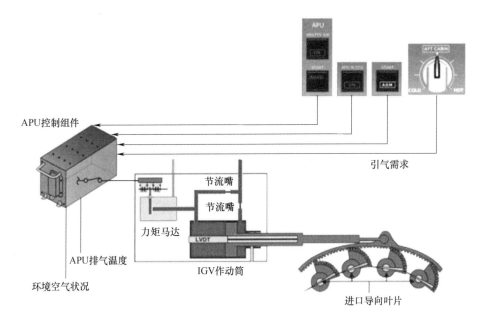

图 14-13　典型的 APU 负载压气机控制系统

内的挡板向右偏转，关闭喷嘴。这样作动筒两边的伺服燃油压力相同，由于作动筒左边的活塞面积大于右边的活塞面积，使得活塞向右移动，作动筒的活塞杆连接到一个环形内齿轮元件，该内齿轮通过与固定在 IGV 上的扇形外齿轮的啮合，将 IGV 置于关闭位置。

当选择 APU 引气时，APU 控制组件输出到力矩马达一个电流信号，力矩马达内的挡板向左偏转，作动筒活塞左边的部分燃油经喷嘴流出。由于节流嘴的限流，使得作动筒左边的燃油压力小于右边的燃油压力，活塞向左移动，带动环形内齿轮与扇形外齿轮啮合逐渐打开 IGV。APU 控制组件中 IGV 的位置控制是闭环控制。作动筒内的位移传感器（LVDT）将 IGV 的实际位置反馈到 APU 控制组件。当 IGV 到达要求的位置时，活塞停止运动。力矩马达的输入电流决定 IGV 作动筒的位置，也即进口导流叶片的开度大小。

在 APU 停止工作和启动期间 IGV 处于关闭位置。当 APU 转速达到95%后，如将 APU 引气开关置于 ON 位，APU 控制组件将控制 IGV 移动到部分打开位置。当启动发动机和客舱冷却时，需要有最大的引气量，APU 控制组件控制 IGV 到完全打开位置。但当 APU 的 EGT 将要超限时，APU 控制组件控制 IGV 稍稍关小以减少 APU 的负载，避免 EGT 超限。当飞机在飞行中使用 APU 时，IGV 的位置会随着空气密度的减小逐渐开大以满足引气量的要求。

14.3.4.3　APU 喘振防护

当引气负载和外界空气环境参数变化时，APU 压气机可能发生喘振，防止压气机喘振的有效方法是及时放掉部分压气机出口的空气。

防喘系统感受负载压气机引气管道中气流流量的变化，当气流流量降低或停止时，打开喘振控制活门，将部分空气从 APU 排气管排出，从而防止压气机喘振，如图 14-14 所示。测量引气流量的流量传感器安装在负载压气机的引气管道中，APU 控制组件根据气流的总压和静压计算出气流的流量。APU 控制组件中防喘控制活门的位置控制是闭环控制。比较防喘控制活门的要求位置信号和实际位置的反馈信号，输出控制信号到喘振控制活门上的力矩马达，来自功率部分压气机的气动压力打开喘振控制活门到要求的位置。

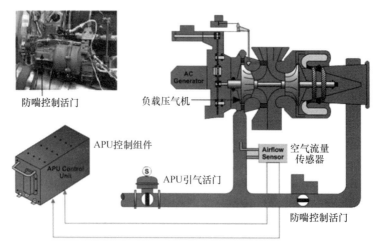

图 14-14　典型的 APU 防喘控制系统

有些 APU 将引气活门和喘振控制活门组合为一个引气/喘振活门，如图 14-1 所示。当正常引气时，活门控制全部空气供应给飞机系统；当探测到喘振可能发生时，活门控制空气排放到 APU 排气管道。

APU 控制组件比较 IGV 位置和引气流量，当飞机引气流量减小，低于 IGV 位置所对应的气流流量时，喘振控制活门打开。

负载压气机在空气密度小的高空容易发生喘振，因此 APU 控制组件也根据 APU 进气温度和压力的信号用于控制防喘活门。

14.3.4.4　APU 冷却系统

APU 冷却系统供应冷却空气到 APU 舱和 APU 滑油冷却器。在有些 APU 中也为 APU 交流发电机提供冷却空气。

典型的冷却系统的主要部件包括：冷却空气关断活门、冷却风扇、冷却空气分配和排放管道，如图 14-15 所示。

冷却空气关断活门由来自功率部分压气机的空气压力作动。在 APU 启动期间，当压气机的输出压力达到设定值时，该活门打开；在 APU 停车（压力低于设定值）时该活门关闭。

冷却风扇由附件齿轮箱驱动。该风扇迫使冷却空气到 APU 机匣、APU 舱、APU 滑油冷却器和 APU 交流发电机。为防止由于振动导致的损坏，冷却空气分配管道的一部分连接处是柔性管道。

14.3.5　APU 滑油系统

APU 滑油系统的功能和主要部件与发动机的滑油系统基本相同，但为改善 APU 的启动过程，APU 滑油系统中有一个除油活门。在许多 APU 中，滑油系统也用于冷却 APU 发

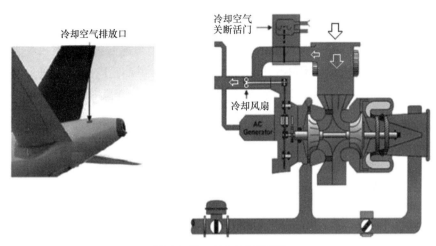

图 14-15　APU 冷却系统

电机。

　　APU 滑油系统的主要部件包括：滑油箱、供油泵、滑油冷却器、滑油滤、供油管道、滑油喷嘴、回油泵和回油管道等，典型的 APU 滑油系统，如图 14-16 所示。APU 滑油系统有全流式系统和恒压活门式系统两种。

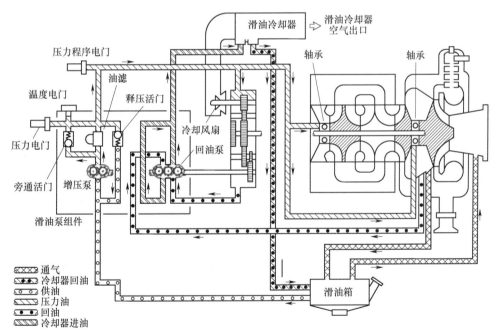

图 14-16　APU 滑油系统

14.3.5.1　供油系统

　　供压泵将滑油箱内的滑油抽出并加压，经油滤过滤后的清洁滑油，由供油管路送到 APU 的轴承和齿轮进行润滑和冷却。

　　滑油储存于滑油箱或位于 APU 齿轮箱的下部空间内。在滑油箱上有一个注油管

（口）、观察玻璃口、压力注油接头和溢流接头。滑油箱底部有的磁性放油塞。磁性放油塞由磁屑收集器和放油塞两部分组成。磁屑收集器收集滑油中可能存在的磁性金属粒子。当仅拆卸磁屑收集器时，内部的单向活门关闭，防止滑油泄漏。拆掉放油塞可放掉滑油箱内的滑油，如图 14-17 所示。滑油箱上的油量传感器指示滑油箱内的滑油量。当滑油量低于设定值时，在 APU 维护页面和控制面板上有维护信息和维护灯指示。

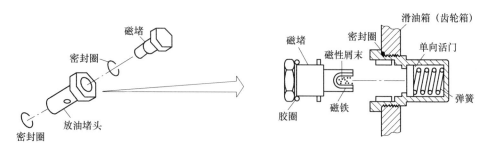

图 14-17　磁性放油塞

供油泵位于附件齿轮箱上，多使用摆线泵、齿轮泵或叶片泵。供油泵内的释压活门用于保护滑油系统不过压。

滑油滤过滤滑油中可能存在的污物和屑末。其上的压差电门（或机械式弹出指示器）指示油滤的堵塞状态。当压差电门指示滑油滤堵塞后，应进行更换或清洗油滤。足够的滑油的压力和适当的滑油温度才能保证润滑的效果。位于油滤后的低滑油压力电门监测的滑油供油压力。当 APU 在 100%转速时，如果滑油压力低于设定值，则 APU 控制组件使 APU 自动停车。位于供油路的滑油温度传感器监测滑油供油温度。如果滑油温度过高，则 APU 控制组件使 APU 自动停车。

14.3.5.2　除油系统

由于在正常的飞行中 APU 是不工作的，高空大气温度很低，因此 APU 的滑油温度很低，滑油黏度非常大。当 APU 需要在空中启动时，由于滑油黏度大，滑油的流动阻力很大，必然消耗启动机的功率，导致启动困难。为保证空中 APU 的正常启动，大多数 APU 滑油系统中有一个除滑油活门。该活门位于齿轮箱内高于滑油表面的位置。在 APU 启动的初始阶段，APU 控制组件打开除滑油活门，滑油泵会从齿轮箱吸入空气，通过空气与滑油的掺混，可减小滑油系统内滑油的流动摩擦阻力。当 APU 达到启动机脱开转速时，APU 控制组件关闭除滑油活门。如果 APU 达到 100%转速后，除滑油活门仍未关闭，则滑油压力将低于设定值，APU 控制组件将使 APU 自动停车。在 APU 停车过程中 APU 控制组件再次打开除滑油活门，排空供应管道和回油管道中的滑油，以利于下次启动，同时这样还起到减少滑油在喷嘴上的积炭。

14.3.5.3　回油和通气系统

回油泵将 APU 轴承腔和齿轮箱的滑油抽出，经滑油冷却器返回到滑油箱。

APU 轴承腔通常采用增压的篦齿封严，工作时会有部分空气会进入轴承腔，空气/滑油混合气通过回油和外部通风管道回到滑油箱，由 APU 附件齿轮箱内的齿轮驱动的油气分离器把空气从空气/滑油混合气中分离出来，排放到 APU 的排气管道。在有些 APU 的滑油箱通气管内有一个通气活门，该活门的打开压力为 4~5PSI，其作用是帮助供油泵在高空时能正常工作并减少滑油箱内的滑油泡沫。

滑油冷却器是空气滑油热交换器。当滑油温度较低时，滑油冷却器旁通活门打开，滑油不经冷却。有的 APU 滑油系统，滑油冷却器安装在供油路。

14.3.5.4　发电机冷却系统

大多数现代 APU 发电机的冷却也使用来自滑油系统的滑油，但其有独立的回油系统。其回油系统部件包括：回油泵、回油滤和回油管道，如图 14-18 所示。安装在 APU 发电机上的滑油温度传感器监测发电机的滑油温度。如果滑油温度过高，APU 控制组件控制 APU 自动停车。有些发电机的回油滤内有压差电门和旁通活门。当压差电门指示回油滤堵塞后，应进行更换或清洗油滤的维护工作。

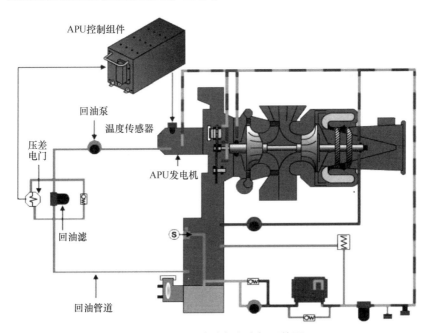

图 14-18　滑油冷却发电机系统图

14.3.6　APU 启动和点火系统

14.3.6.1　APU 启动系统

典型的 APU 启动系统的主要部件包括：控制开关、控制组件、启动继电器、启动机、电源和导线，如图 14-19 所示。控制开关位于驾驶舱内，用于 APU 的启动准备、启动和停车。控制组件通常位于飞机的尾部，接收来自控制开关的指令信号并闭合继电器。启动继电器通常安装在飞机的电子设备舱内，控制飞机电瓶向启动机的供电。启动机位于 APU 附件齿轮箱上。

APU 启动机的类型有：电动启动机、启动-发电机和空气涡轮启动机等。大多数 APU 使用直流电动启动机。启动机通常由飞机电瓶或独立的 APU 启动机电瓶或地面直流电源

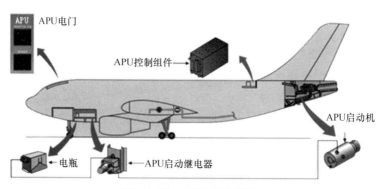

图 14-19　APU 启动系统

供电。启动-发电机在启动时作为启动机；启动结束后作为发电机。空气涡轮启动机在工作时需要地面压缩空气气源。

直流电动启动机的主要部件是直流马达和离合器。电刷型直流马达包括一个带有安装凸缘的机壳、两个电源引线的端子、电刷磨损指示器和一个到控制组件的反馈部件。电刷磨损指示器显示启动机马达上电刷的磨损情况，机械的磨损指示器可以通过观察窗口检查指示器的长度。在大多数现代 APU 上有电刷磨损传感器，当电刷磨损到极限时，送电信号到控制组件。控制组件也监控启动机马达端子上的电压用于排故。例如 APU 启动时转速悬挂，此时如果启动机马达端子上的电压过低则说明是启动机电源供应故障，而不是启动机马达的故障。

启动机离合器连接启动机驱动轴到 APU 齿轮箱传动齿轮。小型 APU 通常使用安装在齿轮箱内的楔块式离合器；而大型 APU 通常使用棘轮型离合器。启动机马达开始运转时离合器啮合，当 APU 到达设定转速时离合器自动脱开啮合。有些 APU 启动机内有滑油收油池，为润滑启动机离合器提供滑油。带有内部滑油收油池的启动机上有滑油加油口和滑油排放口。

启动 APU 时，APU 控制组件控制启动继电器闭合，来自飞机电瓶的直流电提供给 APU 启动机马达，启动机马达驱动 APU 转子转动。当达到启动机脱开转速时，APU 控制组件断开启动继电器，APU 启动机断电并逐渐停止转动。APU 转子在涡轮的带动下，继续加速到 100% 转速。

启动 APU 时，电动启动机的负载非常大，启动机马达的工作电流很高，启动机马达的温升很高（甚至高于气动启动机），因此启动机有使用限制。在需要频繁启动 APU 的维护工作期间，必须严格遵守启动机的工作时间、冷却时间和工作周期的限制，确保启动机不会处于过热和过应力状态。

14.3.6.2　APU 点火系统

典型的 APU 点火系统的主要部件包括：APU 控制组件、点火激励器、点火导线和点火电嘴，如图 14-20 所示。

点火系统通常使用来自控制组件的直流电。点火激励器把低电压变换为点火电嘴需要的高电压。在有些 APU 中，当 APU 的转速达到设定值时点火系统工作；而在另一些 APU 中，APU 启动时点火系统即开始工作。随着点火系统的工作，燃烧室中的燃油空气混合

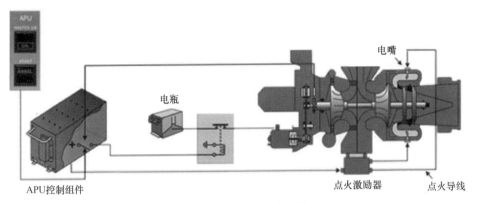

图 14-20　APU 点火系统

气被点燃。当 APU 的转速达到启动机脱开转速或 95% 转速时，控制组件断电点火系统。

14.3.7　APU 操纵与指示

14.3.7.1　APU 的操纵

　　APU 的启动电门位于驾驶舱。波音飞机上是一个扳钮式电门，有 OFF、ON 和 START 三个位置；空客飞机上是按键式电门，有主电门（MASTER SW）和启动电门（START）两个电门，如图 14-21 所示。

　　启动 APU 只能在驾驶舱进行，但 APU 的关车操作可以在驾驶舱进行，也可以在地面进行。驾驶舱的紧急关车开关多为 APU 灭火手柄。飞机外部的紧急关车开关在地面人员容易接近的地方。飞机机型不同，APU 紧急停车开关的位置不同，如前起落架、主轮舱、加油勤务面板等。空客 A320 的紧急停车开关，如图 14-22 所示。

波音飞机　　　　　　空客飞机

图 14-21　驾驶舱中 APU 的操纵电门

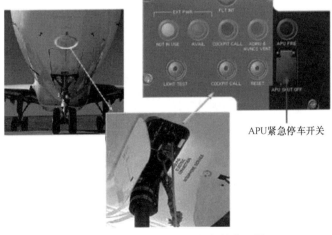

APU紧急停车开关

图 14-22　空客 A320 的紧急停车开关

14.3.7.2　APU 指示系统

APU 指示系统用于监视 APU 的工作状况。不同机型的 APU 指示系统基本相似。

空客 A320 飞机，在 APU 页面主要显示如下信息：APU 的转速，APU 的排气温度 *EGT*，APU 进气门的状态，以及告警信息等。当 APU 的工作转速达到 100% 时，APU 处于可用状态，即可以向飞机提供电源或气源，如图 14-23 所示。

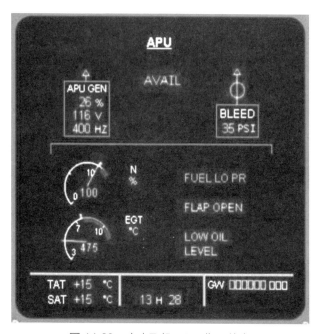

图 14-23　空客飞机 APU 指示信息

波音 B737-800 飞机的 APU 指示位于驾驶舱 P5 板，包括：APU 排气温度指示器、维护灯、低滑油压力告警灯、故障灯和超转告警灯，如图 14-24 所示。

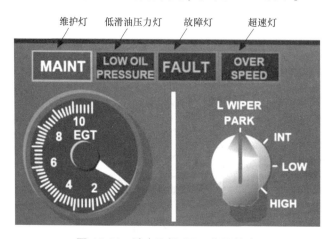

图 14-24　波音飞机 APU 指示信息

热电偶感受 APU 排气温度 *EGT*，APU 发动机排气温度指示器用于监控 APU 的排气温度。

维护灯为蓝色。当滑油量过低时，维护灯亮。

低滑油压力告警灯为琥珀色。当 APU 达到工作转速而滑油压力过低时，低滑油压力告警灯亮，APU 控制组件使 APU 自动关车。

故障灯为琥珀色。当滑油温度过高时，故障灯亮，APU 自动关车。

超转告警灯为琥珀色。当 APU 转速达到 106% 时，告警灯亮，APU 自动关车。

14.4　APU 的工作

下面一般性地介绍 AUP 的操作与使用。需要注意的是：任何时候使用 APU，应查阅其有效的使用手册和维护手册等技术文件。

14.4.1　APU 启动前检查

在启动 APU 之前，必须按照启动检查单进行安全检查。断开飞机上的所有通电设备，防止当 APU 供电时这些设备意外工作。将飞机电瓶（或单独的 APU 电瓶）开关置于 ON 位，检查电瓶电压（一般应不低于 23V）。测试火警告警系统。将 APU 发电机开关和引气开关均置于 OFF 位，防止不加控制地为飞机系统供电和供气。将交输引气开关置于自动位，确保当 APU 引气开关置于 ON 位时，APU 可以为飞机气源系统供气。将 APU 两个燃油增压泵开关中的一个置于 ON 位，为 APU 供给燃油。

14.4.2　APU 的启动

当需要启动 APU 时，首先按下 APU 主开关（空客飞机）或将 APU 开关（波音飞机）置于 START 位并保持。APU 控制组件开始工作，空气进气门打开，燃油关断活门打开，燃油增压泵开始工作，ECAM 或 EICAS 上出现 APU 的指示页面（此时转速和排气温度都是零），如图 14-25 所示。

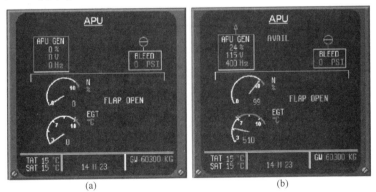

(a)　　　　　　　　　　(b)

图 14-25　ECAM 上指示的 APU 信息

（a）启动前　（b）启动后

　　然后按下 APU 启动按钮（START）（空客飞机）或松开 APU 开关（波音飞机）（开关自动回到 ON 位）。APU 控制组件开始启动前检查，测试电气线路和传感器（APU 转速传感器、排气温度 EGT 传感器、低滑油压力电门和滑油温度传感器）的状态。如果测试正常，APU 控制组件使启动机继电器闭合，APU 启动机通电工作；如果启动前测试不正常，则 APU 不启动。

　　启动机转动后，APU 控制组件首先接通点火系统，然后向燃烧室供应燃油。燃烧室点燃后，随着 APU 转速的增加供应需要的燃油，最后当 APU 达到自加速转速，点火装置停止工作，启动机自动断开。APU 控制组件控制和监视 APU 的加速过程。

　　在 APU 启动期间，要特别注意电瓶电压、EGT 和转速的指示。在有些 APU 中，还必须注意滑油量指示。电瓶电压一般显示在电瓶开关的旁边。在 APU 启动期间，电瓶电压首先应逐渐减小然后又逐渐增加（启动机带动 APU 时，电瓶电压逐渐减小；启动机脱开后，电瓶电压逐渐增加）。EGT 的平稳增加说明燃油增压泵、燃油关断活门、点火启动系统的工作正常，燃油空气混合气在燃烧室正常燃烧。EGT 在 10%～20% 转速期间开始增加，要确保 EGT 在启动期间不能超限。APU 转速的平稳增加说明启动机的工作、点火系统的工作和燃油的计量都是正确的。

14.4.3　APU 控制

　　APU 是为飞机提供气源和电源，因此 APU 的控制（和发动机相比）相对比较简单。每一个 APU 工作循环都会经历启动、恒速和停车三个阶段。APU 控制组件有三种控制模式：启动方式，从选择启动直到 100% 的转速；恒速工作方式，在进气条件和工作负载变化时，保持转速恒定，并提供 APU 安全保护即各种情况下的自动停车；停车方式，监视和控制 APU 停车。

14.4.3.1　启动加速控制

　　APU 控制组件根据 APU 的转速和 EGT 信号，控制 APU 快速且安全地的启动和加速过程到 100% 转速。

　　选择启动后，启动机供电，点火系统接通，APU 转速约 7% 时开始供油，在 10% 转速时燃烧室点燃，在 60% 转速时点火系统断电，随后启动机断电。在 95% 转速时，为 APU 正常运行的所有控制和保护电路都已经准备就绪，APU 可以提供气源和电源，如图 14-26 所示。以上转速值是典型的切换点，不同型号的 APU 上会有差异。

　　在启动加速过程中，APU 控制组件控制燃油流量以确保 APU 快速加速且 EGT 不超限。在 APU 启动加速过程中 EGT 逐渐增加，在 40%～50% 转速时达到最大值，然后随转速的增加逐渐减小。如果在 APU 加速过程中 EGT 超限，则 APU 控制组件立即中止启动程序。大多数 APU 控制组件也监视 APU 的加速率，因为长时间的低速会导致热应力过大，因此加速率太小，APU 控制组件也立即停止启动程序。

14.4.3.2　恒速控制

　　在 APU 达到 100% 转速后，APU 控制组件控制 APU 在 EGT 不超限的前提下保持转速恒定。为达到恒速控制的目的，APU 控制组件比较设定转速和来自转速传感器的实际转

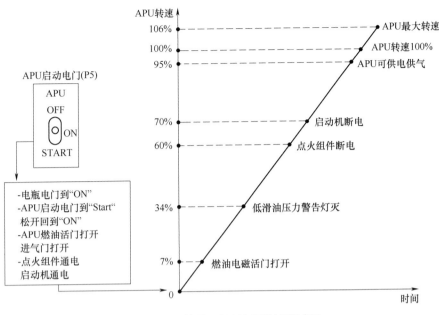

图 14-26 某型 APU 的启动加速过程

速信号，然后改变力矩马达的信号以改变燃油流量。

在 APU 正常运行期间，APU 引气负载、供电负载、空气进气温度和空气进气压力的变化都会使 APU 转速和 *EGT* 发生变化。APU 控制组件通过改变供油量来保持转速恒定，且 *EGT* 不超限。例如，若引气负载（如空调系统的工作）和/或供电负载（如电动液压泵的工作）的增加，都会使 APU 转速减小，APU 控制组件会增加燃油流量，以保持转速恒定，但相应的 *EGT* 将增加；反之，APU 负载的增加减小，APU 控制组件减小燃油流量，*EGT* 将降低；若 APU 进气温度升高，*EGT* 会升高。若 APU 的 *EGT* 有超限的趋势，APU 控制组件将自动减小 APU 的负载，以避免 APU 超温。

14.4.3.3 APU 停车控制

APU 有三种不同的停车方式：正常停车、自动停车和紧急停车。

正常停车是当 APU 工作结束后，机组或维修人员将 APU 引气开关和供电开关置于 OFF 位（关断所有负载），APU 在正常冷机，然后在驾驶舱按下 APU 主开关（空客飞机）或将 APU 开关置于 OFF 位（波音飞机）。APU 停车。最后将油箱燃油增压泵开关置于 OFF 位，有的飞机还要求将电瓶开关置于 OFF 位。如果直接关断 APU，则 APU 控制组件控制关断引气和电气负载，继续运转一段时间后关断燃油供应，APU 在正常冷机后停车。正常冷机所需要的时间可以由维修人员设定，在 0~120s 之间。

自动停车是当 APU 工作时，主要工作参数超限或重要部件故障，APU 控制组件控制 APU 不经冷却而立即停车。触发自动停车的工作参数门限值储存在 APU 控制组件的存储器内，维修人员使用 APU 控制组件内置的测试设备或者在现代飞机上通过在驾驶舱内的机载维护计算机可以读出这些信息。触发自动停车的条件包括：排气温度过高、超转（$N>105\%$）、滑油压力过低、滑油温度过高、压气机喘振、两个转速传感器全部失效、两个热电偶全部失效等故障。当 APU 自动停车后，维修人员应按下 APU 主开关（空客飞机）或将 APU 开关置于 OFF 位（波音飞机），查找 APU 自动停车的原因。

当 APU 着火时，机组或维修人员实施 APU 紧急停车。维修人员在驾驶舱或飞机外部操作紧急停车开关，这时 APU 不经冷却立即停车。

驾驶舱的紧急停车开关多为 APU 灭火手柄或灭火按钮，飞机外部的紧急停车开关多位于前起落架、主轮舱或加油勤务面板（依据飞机的类型而不同）。在有些现代飞机上，当飞机在地面上 APU 着火时，APU 控制组件自动控制 APU 紧急停车，大约 3s 后 APU 灭火系统自动实施灭火。

在进行 APU 维护时，为防止人身伤害和/或损坏飞机，必须遵守飞机维护手册（AMM）的安全程序，正确使用个人防护，必须系好安全带。必须等到 APU 冷却后，才可以接近 APU。准备正确的消防设备。

第 15 章

发动机的维护与管理

发动机可靠的工作是飞机安全飞行的前提和保证。发动机的可靠性是指发动机在规定的气象条件和飞行条件下实现其设计性能（指标）的能力。目前常用空中停车率和非计划换发率等指标来衡量发动机的可靠性。

$$空中停车率 = \frac{最近 12 个月发生的某型发动机空中停车次数}{该型发动机最近 12 个月总的飞行小时数} \times 1000$$

$$非计划换发率 = \frac{最近 12 个月发生的该型发动机非计划拆下次数}{该型发动机最近 12 个月总的使用小时数} \times 1000$$

发动机的可靠性是设计制造赋予的固有特性，是其能达到的最高可靠性水平，使用中通过有效的维修来保持或恢复发动机的固有可靠性，这是发动机维修的目的所在。

15.1　概述

15.1.1　发动机维修的概念

现代飞机及系统越来越复杂，对维修的有效性也不断提出更高的要求。为了实现以最小的资源消耗，保持或恢复发动机的固有可靠性和安全性，发展了以可靠性为中心的现代维修思想。以可靠性为中心的维修思想可表述为：以对重要维修项目的可靠性分析，特别是以故障模式影响及危害性分析为基础，以维修工作的适用性、有效性和经济性为决断准则，确定维修工作的内容、级别和时机。基于这一维修思想，现代航空发动机的基本维修方式是：①对影响发动机安全性的零（组）件（称为关键件）给定寿命限制，实施定时更换，即时寿件管理；②根据单个发动机/单元体的技术状态，确定对其实施维修的时机和工作内容，这称为"以状态为基础的预防维修"，即视情维护（On Condition）。具体而言，视情维护是通过有计划地检查发动机部（附）件，来获得发动机/单元体和附件的技术状态，根据规定的技术标准来决定单元体、附件和整机能否继续使用，即项目能继续可靠地工作到下一个预定的检查周期。当项目的视情检查数据超出了规定的限制值则要进行更换或修理或翻修，因而维修作业的范围和间隔时间不是固定的。

维修的有效性意味着多做维修并不总是有益的，甚至可能是有害的，例如会增加早期故障以及人为差错，因此以可靠性为中心的现代维修思想最大化了维修的有效性。

实现发动机视情维护的基础是发动机的状态监控与故障诊断技术和发动机的模块化

（modularity）设计，也称单元体设计。模块化结构是把发动机设计成几个功能性（或结构性）的模块（module）的组合。这样可实现在外场不用复杂的工具就可更换模块，且更换后不需要调整即可保证发动机的性能。从而提高了发动机的可维护性和可用性。

15.1.2 维修的等级与分类

15.1.2.1 维修的等级

有的发动机制造厂商依据维护工作内容（项目）的不同把维护分为四个等级。分别是一级航线维护，二级航线维护，三级航线维护和四级航线维护。一级航线维护是指发动机安装在飞机上时所做的维护工作；二级航线维护是需要把发动机从飞机上卸下来所做的维护工作；三级航线维护是在许可的维修中心进行的模块内零件更换；四级航线维护是在专门的大修厂进行的大修或排故。一级和二级维护包括预防性维护和排故，可由用户的维修人员实施。一级维护排故的工作内容是查找故障源并通过调整或更换零（组）件（如果需要）排除故障，这些零（组）件称为航线可更换件（LRU，Line Replaceable Unit）；二级维护中更换的零件（如果需要）称为车间可更换件（SRU，Shop Replaceable Unit）。

有的发动机制造厂商把维护分为：A 检、B 检、C 检和 D 检四个等级。字母顺序表示维修的深度。A 检级别最低，D 检又叫大修或翻修，是最高级别的维修等级，是对飞机的各个系统进行全面检查和维修。

15.1.2.2 维修的分类

发动机维护工作根据其性质可分为两大类：预防性维护（Proventive Maintenance）和修复性维护（Corrective Maintenance）。预防性维护是按照预定的计划对发动机部（组）件和系统进行检查/试验，包括勤务（Servicing Inspection）、定检（Scheduled Inspection）（也称为定期维护）和非计划检查（Unscheduled Inspection）（也称为不定期维护）。

勤务是在发动机航前、航后，以及飞机过站（飞行间隔）进行的维护工作，如发动机/动力装置外部目视检查；滑油量检查与补充；发动机附件（系统）泄漏检查等。

定期维护是发动机厂家为了保证发动机安全性和可靠地，所制定的最基本的维护工作内容。用户在此基础上编制发动机维修大纲。维护内容包括：系统功能/工作检查；发动机孔探检查；定期检查某些部件，如磁堵；定期更换或清洗燃油滤和滑油滤等。定期维护一般是按发动机的工作循环数或工作小时数或日历时间来制定定期维护的时间间隔。如空客公司规定，A 检是 600 工作小时，或 750 循环或 100 天。

不定期维护是指由那些与时间无关的事件所引起的维护。如发动机鸟击、吸入火山灰等外来物损伤，飞机硬着陆等事件发生后所做的检查和维护修理。另外，通过发动机指示系统所观察到的一些不正常现象时，如超转、超温等或发动机自检（BITE）设备给出的故障信息等，必须完成的检查和修理。

修复性维护是根据发动机部（附）件的技术状态，查找和隔离故障，实施相应的调整、更换、修理或大修。

有些发动机的维修被划分发动机在翼维护和大修两大类。在翼维护包括航线维护和定期维护，是指发动机在在翼的情况下，对发动机所做的一系列维护和修理工作。发动机大修是指把发动机从飞机上拆下来，送回大修厂将发动机进行的一系列维护/修理。有的机型根据发动机健康状况实施大修；某些机型，厂家对发动机和单元体规定有大修间隔时间（TBO，Time Between Overhaul）。

发动机在翼管理的工作范围包括：对发动机的检查与维护；对发动机制造商发布的服务通告、服务信函、备忘录等的评估和执行；对发动机运行状态的监控，评估在翼发动机机队状态，制定并调整发动机机队在翼使用计划和飞机换发计划。

15.2　发动机状态监控

发动机状态监控与故障诊断是指借助于一定的有效方式对与发动机各部件和系统状态紧密相关的各种参数实施监测，根据所监测的数据对各部件和系统的状态及其发展趋势作出有价值的判断，即对所发生的故障作出诊断结论，或预报即将发生的故障。

目前发动机状态监控的技术（方法）主要有：发动机性能监控、滑油系统监控、滑油屑末监控、孔探检查、发动机振动监控，以及发动机各系统的检查，如燃油滤检查，点火系统检查等。图 15-1 示出了民用航空发动机主要的监控手段。

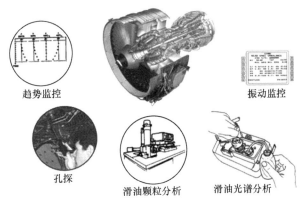

趋势监控　　振动监控　　孔探　　滑油颗粒分析　　滑油光谱分析

图 15-1　民航发动机的监控手段

15.2.1　发动机性能监控

发动机气路部件发生故障或发动机性能衰退会导致发动机气路参数（如转速、燃油流量、排气温度 EGT 等）的变化。反之，根据发动机性能参数可以分析、判断发动机是否存在故障，实现故障隔离。发动机性能监控的方法有：a. 将监控参数的偏差值与基线值（也称无故障发动机的参数）进行比较，检查其是否超限，判断发动机性能的衰退，如排气温度裕度监控；b. 通过综合分析各监控参数的偏差量，可以推断引起变化的可能原因，为故障隔离提供重要参考；c. 对同一架飞机上各台发动机的相同参数进行比较，可排除飞行条件对发动机性能的影响，有助于故障隔离；d. 发动机性能趋势分析。

15.2.1.1 排气温度裕度监控

发动机排气温度 EGT 对发动机性能的变化最为敏感，因此通过监视排气温度可监控发动机气路部件的故障。通常用排气温度裕度 $EGTM$（Exhaust Gas Temperature Margin，也称为 EGT 裕度）或外界大气温度极限 $OATL$（Outside Air Temperature Limit）来衡量发动机的技术状态，如图 15-2 所示。图中，EGT 红线是发动机工作低于此温度时则无需实施维护工作；拐点温度 CP（Corner Point Temperature）是在特定高度保证发动机能提供全功率起飞推力的最高环境温度。$EGTM$ 是 EGT 红线与海平面拐点温度下发动机全功率起飞时的 EGT 之差。$OATL$ 是发动机可以产生全功率起飞推力而不超过 EGT 红线的最高环境温度。

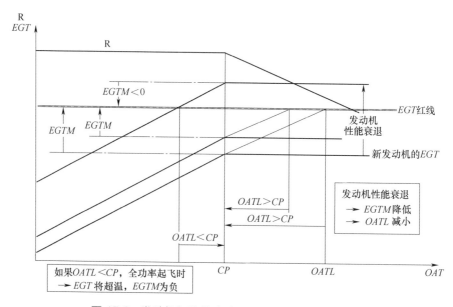

图 15-2　发动机气路故障对 $EGTM$ 和 $OATL$ 的影响

使用中，随着发动机性能衰退，其 EGT 将升高，$EGTM$ 会降低，与之对应的外界大气温度极限 $OATL$ 也会减小，如图 15-2 所示。当 $EGTM$ 为负（或 $OATL$ 小于拐点温度时，在使用全功率起飞时排气温度将超过最大允许极限值（EGT 红线），而损坏（或可能损坏）发动机。因此发动机 $EGTM$（或 $OATL$）大小通常作为航空公司执飞航线选择和性能换发依据。如对于执飞高高原航线的发动机要求有更高的 $EGTM$。当 $EGTM$ 小于一定值时，实施换发送修。

发动机出现性能衰退是由于气流在发动机内部的流动损失增大导致的部件效率下降。其主要原因为两方面：一是内部气流通道的叶片或机匣表面出现较多的附着物（也称零件结污）；一是叶片或机匣几何形状的改变（如叶片变形、叶尖间隙增大、烧蚀、腐蚀和磨蚀等）。对于前者可通过气路清洗的方法进行在翼性能恢复；而硬件几何形状改变或磨损则只有通过发动机翻修的方法进行恢复。预防因几何形状改变所引起的性能衰退有效办法包括：足够的发动机冷/暖车时间；避免外来物进入发动机；减少环境因素的影响（定期清洗发动机等）；减推力起飞。

15.2.1.2 性能趋势分析

性能衰退是一个渐变的过程。借助于一些监控参数的变化趋势，可以对各个参数的未来发展/变化趋势作出预测，从而实现发动机性能预测和发现其潜在故障（发动机潜在故障指临近故障前的发动机状态），最大限度地保证发动机的安全运行。

要进行趋势分析，首先要采集发动机状态参数，记录对应的发动机工况、大气条件和飞行条件；接着按相似原理将状态参数换算到海平面标准大气条件下的值；将所得到的参数换算值减去该工况下的该参数的基线值，便得出相对于基线的监控参数偏差值；对所得到的各个航班的监控参数偏差值进行数据平滑处理，然后将所得到的平滑后的监控参数偏差值减去它的初始值，便得到对应于该发动机的监控参数最终偏差值；最后将最终偏差值绘制在性能监控趋势图上。维护人员依据趋势图就可以对发动机的健康状况进行分析；建立趋势图的时序模型，用所建模型就可进行性能预测。典型的性能趋势图，如图 15-3 所示。

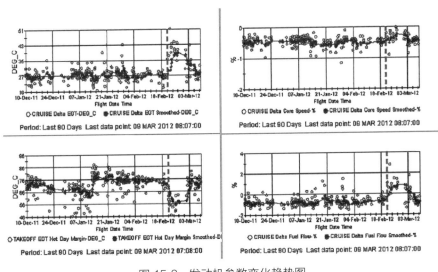

图 15-3 发动机参数变化趋势图

15.2.1.3 发动机性能监控的实施

目前发动机性能状态监控方法主要有两种：①基于互联网技术的远程监控平台，如 GE/CFM56 的 Remote Diagnostics，简称 RD；IAE 提供的 Advanced Diagnostic & Engine Management，简称 ADEM；RR 提供的远程监控平台。②采用单机软件进行监控，如 SAGE（GE/CFM56）、COMPASS（RR RB211-535E4）或 PW 提供的 EHM 等。

基于互联网技术的远程监控平台可快速获得制造商专家的技术支持。目前，很多航空公司采用两种监控方式并存的监控模式。通常以远程监控为主，单机软件监控作为辅助或备份手段。随着网络和电子技术的发展与应用，远程监控平台将最终取代以单机软件为基础的传统的监控方式。

（1）用远程监控平台监控发动机

基于网络技术的发动机远程状态监控具有实时、方便和准确等特点，是目前最为流行的在翼发动机性能及状态监控方法。航空公司应根据实际需要每天对系统产生的趋势报告或告警信息（alarm）进行及时处理。

　　日常监控仅处理远程监控平台的告警（alarm）、咨询（advisory）、超限（exceedance）等信息。为了便于持续监控发动机状态，航空公司可制定《发动机状态监控告警/反馈单》，对于这些信息的处理措施可分为：放入观察单（watch list）、启动航线维护工作和关闭。对于信息的关闭需要说明关闭原因。如果是发动机水洗引起的，需要在监控系统里添加水洗发动机的维护条目；对于放入观察单的信息需要持续监控直至关闭；如对发动机进行了拆换则需要将信息及时反馈到监控系统中。

　　当发动机生产商颁发紧急提示报告（CNR，Customer Notice Report）或邮件时，发动机监控部门应对其进行风险评估，按评估结果执行后续工作。当监控人员发现远程监控平台系统不能正常工作时，应立即启动备用监控方式，以保持发动机性能监控的延续性。

　　（2）用 SAGE/COMPASS/EHM 等工具监控发动机

　　采用单机软件监控时，发动机的工作参数的获取不是实时的，因此监控结果具有一定的滞后性。如果采用人工记录数据还会影响到监控结果的准确性，因此目前它仅用作远程监控平台的备用方案。SAGE/COMPASS/EHM 信息处理要求如下：

　　分析发动机重要参数的趋势变化。对变化异常且需要实施航线工作的发动机编制《发动机状态监控告警/反馈单》，启动航线维护工作，做好监控记录。对有问题的发动机记录内容至少包括日期、飞机机尾号、发动机序号、发动机装机位、监控内容描述这五项。对所有正常发动机可以标注为"其他发动机正常"。每周对 SAGE/COMPASS/EHM 数据进行维护。换发后应及时更新 SAGE/COMPASS/EHM 的数据。

　　对出现 EGT 超限告警的发动机需重点监控。可制定《发动机性能监控重点关注表》，对表中发动机除了处理告警外，还要密切关注其 EGT、F_F、N_1 和 N_2 等变化趋势，经过技术评估后可对表中的发动机进行删减。

15.2.2　发动机振动监控

　　在航空发动机使用中由于零件移位、变形、变脏、磨损、外来物损伤等原因会导致发动机转子的不平衡。航空发动机工作在高温、高转速和高负荷下，其转子系统的任何不平衡都会引起发动机的振动。发动机振动会降低发动机的性能，加速发动机性能衰退；严重的振动会直接导致发动机损坏而空停。对民机来说高振动还会在客舱中出现很大的噪声，降低飞机的舒适性。振动监控的目的是监控发动机转子系统的机械完整性，发现转子系统的故障，保证发动机可靠的工作和降低维护成本。

　　发动机工作时，不同的激振源产生的振动信号的特征（即振动信号的幅值、频率和相位等）各不相同，因此通过分析获取的发动机振动信号特性，即可获得发动机的故障所在。

　　发动机振动监控是通过监控发动机稳定工作状态的高、低压转子振动信号（值），分析发动机高、低压转子的平衡状态，进而推测发动机可能存在的机械故障，以避免引起发动机更大的损伤和二次损伤。

　　目前，民用航空发动机振动监测的主要方法是在飞机上安装发动机振动监视装置

(EVMU, Engine Vibration Monitoring Unit), 也称为机载振动监视系统 (AVM, Aircraft Vibration Monitoring), 发动机振动监测系统基本组成的结构框图, 如图 15-4 所示。

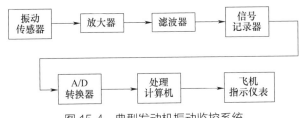

图 15-4 典型发动机振动监控系统

机载振动监视系统通过安装在发动机上的加速度传感器来测量发动机转子的振动。加速度传感器一般安装在发动机的安装点、转子支撑面、发动机机匣对接面等位置。例如图 15-5 给出了某型发动机振动监视系统的组成。发动机上装有两个加速度传感器。一个位于 1 号轴承座上, 用于测量风扇和增压压气机的振动, 以及低压涡轮的振动; 一个位于涡轮框架, 用于测量高低压转子的垂直振动。AVM 信号调制解调器将所测信号放大、滤波、A/D 转化器, 在经计算机处理后, 记录、输出给飞机显示系统, 为飞机驾驶舱提供实时发动机振动值显示。

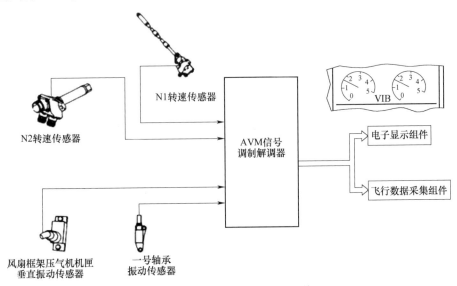

图 15-5 某发动机振动监测系统

发动机振动系统对振动信号分析, 获得振动信号的特征参数, 计算振动总量和各频率下的振动分量。振动总量是指一定通频带范围内的振动量值, 它反映振动的总能量的大小。振动总量在座舱内显示, 当振动总量超过一定值时, 系统给出告警。而振动分量是指经跟踪滤波或窄带滤波或频谱分析得到的单一频率成分的振动量值。由于发动机上不同的激振源导致的振动的频率、幅值和相位等各不相同, 如转子质量不平衡会激起频率为转子工作转速 (工作频率) 的振动; 支点不对中故障会激起较大的二阶振动; 而转子与静子碰摩会产生分频频率成分十分丰富的振动。振动信号处理就是要从原始振动信号中提取这些信息, 以识别激振源, 实现振动故障的隔离。跟踪振动信号可监控振动故障的发展趋势，实现故障振动的预测。

15.2.3　滑油系统的监控

15.2.3.1　滑油系统工作监视

通过滑油系统参数，如滑油压力、滑油温度、滑油滤堵塞、滑油量以及滑油消耗率可以监视滑油系统工作是否正常和查找滑油系统故障。

如系统存在泄漏或滑油量少会导致滑油压力低和滑油温度高；供油泵或释压活门故障同样会导致滑油压力低。滑油压力低或滑油温度高都不能保证有效的润滑，特别是滑油压力低预示机件得不到润滑。另外滑油温度高的原因也可能是滑油散热器故障或机件润滑不良而磨损加大所致。

监视滑油消耗率可判断系统是否存在泄漏或滑油是否被其他液体所污染（如滑油里混入了燃油）。发动机正常工作时滑油会不断减少，但滑油的消耗率是稳定的。如果滑油消耗率有增大趋势或突然增大，预示系统内部或外部存在滑油泄漏；相反如果滑油消耗率小于正常值，意味着滑油里混入了其他液体，这会使润滑效果变差。滑油消耗率定义如下：

$$滑油消耗率 = \frac{某时间段补充的滑油量}{该时间段发动机的工作小时数} \times 100\%$$

维护人员收到滑油耗率数据后应分析一定周期内的滑油耗率的变化趋势。如果趋势出现明显的飘移，则需查找故障原因，进行相应的排故处理。

某些远程监控系统或软件不具有滑油耗率监控功能，则需要维修人员在滑油系统勤务时准确记录滑油耗量。

对滑油的理化指标进行分析，根据分析结果可精准控制滑油的更换时机，这样既保证润滑的效果，又减少不必要的更换滑油而产生的费用。

15.2.3.2　滑油系统屑末监视

发动机的轴承和齿轮工作时存在摩擦，必然会造成磨损。磨损可能造成轴承/齿轮破裂、导致转子卡滞、传动失效等严重故障，甚至引发恶性事故。为了减小摩擦和降低磨损，都采用了滑油对这些零件进行润滑和降温。发动机工作时，机件磨损所产生的磨粒会进入滑油中，因此滑油中的磨粒含有运转机件磨损状态的重要信息，是揭示机件表面磨损损伤机理、判断磨损类型和磨损程度的重要依据。对屑末的材料分析可确定磨损的部位，即定位有故障的零件；对屑末的形状、大小、数量和颜色分析可判断磨损损伤的类型、磨损的严重程度及发展趋势。从而制定有效的维修方案。

通过安装在回油路上的磁性碎屑探测器（简称磁堵）、油滤和对滑油取样来收集滑油中存在屑末。

磁堵和油滤可捕获尺寸在 $20\mu m$ 以上的粒子，如图 15-6 所示磁堵收集到的颗粒。对机械式磁堵，应在规定的间隔拆下磁堵并检查上面是否吸附的金属粒子，若有应收集这些屑末，与维护手册提供的样本进行比对，做出初步判断，之后送专业的实验室进行分析。对电磁堵，应在告警后检查。更换油滤时应检查滤芯上是否有屑末。若有，应收集，并做

图 15-6　磁堵及吸附的屑末

同样处理。

目前先进的发动机上使用的滑油碎屑监视器采用基于诱导测量技术的传感器，系统对颗粒物的尺寸和类型（磁性的或非磁性的）进行计数和分类，从而判定滑油中颗粒物总数的趋势。此监视器与 FADEC 计算机或者其他计算机相连。

对油滤无法捕获的漂浮在滑油中的尺寸小于 $20\mu m$ 的细小金属粒子，是定期（固定时间间隔）从滑油箱对滑油取样来收集。滑油取样是在发动机停车后的规定时间内从滑油箱取出一定量的滑油，送到专门的实验室分析。对滑油样品进行铁谱分析、光谱分析等可识别早期磨损和并定位磨损的部位。需要注意的是滑油取样应在补充滑油之前完成。

铁谱分析的方法是在一倾斜玻璃板下施加一强磁场，然后将样品滑油慢慢倒在玻璃板上，由于磁场的作用滑油样品中的磁性粒子将从大到小被停留下来，如图 15-7 所示。粒子在玻璃板上的排列称为铁谱图。将铁谱图放在显微镜下观察，根据粒子的形状、颜色、大小，以及不同大小粒子的含量，可判断磨损损伤的类型、严重程度及发展趋势。此外分析屑末的成分可隔离磨损的部位。铁谱分析主要针对尺寸在 $10\sim20\mu m$ 之间的粒子。

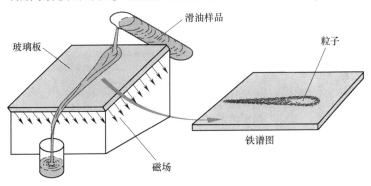

图 15-7　滑油铁谱图

光谱分析是分析滑油中金属元素的成分和浓度，按 ppm 计量 mg/kg。发动机正常工作时，由于零件的磨损，滑油中的金属元素的浓度是稳定的。如果金属元素的浓度增大，预示着磨损加大，因此分析金属元素的浓度可监视零件的早期磨损和磨损的部位。图 15-8 给出了滑油中铁元素的浓度变化趋势。光谱分析方法有原子吸收法和光谱分析法。原子吸收法比较耗时，但分析的准确度高；光谱分析法精度低一些，但耗时很少，几分钟就能完成。光谱分

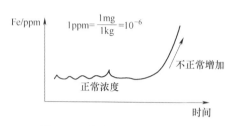

图 15-8　某金属元素浓度曲线

析主要针对尺寸在 $10\mu m$ 以下的粒子。

15.2.4　无损检测

无损检测也叫无损探伤。它是在不损害或不影响被检测对象使用性能的前提下，采用物理的方法提取被检对象的某种物理特性（如声、光、磁、电等）的连续性、均匀性信息，对被检对象是否存在缺陷作出判断。若有，给出缺陷的形状、大小和位置等信息。

常规的无损探伤方法有：渗透检测、射线检测、超声检测、磁粉检测、涡流检测等。基于无损检测的前提，孔探检查也被归类为发动机的无损检查方法。

15.2.4.1　孔探检查

孔探检查（又称内窥镜检查）是常用的、有效的目视检查方法。它是应用工业内窥镜，在不分解发动机的情况下，观察发动机内部气路部件（即压气机、燃烧室和涡轮）零件的状态，以评估发动机的整体或单元体的健康情况。如图 15-9 所示孔探检查在发动机维护中的应用实例。

图 15-9　孔探检查在发动机维护中的应用

孔探设备分为刚性内窥镜（又称直杆镜）和柔性内窥镜。直杆镜结构简单，成像质

量好，使用方便，如图 15-10 所示；为方便观察，可选择不同观察范围、观察角度和放大倍数的探头。柔性内窥镜采用超细光纤传递光源与图像技术能够提供高品质的图像；光纤采用抗磨损的金属外套以增强其适用耐久性；探头有导向功能，能够 360°全方位连续导向；末端可安装不同类型的透镜，方便观察。柔性内窥镜如图 15-11 所示。

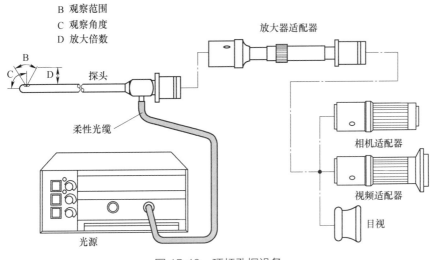

图 15-10　硬杆孔探设备

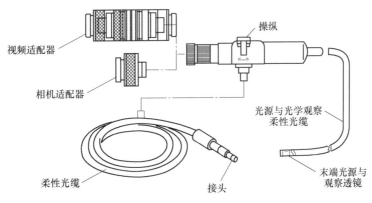

图 15-11　柔性孔探设备

视频内窥镜采用先进的全数字化光学电子处理技术，使 CCD（Charge-Coupled Device）信号的处理及传输过程数字化，可直接连接 VGA 数字显示器，图像清晰，色彩还原真实准确，且便于存储。

孔探检查应用于发动机的定期检查和特定事件发生后的非定期检查。在维护手册中给出了部件定期检查的时间间隔。时间间隔通常以发动机的工作小时或工作循环的形式给出，如每 600 个循环做检查。若检查发现零件存在损伤，应确定损伤的类型、大小和所在区域，然后与维护手册中规定的限制标准进行比较，给出发动机或单元体可用或不可用（即换发）的结论。若可用，则有无使用或维护的限制，即是否需要缩短或恢复孔探检查的时间间隔。在维修手册中，对不同部件以及同一部件的不同区域都规定了可能会出现的各类损伤的限制标准。图 15-12 示出了发动机常见的损伤类型。

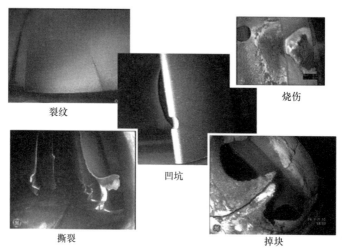

裂纹

烧伤

凹坑

撕裂

掉块

图 15-12   发动机零件常见的损伤形式

目前孔探设备都具有测量功能，这为确定损伤的大小提供了方便。

当发动机工作时某些事件发生后，如发动机喘振、超转、超温以及外来物吸入等，需要对发动机实施孔探检查，即非定期孔探检查。因为这些事件均有可能已造成了发动机内部损伤。

15.2.4.2   渗透检测

渗透检测的基本原理是：在清洁后的工件表面施加渗透剂，渗透剂会渗入工件表面的开口缺陷，在清除工件表面的渗透剂后，从缺陷回渗的渗透剂可显示缺陷的位置、形状和大小。若采用荧光渗透剂时，在紫外线设备（黑光灯）照射下，渗透剂发出清晰可见的荧光，可提高检测的灵敏度和准确度。若采用着色渗透剂时，可用放大镜在自然光下直接观察。

渗透检测可检测出非多孔性工件表面的开口缺陷，检测不受工件材料、形状、大小的影响；不需要复杂的设备，操作简单；最小可检出宽约 $0.4\mu m$ 的开口缺陷；其缺点是只能用于致密材料的检测；检测灵敏度与表面粗糙度有关；检测结果与检验人员的操作与经验有关。

15.2.4.3   射线检测

射线检测的基本原理是：利用射线（X 射线或 γ 射线）在介质中传播时的衰减特性，即当将强度均匀的射线从被检件的一面进入时，由于缺陷与被检件基体材料对射线的衰减率不同，透过被检件后的射线强度将会不均匀，用胶片成像记录或荧光屏直接观测透过被检件后的射线强度，即可判断被检件表面或内部存在的缺陷（异质点）。

射线检测不受工件材料的限制，可检测金属和非金属工件的表面和内部缺陷；可直观显示缺陷的形状和尺寸，通过多方向射线照射保证检测的准确度。

15.2.4.4   超声检测

超声检测的基本原理是：利用超声波在介质中传播过程中在不同介质的界面将发生反射和折射。检测并分析反射信号或透射信号即可实现对缺陷的检测。超声检测有反射法和透射法。反射法一般只用一个探头发射超声脉冲并接受从界面（缺陷或本底的接合面）处反射回来超声波（反射脉冲）。穿透法需用两个探头。一个发射超声脉冲；另一个在被检件的另一端接受透射波（透射脉冲）。反射法存在探伤盲区，难发现近表面缺陷；穿透法不能对缺陷定位，难发现微小缺陷。

超声检测适用于金属或非金属材料的检测，可检测零件的表面和内部缺陷。当缺陷的延伸面垂直于超声波束时，检测准确度最高。

15.2.4.5　磁粉检测

磁粉检测的基本原理是：铁磁性材料（工件）被磁化后，由于缺陷与基体材料的磁特性（磁阻）不同穿过基体的磁力线在缺陷处将产生弯曲并可能逸出基体表面，形成漏磁场，如图 15-13 所示。在工件表面施加磁粉，若缺陷漏磁场的强度足以吸附磁粉，磁粉的痕迹可显示出缺陷的位置、形状和尺寸。

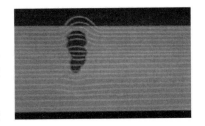

图 15-13　磁粉检测原理图

磁粉检测具有很高的检验灵敏度，可检缺陷的最小宽度为 $0.1\mu m$；能直观地显示缺陷的位置、形状和尺寸；检验不受工件形状和大小的限制；但只能检测材料工件的表面和近表面的缺陷，常规的可检深度一般为 $1\sim2mm$；对分层缺陷，当分层与表面构成的角度小于 $20°$，则难于检出。

15.2.4.6　涡流检测

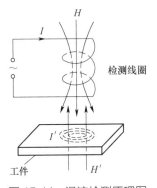

图 15-14　涡流检测原理图

涡流检测的基本原理是：当载有交变电流的检测线圈靠近导体（被检件）时，由于电磁感应，在导体中将感生出环状电流，此即涡流。该涡流的大小及相位受激励磁场（取决于检测线圈的电流强度和频率）、导体的电导率和磁导率、缺陷（性质、大小、位置等）等许多因素的影响。而涡流的反作用又使检测线圈的阻抗发生变化，因此，通过测定检测线圈阻抗的变化（或线圈上感应电压的变化），就可得出被检件有无缺陷的结论，如图 15-14 所示。

涡流检测适用于金属导体材料的检测；检测时不需要检测线圈与工件表面接触，可实现高温、高速下检测；由于存在趋肤效应，所以只能检测工件的表面和近表面缺陷；该方法还用于检测材料的电导率、磁导率和表面镀层的厚度；此外，从所得到的信号难以判定缺陷的位置，要求被检工件的形状比较简单。

15.2.5　其他检测项目

装备 FADEC 系统的发动机，FADEC 可以提供强大的维护辅助功能。利用驾驶舱的控制显示组件（CDU）进行 EEC 自测试，地面测试，查阅故障信息和状态信息，如最近故障和历史故障、超限数据、各个系统/控制回路的相关部件的指令值、反馈值和偏差值以及其他相关数据，这给发动机的使用及维护带来了极大的方便，如图 15-15 所示。例如，CFM56-7 发动机自检功能可从主菜单页面进行，它包括：当前故障、故障历史、识别/构形、地面测试和输入监视。它给出发动机故障的签派级别。地面测试包括 EEC 测试、反推杆互锁测试、作动器测试和点火电嘴测试等。输入监视页面用于监视发动机参数，它又分为控制回路、控制压力、控制温度、燃油系统、滑油系统和转速，每一子项又有很多内容。例如控制回路输入监视有燃油计量活门 FMV、可变静子叶片 VSV、可调放气活门 VBV、HPTACC、LPTACC、瞬时放气活门 TBV 和燃油分级活门 BSV 的控制回路。

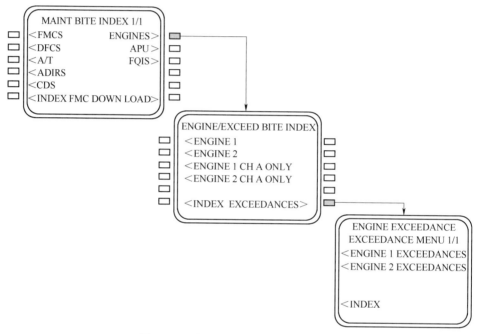

图 15-15　控制显示组件 CDU 查询页

　　发动机测试是地面检查发动机性能和工作情况的重要方法，通过发动机测试可以发现发动机及系统是否能够正常工作，以确保发动机维护工作的有效性。常见的测试项目包括：点火测试、反推测试、FADEC 系统测试和转子停转时间检查等。对于这些测试，全权限数字电子控制（FADEC）的发动机可以通过座舱中的人机界面，如控制和显示组件（CDU）或多功能控制和显示组件（MCDU），向 FADEC 计算机输入指令，然后由 FADEC 计算机自动进行，完成后给出相应的测试结果。下面举例说明点火测试、反推测试和转子停转时间检查操作。

15.2.5.1　点火测试

　　点火测试的目的是保证发动机点火系统能够正常工作。图 15-16 示出了某发动机点火测试的 MCDU 菜单及操作。

　　点火测试的内容包括 A 点火电嘴点火 10s，间隔 2s 后，B 点火电嘴点火 10s。在点火测试过程中，相应的页面会提醒操作人员测试正在进行当中。操作人员选择"RETURN"键，可以退出点火测试；选择"PRINT"键，打印测试报告。

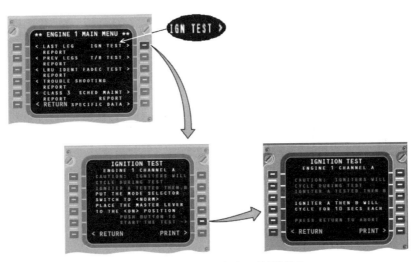

图 15-16　某发动机点火系统测试页

15.2.5.2　反推测试

反推测试的目的是确保反推能够正常展开和收起。图 15-17 示出了某发动机反推测试的 MCDU 菜单及操作。在反推测试中，首先需确认液压系统能够向反推系统提供液压。通过操纵反推杆到反推位/正推位，反推将在 FADEC 计算机的控制之下展开或收起。在此过程中，如果检测到反推位置开关故障、增压和方向活门电磁阀故障、飞机抑制开关故障、增压活门位置故障等故障，FADEC 将给出相应的故障信息。

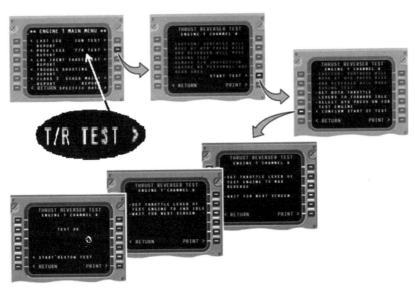

图 15-17　某发动机反推系统测试页

15.2.5.3　转子停转时间检查

转子停转时间（Rundown Time）是指发动机正常停车时从切断燃烧室供油到发动机转子完全停止转动的时间。若转子停转时间缩短意味着发动机内部存在较大的摩擦或转子件与静止件存在摩碰等故障。需要注意的是风速和风向会影响转子停转时间。转子停转时间通常由 FADEC 计算机测量。

15.3　维护的基本工作内容

发动机的维护项目、时间间隔、具体操作应遵照有效的维护手册实施。这里对发动机的维护工作仅做一般性的介绍。

15.3.1　维护的注意事项

发动机需要使用专用工具和标准工具。维护时应正确使用工具，避免由于工具使用不当而损坏发动机。

维修记录和签署完整并保存，使维修结果可追踪。

发动机维护期间应遵守安全提示。避免人员受到伤害，如点火系统可引起致命的危险，在点火系统进行任何维护之前，必须断开电源至少等 5min；避免发动机与工具的损坏，如禁止将防腐油或相等同产品喷入发动机进口；注意维护操作建议，使维修工作做得更好，如安装橡胶圈前，在胶圈上涂抹适量滑油。

任何修理、调整或更换部件之后，必须对发动机、进气道和排气系统进行最后检查，确保没有任何杂物留在里边。检查进气道和排气系统之前，必须确保启动系统不工作，点火系统不通电。在发动机不工作时，应装好进气道和排气系统堵盖，防止外物进入到发动机内部或发动机意外转动对发动机或人员造成损害。

15.3.2　发动机换发

采用翼吊布局的发动机一般通过发动机的前后两个安装点悬挂在飞机吊架上，安装点在风扇框架和/或涡轮框架。因为发动机产生的推力都是通过安装点传递到吊挂的，所以安装点采用的是失效-安全设计。为了避免飞行过程中发动机脱落，发动机安装点或推力传力构件是不允许完全失效的。

为了尽量缩短推力传递到吊架的路径，绝大部分发动机推力由前安装点传递。CFM56-5B 发动机通过分别位于风扇框架和涡轮框架的两个安装点连接到飞机吊架上，如图 15-18 所示。

在另一些发动机中，发动机的推力通过后安装点传递到发动机吊架上，这就需要通过两根推力杆将风扇框架的推力传递到后安装点。采用这种方式的主要原因是在发动机的顶部没有足够的空间来较好地设计前安装点或发动机其他结构，如图 15-19 所示。CFM56-7B 发动机的前/后安装点分别位于风扇框架和涡轮框架的 12 点位置，而且在风扇框架后壁面与后安装点之间还有两根推力杆。

发动机换发时支持发动机有三种批准的方法：采用自持系统方法；使用吊车支持的吊索方法；升起加载器。

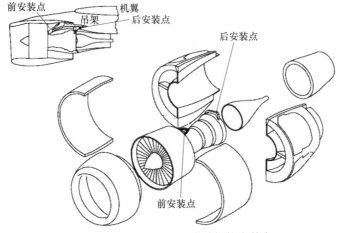

图 15-18　CFM56-5B 发动机的安装点

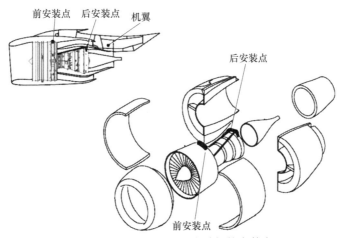

图 15-19　CFM56-7B 发动机的安装点

发动机的拆卸。从飞机上拆卸发动机前，应确认发动机停车至少 5min。首先完成项目检查单，在发动机履历本中记录发动机小时数和循环数。飞机应进行以下准备工作：确认飞机稳定，如果飞机被顶起，在发动机拆卸前保证飞机水平；拆卸之前应将襟/缝翼放在合适的位置；确保安全装置在位；在必要的位置放置警告牌；检查飞机起落架地面锁销位置正确；断开被拆卸发动机的电源供应、气源系统、燃油供应；对液压油箱释压；罩上发动机进气道和尾喷管。准备起吊装置和发动机托架，注意吊车的最大安全工作负荷满足要求。断开所有电气、液压、气动、燃油和机械接头，并在断开的接头处加装保护盖以防止灰尘和杂质进入。拆卸固定夹、支持器，最后拆下固定发动机到飞机上的安装节螺母和推力杆接头螺栓。

发动机的安装。安装前应检查发动机铭牌，确信所装的发动机是正确的。如果不正确则可能造成运转发动机时部件甚至整机损坏。对于采用 FADEC 控制的发动机需确认 ECU 规格（软、硬件）和/或发动机型号与飞机构型匹配；液压机械控制的发动机则需检查油门控制系统（如 CFM56-3 发动机的燃油控制盒）与飞机匹配。安装发动机前应清洁安装结合面、剪切或定位销孔、紧固件孔、安装螺栓、螺帽、保持片和垫圈，并按维护手册要求润滑。

在将发动机吊装到飞机上的提升过程中，检查确认吊架组件处于水平状态。吊起发动机时注意前、后钢索两侧之间的负载差。禁止先安装一个安装座的定位销，以避免对安装座和吊架造成损坏。连接螺栓按照飞机维护手册规定的扭矩拧紧。拆下起吊装置，注意避免损坏发动机部件。将各个系统连接好，需要时，更换垫片、衬垫和锁片。所有螺栓、螺母按规定的扭矩拧紧。发动机滑油箱内加注批准的滑油。滑油系统和燃油系统管路装满油。

发动机启动前检查。发动机前、后方清洁，无外来物。移走进气道和尾喷管上的堵盖。采用 FADEC 控制的发动机，发动机安装完成后，需完成 FADEC 操作测试，通过飞机驾驶舱中的 MCDU 或 CDU 读取相关发动机数据（ECU 硬件和软件版本、发动机额定推力和型号、风扇转速调整系数等信息），并检查与实际发动机构型是否一致。必须保证发动机额定推力与另一台对称的发动机一样，并与飞机型号匹配。对于某些型号的发动机还需人工向 ECU 输入发动机序列号。对于油封过的发动机要进行启封。检查液压和燃油管路，确信无渗漏。测试反推系统、启动系统、防冰系统。

对发动机进行运转测试。完成慢车检查，确信参数正常，系统无渗漏；检查发动机引气系统的工作。最后完成功率验证检查、振动检查、加速性检查等。如果发动机在合格的测试台上进行过测试并通过，发动机是以前因方便或梯次被拆下或发动机拆下进行涡轮后框更换则不需。

15.3.3 叶片打磨和更换叶片

在发动机工作期间，外来物被发动机吸入或内部部件掉块脱落造成发动机损伤，前者称为外来物损伤 FOD（FOD, Foreign Object Damage），后者称为内物损伤 DOD（DOD, Domestic Object Damage）。如果风扇叶片和压气机叶片的损伤在可以接受的限制范围内且损伤区域可修复，则通常通过打磨的方式进行在翼修复。磨掉少量的损伤再修其轮廓后可继续使用。压气机叶片在翼打磨，由孔探仪配合打磨工具来完成。典型的叶片表面损伤有压坑、划伤。维护手册中规定了可修复的损伤类型、部位和尺寸。

转子能够无振动地运转，其彼此相对的叶片应产生同样的离心力。离心力的大小取决于：转子转速、叶片质量和叶片重心与转轴中心的距离（称为重量矩）。更换叶片要求换装重量矩相同的叶片，在叶片根部有该数据。为保持转子平衡，在有偶数叶片的压气机上，一个叶片损坏，同时更换对称的两个叶片；在有奇数叶片的压气机上，一个叶片损坏，同时更换相距 120°的 3 个叶片。如果仍不能平衡，则需要用平衡重量校正。

压气机叶片的更换在修理厂进行。风扇叶片可进行发动机在翼更换。

15.3.4 风扇的配平

发动机使用中由于叶片移位、变形、变脏和磨损等原因会导致风扇振动增大。高振动会降低发动机整机及部件的可靠性；同时也会影响发动机的性能，加速发动机性能衰退；高振动还会降低飞机的舒适性。因此必须将发动机振动维持在一个较低的水平。

当发动机振动较大时，需先确认是不是风扇不平衡所致。对风扇进行配平可减小或消除振动。实施的方式通常有两种：静态配平和动态配平。通常更换风扇叶片或其他部件造成不平衡时，要进行静态配平，如有必要再进行动态配平。

风扇静态配平方法是通过对比更换前后风扇叶片的重量矩来计算不平衡量的大小和方向，再根据不平衡量的大小和方向按照飞机维护手册选取适当的配平螺栓进行配平。为减少因更换风扇叶片而产生的不平衡量的大小，风扇叶片通常是成对更换的，即被损坏的叶片及相反方向对应的叶片均需更换。叶片制造商提供的备件叶片通常也是成套的，每套包含两个重量相近的叶片。在特定情况下也可单个更换风扇叶片，但此时大多需要改变整流锥配平螺栓的大小来保证风扇处于平衡状态。如果只更换一对风扇叶片，一般不需要进行静态配平计算；但如果要更换多对叶片则需要进行重量矩的矢量合成计算，算出最终不平衡重量的大小和方向。静态配平直接关系到风扇动态平衡状态及其振动水平，在大多数飞机维护手册中均给出了风扇静态配平的具体过程及实例。

风扇转子由风扇叶片、风扇轮盘、风扇轴、低压压气机叶片与轮盘、低压涡轮叶片和轮盘及低压涡轮轴等多个零（部）件一起构成，风扇叶片自身的平衡可通过叶片称重后重排或静态配平来实现，但整个转子的平衡状态只有在发动机运转时才能进行检查。在保证风扇静态平衡的情况下，如果运转后发动机振动较大，则同样需要对风扇转子安装配平重量。寻找配平重量大小和位置的过程称为风扇动态配平。发动机长期使用后出现风扇振动较大或同时更换风扇叶片数超过规定数量后均需进行动态配平。有的发动机（如CFM56-5B）动态配平只有一个配平面，位于发动机前端；而有的发动机（如 CFM56-7B/CFM56-3）则有多个配平面，一个配平面位于发动机前端，而另一个则位于发动机后端。风扇配平有 3 种不同的方法：利用机载振动监控设备（AVM/EVMU）进行配平；采用三元配平法对发动机风扇进行配平；利用专门的测试设备进行配平。

15.3.4.1　机载振动监控设备（AVM/EVMU)进行配平

采用机载振动监控设备进行配平的方法较为简单，但早期的机载振动监控设备只能监控发动机振动大小，不能提供风扇动态配平的解决方案。目前较为先进的机载振动监控设备都具有配平计算功能，它甚至可以监控某些特殊部件的工作状态，对部件早期损坏进行预先判断，以便及时对发动机进行维护。如图 15-20 所示 B737NG 发动机的 AVM 自检与配平页面。

15.3.4.2　采用三元配平法对发动机风扇进行配平

当机载振动监控设备不能有效记录发动机振动数据，或机载振动监控设备是早期设备时，通过机载振动监控设备则无法获得配平解决方案。此外，从发动机使用中发现通过机载振动监控设备获得的解决方案有时配平效果并不理想，这时可采用三元法配平。

三元法是解决发动机风扇振动问题的最有效方法，它综合考虑了发动机不同部位与不同转速下的振动情况。三元配平法需要大量绘制矢量图。绘图过程中容易产生的累积误差，这会大大影响最终配平效果，更为重要的是过程太过烦琐，因此该方法并没有得到广泛的应用。

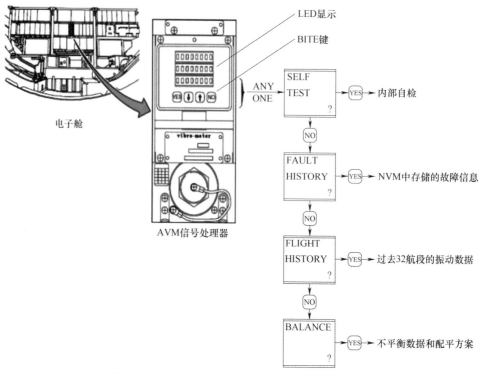

图 15-20　B737NG 发动机的 AVM 自检与配平页面

15.3.4.3　利用专门的测试设备进行配平

在发动机上安装专门的振动测试设备来测试风扇转子的振动，然后进行配平计算。当发动机某个关键振动传感器失效后，也可采用这种方法配平。

15.3.5　发动机气路清洗

发动机外场气路清洗是恢复发动机性能，延长发动机在翼时间，降低燃油消耗率的有效方法之一。它常被用在由于外来污染物在压气机或涡轮的转子和静子叶片，以及机匣上的沉积累计造成性能退化的发动机上。

外场清洗首先做好必要的准备。需要拆掉一些附件设备；断开发动机部分管路并封住其开口，关闭飞机引气系统；向滑油系统加入适量的防止轴承、齿轮等部件腐蚀的防腐油等。在大多数型号的发动机上进行清洗是在发动机干冷转下实施的。清洗完成后应将发动机恢复到正常的准备运转状态，然后进行试车烘干。试车时需打开飞机引气系统运转足够长的时间，避免随后执飞航班时驾驶舱和客舱内出现水雾或异味。

发动机气路清洗有两种方法：清水清洗和采用清洗剂进行清洗。如果发动机内部不是特别脏时一般都采用清水清洗，对于清洗发动机所用的清水具有一定的要求（如水中颗粒物的含量、大小等），厂家建议使用蒸馏水。在采用清洗剂进行时，所选取的清洗剂类型应查阅维护手册。清洗后要用清水去掉清洗剂。

发动机清洗的效果取决于清洗方法和清洗的时间间隔。不同使用环境、不同用户选取的标准可能存在差异。一般以排气温度裕度 *EGTM* 的恢复量来衡量清洗效果。清洗完后需及时将信息反馈到发动机状态监控系统中。并关注 *EGTM* 的变化情况以确定清洗效果，如图 15-21 所示。

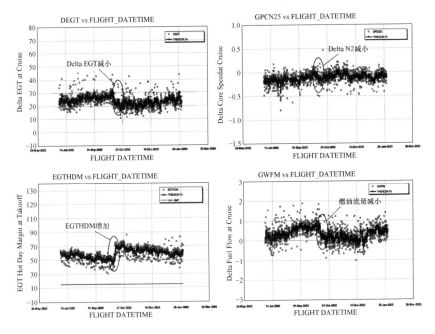

图 15-21　气路清洗对发动机参数的影响

15.3.6　发动机地面调试

发动机地面运转的目的是：确认发动机性能和机械结构的完整性；查找故障（如果允许）或证实排故的纠正措施。发动机地面运转一般包括启动、地面试车和冷转等。地面运转量应尽量保持在最低限度，避免发动机寿命消耗和节约燃油。但不管实施哪种运转，都必须遵守注意事项和工作程序，防止损坏发动机、飞机，避免人员受伤。注意发动机工作期间其前、后是危险区域，如图 15-22 所示。危险区域的范围与发动机的功率状态有关。发动机功率越大，范围就越大。不同的发动机，在飞机维护手册中，对这些区域都有具体的规定。在发动机外面的整流罩上也有危险区域标志（红色），以及发动机运转时接近发动机的安全走廊标志。接近发动机只能从安全通道，同时系上安全带、佩戴防护耳罩。与驾驶舱试车人员保持密切沟通。此外，发动机工作时的噪声对人的听觉的影响是不可忽视的，所以戴上防护耳罩是必须的。如图 15-23 所示 CFM 发动机工作时的噪声危险区域。

15.3.6.1　运转前的检查和准备

（1）机外检查

首先确保飞机停放的方向合适。启动发动机时，应迎风进气，以避免排气温度高或热启动问题。若是顺风或侧向风，容易引起压气机喘振。在飞机维护手册中都有风速大小和

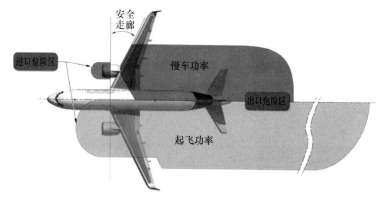

图 15-22 某发动机地面运转时危险区域

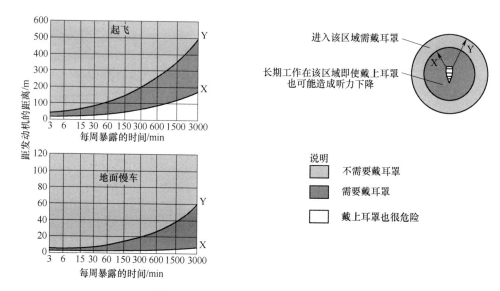

图 15-23 CFM 发动机噪声危险区域

风向的限制。一般机场会指定试车机坪位置。有关发动机的检查内容有：发动机进气道有无异物；风扇叶片有损伤（如裂纹等）；发动机有无任何渗油痕迹；发动机喷管内有无异物；发动机前方区域是否清洁等。

（2）机内检查

飞机厂家或航空公司制定有发动机启动前的检查单，规定了具体的检查内容和准备工作，如飞机电源开关、点火开关、油门杆、启动控制电门（/杆）和发动机引气开关等的位置。

（3）准备工作

运转发动机之前，做好相关准备，主要包括如下的内容：

a. 飞机起落架机轮阻挡；

b. 供电、供液压；

c. 调整驾驶舱内的灯光亮度；

　　d. 操作飞机燃油系统和气源系统；

　　e. 建立与地面人员的通信；

　　f. 做防火系统测试检查；

　　g. 检查气源压力（在海平面最低为 30 1b/in*），机场标高每上升 1000ft 相应减小 0.5b/in。

15.3.6.2　发动机地面运转注意事项

　　注意启动机的工作时间限制。因为启动机设计是短时间工作的，且工作时转速高，负荷大，所以启动机工作的时间长短以及连续工作的次数都有规定。

　　注意发动机的工作限制。在维护手册中对发动机的各工作参数，如排气温度、振动值、滑油参数（压力、温度）、转子转速等，都有具体的限制值。地面运转发动机时，要密切注意这些参数的变化。

　　在寒冷天气下启动发动机时，注意对滑油最低温的限制。因为温度低，滑油就黏度大，滑油的流动性变差。必要时按规定对发动机进行加温。

　　发动机启动完成后，应在慢车状态对发动机暖机，发动机参数在正常范围后方可进行试车检查项目。发动机停车前，应让发动机在慢车状态冷机。

　　对刚停车的发动机若需要再启动（称为热发动机启动），必须遵守发动机冷却时间要求。由于发动机内部未充分冷却，涡轮叶片、压气机叶片与机匣的间隙此时较小，再次启动时，可能造成叶片刮伤机匣封严涂层或叶片损坏。

15.3.6.3　发动机干冷转和湿冷转

　　发动机冷转是指点火系统不工作，由启动机带动发动机转子转动的过程。发动机冷转有干冷转和湿冷转两种形式。干冷转是在冷转过程中不向燃烧室输送燃油；而湿冷转是要向燃烧室输送燃油。

　　干冷转应用于：

　　a. 吹去燃烧室积油；

　　b. 确认发动机转子能够正常地转动；

　　c. 确认启动系统能够正常工作；

　　d. 确认发动机的最大冷转转速，以确保后续的发动机启动；

　　e. 尽快冷却发动机，如为进行发动机孔探工作等。

　　湿冷转应用于：

　　a. 发动机燃油系统的油封或解封；

　　b. 燃油系统工作检查等。

　　冷转时可以打开风扇整流罩和反推整流罩。有的机型，如 CFM56 系列发动机，在干冷转或湿冷转后，排气尾锥中有大量的滑油污迹是属于正常的。这是由于发动机主轴承采用篦齿封严，当发动机正常工作时，会从内涵引气到收油池夹层增压封严。但是冷转时，转子转速低，因而封严空气压力低，特别是后收油池，会导致滑油会泄漏到夹层中。而夹层底部有余油管路，泄漏的滑油会沿着该余油管路流到排气尾锥中。

---

　　* b/in 英制单位：磅/英寸，1b/in≈0.21kg/cm。

15.3.7　发动机备件预测

合理的备件订货量是航空公司保持机队持续运力和降低备件储存成本的重要方式，也是备件供应商提供产品支援服务的重要方面。

在备件支持服务方面，供应商的产品支援部需向客户提供飞机部（附）件相关参数，如寿命值、故障率、平均故障间隔时间等，并为客户进行备件订货提供有效的预测方法。飞机在整个寿命期内要更换的部（附）件种类繁多，一般可分为不可修件（消耗件）和可修件。由于附件结构原理和工作方式不同，其寿命分布及可靠性有很大区别，这就给准确的备件预测增添了很多障碍。大数据技术可有效地对其规律进行总结和预测。产品交付后产生的大量使用数据可以作为评估附件寿命、预测备件需求的依据之一。

15.4　发动机的大修

15.4.1　发动机的寿命限制

对某些零件，几乎都是转动件，有发动机包括一些承力结构件和高温结构件，发动机制造商规定有使用寿命，这些零件称为时寿件（LLP，Life Limit Part）。发动机的时寿件及其寿命由制造商规定，适航管理部门批准。

发动机时寿件的寿命通常以工作循环数给出。一旦零件的循环数达到其寿命限制值（实际上是在零件寿命消耗完以前），该零件必须报废。一个完整的工作循环是指发动机从启动后，在一定功率之上运转，到停车。实际飞行中，若发动机功率的若干次变化超出一定的范围，则该次飞行完成的循环数为一个完整循环加上若干个部分循环。在发动机制造商在维护手册中给出了具体的计算方法。正常情况下由 FADEC 计算机进行计数，每次飞行后，可从飞行报告中读出。

对发动机、单元体和某些附件制造商规定有大修间隔时间（TBO，Time Between Overhaul）。TBO 按发动机工作时间计。发动机或单元体或附件的 TBO 一到，则将其送大修厂大修。每次飞行后，可从飞行报告中读出发动机工作时间。目前发展趋势是不在给出整机或模块的 TBO，而是根据发动机性能决定是否实施送修。

对发动机、单元体和某些附件制造商规定有日历限制。日历限制按年计。发动机或单元体或附件的日历限制一到，则将其送大修厂大修。

为了保证发动机的安全可靠，发动机工作循环数、工作时间和日历时间应记录在发动机的履历本（Engine Log Book）中。适航法规对时寿件的设计生产、使用、保存、转移、修理、标示和报废等更作了详细的规定。为了使时寿件的状态清晰明了，在发动机履历本中有各时寿件相应的页面。记录有时寿件名称、件号、序号、每次安装/拆卸的时间、累计运行的时间和循环数，包括：自发动机或单元体新装机使用开始的 TSN（Time Since

New）和 CSN（Cycle Since New）；自翻修后的 TSSV（Time Since Shop Visit）和 CSSV（Cycle Since Shop Visit）。维护人员应定期计算发动机或单元体的累计工作小时数和累计工作循环数，并记录在发动机履历本（Engine Log Book）中。确保到寿的时寿件不会在（或再次被安装到）发动机上。

　　航空公司工程部门制定发动机的下发和送修计划时，要根据的发动机/单元体的寿命消耗，确定时是否更换送修。发动机或单元体送修时，应将发动机/单元体履历本一并交大修厂。

15.4.2　发动机大修管理

　　目前发动机下发是由于故障、性能衰退、时寿件到期、定时大修（TBO 达到）等原因。航空发动机送修模式目前大体上分为两种方式：小时包修和自行送修。

15.4.2.1　小时包修

　　小时包修将发动机按小时包修给发动机修理厂家或者原厂家。是以小时费率为基础，按飞行小时数乘以小时费率计算发动机的维修费用。

　　影响小时保修费的因素主要有：飞机型号、发动机型号和数量、机队平均年利用率、机队平均小时循环比（即平均飞行小时与飞行循环数之比）、机队平均减推力、年平均起飞场温、备发数量或备发率、合同期限、时寿件最低安装标准（保障发动机修理后装机使用时，不会因为时寿件到寿而拆下）等。小时包修模式的好在于：避免发动机修理费用的波动可以准确预测下年度的发动机修理成本；减少航空公司的日常发动机管理；能够保障航空公司及时得到备发支援；保证维修的质量。对航空公司不利的一面是：如果航空公司从安全考虑需要提前下发，包修商会引该问题未触发合同拆发条件而拒绝，这会给航空公司造成被动；航空公司对基础价格的来源及计算方法航空公司很难控制；此外在与修理厂商签的多数协议中，经常有一些项目会被排除在外，如服务通告改装、附件和航线可更换件的修理等，结果导致航空公司要承担一些预算之外的开支。

15.4.2.2　自行送修

　　将发动机单台送修或者制定维修工作包后选择维修厂进行维修。这种送修的模式如果维修工作范围制定的恰当，将为航空公司省下大笔费用。在这种模式的送修过程中，发动机的维修成本费用存在着较大的空间，特别是机队规模较大的航空公司。

　　如果航空公司选择自行送修的方式对发动机进行送修，那么工程师首先面临的问题是确定发动机的送修等级。由于现在主流的民用发动机都采用了单元体的结构设计，因此确定发动机送修等级就成了确定单元体的送修等级。所有单元体的维修工作范围就构成整机的维修工作范围。通常来说，单元体的维修级别越高，相应的维修成本也越高，修后的效果越好。单元体的送修等级制定得合理与否对送修成本及性能有着直接的影响，如欠维修导致最终不能满足整机的送修目标，过维修有可能会增加航空公司的送修成本。

　　送修等级决策理论是现代维修策略与决策科学的高度融合，其核心问题主要是研究在保证整个系统安全性和可靠性的前提下，对成本和收益进行综合权衡，确定维修时机、维修目标和维修计划。因此对航空发动机送修等级决策问题进行深入研究对于航空公司的正常运营成本控制等有着重要的现实意义。

在制定发动机大修工作包时，应充分考虑各单元体对发动机性能的影响，并结合发动机时寿件和维修成本，选择最佳的维修方案。航空发动机送修工作范围也被称为送修工作包。维修工作范围是指发动机在一定的维修等级下所需要执行的全部维修工作。制定送修范围需考虑的因素：要执行的适航指令、制造商的服务通告（SB）、各个单元体的送修范围清单、发动机送修后的使用目标以及发动机的大修费用和周期、发动机 OEM（Original Equipment Manufacturer）厂家的"维修工作范围计划指南"等。在制定修工作范围时，还需要对寿命件更换进行评估，明确需要更换的寿命件清单。在发动机修理过程中，可根据实际检查结果对大修工作范围进行适当调整。图 15-24 给出了制定发动机维修范围的工作过程。

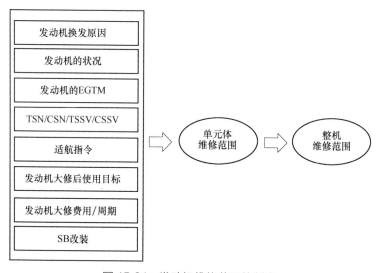

图 15-24　发动机维修范围的制定

对于修后发动机，需根据《发动机的送修工作包》（包括在修理过程中调整或修改的部分）完成发动机的物理验收和技术文件验收。内容包括：检查适航放行文件；检查发动机时寿件技术文件；检查发动机适航指令/服务通告的完成状态，符合发动机送修工作包的要求；检查发动机单元体及主要零、附件的修理工作是否满足发动机送修工作包的要求。验收合格后应根据承修厂家提供的数据对发动机时寿件等信息及时进行更新。

15.4.2.3　发动机性能恢复

大修是将发动机性能和可靠性恢复到发动机的合格状态，使其有能力运行到下一个寿命周期。

大修的主要工作：分解发动机到单元体，然后将各单元体分解为单个零件；零件清洗；检查（验）零件的状态，决定更换或修理那些可能会因损伤（如缺陷/磨损/腐蚀等）而降低性能或在下次翻修前不能保持可用性状态的零件；叶片的力矩称量；单元体装配及调试，转动组件装配完成需进行其静态和动态平衡；发动机整机装配及试车验证等。

　　EGTM 的恢复是发动机大修对发动机性能恢复的一个主要考核指标之一。*EGTM* 的恢复程度取决于维修的深度。全大修工作范围一般可将 *EGTM* 恢复到新发动机的 70%~80%。有些发动机可能还会更高。在整个发动机性能衰退中，由于高压系统引起的衰退占 85%~90%，而其中高压压气机的衰退又占到核心机主单元体性能衰退的 50% 以上，剩余部分则由热端部件的衰退造成。

参 考 文 献

[1] 许春生. 燃气涡轮发动机 [M]. 北京：兵器工业出版社，2006.

[2] 蒋陵平，等. 燃气涡轮发动机：第 2 版 [M]. 北京：清华大学出版社，2016.

[3] 陈忠军. 燃气涡轮发动机基础 [M]. 北京：中国民航大学出版社，2014.

[4] 曾丹苓，等. 工程热力学：第 3 版 [M]. 北京：高等教育出版社，2002.

[5] 宋静波. 波音 737N 飞机动力装置 [M]. 西安：西北工业大学出版社，2018.

[6] 潘锦珊，等. 气体动力学基础 [M]. 北京：国防工业出版社，1980.

[7] 傅强，等. 航空燃气涡轮动力装置：第 2 版 [M]. 成都：西南交通大学出版社，2004.

[8] 李平. Turboshaft Engine Line Maintenance [R]. 广汉：中国民用航空飞行学院，2020.

[9] The Jet Engine [M]. Rolls-Royce Corporation，1996.

[10] Airframe & Powerplant Mechanics——Powerplant Handbook [Z]. U. S. Department of Transportation，
Federal Aviation Administration，1976.

[11] Airframe & Powerplant Mechanics——General Handbook [Z]. U. S. Department of Transportation，Feder-
al Aviation Administration，1999.

[12] The Aircraft Gas Turbine Engine and its Operation [Z]. Pratt & Whitney United Technologies Corporation，
1982.

[13] Michael J. Kroes，Thomas W. Wild，Aircraft Powerplants [M]. 7th ed. New York：Glencoe/McGraw-
Hill，1995.

[14] CFM56-7B Training Manual [Z]. CFMl Company，2004.

[15] B737-300/400/500 Aircraft Maintenance Manual [Z]. Boeing Compang，2006.

[16] B747-400 Training Manual [Z]. Boeing Company，2006.

[17] B777 Aircraft Maintenance Manual [Z]. Boeing Company，2008.

[18] B787-8 Training Lab Notebook [Z]. Boeing Company，2009.

[19] A319/A320 Aircraft Maintenance Manual [Z]. Airbus Company，2004.

[20] A319/320 Technical Training Manual [Z]. Airbus Company，2004.

[21] A330 Technical Training Manual [Z]. Airbus Companhy，2011.

[22] 付尧明. 动力装置 [M]. 大连：大连海事大学出版社，2017.

[23] 李书明，等. 民用航空燃气涡轮发动机构造与原理 [M]. 北京：兵器工业出版社，2005.

[24] 陈光，等. 航空燃气涡轮发动机结构设计 [M]. 北京：北京航空航天大学出版社，1988.

[25] 邓明. 航空燃气涡轮发动机原理与构造 [M]. 北京：国防工业出版社，2008.

[26] B737-300/400/500 Aircraft Maintenance Manual，Boeing Company，2006.

[27] B737-600/700/800 Aircraft Maintenance Manual，Boeing Company，2006.

[28] 陈果. 航空器检测与诊断技术导论 [M]. 北京：中国民航出版社，2007.